D1618153

tredition

www.tredition.de

Strom der Zukunft

tredition

www.tredition.de

© 2021 Angela & Horst Thieme

Lektorat: Karin Höll

Verlag und Druck: tredition GmbH, Halenreie 42, 22359 Hamburg

ISBN:

978-3-347-29917-7 (Paperback)

978-3-347-29918-4 (Hardcover)

978-3-347-29919-1 (e-Book)

Angela & Horst Thieme

STROM der ZUKUNFT

Raumenergie

• ENTZAUBERT •

Grundlagen für Interessierte und Erfinder neuer Energietechnologien

"Dass ich erkenne,

was die Welt im Innersten zusammenhält".

(J. W. Goethe, Faust. Der Tragödie erster Teil, 1808)

Vorwort zur überarbeiteten und ergänzten Neufassung
"Strom der Zukunft – "Raumenergie entzaubert".

Bereits 1932 fuhr der geniale Erfinder Nikola Tesla mit seinem Oberklasse Automobil angetrieben mit bordeigener, autonomer Stromerzeugung. Er benötigte keinen größeren Akku und auch keine Ladeinfrastruktur-Steckdose.
Warum wurde diese revolutionäre und CO_2-freie Technik nicht übernommen?

Dafür gibt es nur einen Grund:
Ein Strom-Verbrauchzähler war nicht vorhanden und auch nicht möglich. Folglich konnte keine Rechnung erstellt werden – das war sein AUS...
Wäre das klimabedingt heute anders?

Bei Steuern und Abgaben sind der Staat und die Energiekonzerne auf Steuern und Einnahmen angewiesen, wie soll sonst das Gemeinwesen funktionieren?
Aber muss es heute wirklich daran scheitern?

Der Inhalt setzt sich sodann mit "Perpetua mobilia" – einen z.Z. strapazierten Alibi-Begriff auseinander, wobei in Anführungsstrichen bedeutet, dass es keine solchen, d.h. Energie-Generierung aus dem Nichts, gibt. Physikalische Grundlagen können nicht außer Kraft gesetzt werden. Deren Klärung und Anwendung ist das Anliegen dieses Buches.
Das inzwischen vergriffene Buch "Das ENTZAUBERTE ELEKTRON" hat ein erfreuliches Echo ausgelöst. Nach Zuschriften, Anfragen und Diskussionen mit den Lesern haben wir, meine Frau nun als Co-Autorin und ich, uns zu dieser, mit neuem Bezugs-Titel überarbeiteten und ergänzten Neufassung entschlossen. Die Natur macht es uns seit Jahrmillionen vor: Die solarenergetische Photosynthese führt zu einem nachhaltigen und wieder verwertbaren Stoffkreislauf.

Ziel des nunmehr überarbeiteten Buches sind nicht die Photovoltaik und die Windkraftnutzung als volatile Strom-Versorgung, sondern diejenigen, die von Sonne und Natur allein nicht leistbar sind.

Für eine Industrie-geprägte Wirtschaft ist dies stützend, aber allein nicht zukunftsfähig. Alternativen zur Gewährleistung einer permanenten, fossilfreien Energiegewinnung aufzuzeigen ist unser Ziel. Es ermöglicht einen künftigen Paradigmen-Wechsel hin zu autonom-mobiler und immobiler Elektroenergie-Generierung.

Die Großgeneratoren-Stromerzeugung zur Ladungsträger-Separierung bedarf einen erheblichen mechanischen Antrieb, nur um die quasifreien Elektronen im metallischen Leiterband magnetisch zu trennen.

Neue Innovationen ermöglichen hierzu die neue Modellsicht zum Elektron und zu den freien Ladungsträgern. Ohne die voraussetzenden Ladungsträger-Trennungen in Elektronen und Protonen/Ionen und zusätzliche Ionisationen beides in Kombination bleiben die over-unity-Prozesse vermeintliche "Perpetua mobila". Dass es sich keinesfalls um "Utopien" handelt, dürfte durch die zahlreichen experimentell erfolgreichen Anwendungen hinreichend bewiesen sein. Wenn diese z.Z. oft empirisch erfolgen und mit unterschiedlichem Wirkungsgrad einhergehen, sind sie dennoch nicht mehr als Perpetua mobilia zu outen. Deshalb werden Beispiele und Hinweise zu deren erfolgreicher Gestaltung angegeben.

Als Ingenieure sind wir nicht angetreten, um die physikalische Wissenschaft zu kritisieren. Den zahlreichen bekannten und offen zutage tretenden Mängeln können wir bei dieser Thematik ebenso nicht ausweichen wie auch den etablierten Historikern, die eine reale, hochentwickelte, vorantike Technik ignorieren. Der seit mehr als 50 Jahren quasi eingefrorene Status der theoretischen Physik ist vielfach nicht in der Lage, offenkundige Widersprüche zu lösen und hinkt dem experimentellen Stand hinterher.

In der vorliegenden neuen Fassung haben wir einzelne Kapitel zur besseren Verständlichkeit mit Bilddarstellungen versehen. Dafür wurde eingeschränkt auf mathematische Beweisführungen, Formeln und einige Passagen – wie auch im ENTZAUBERTEN ELEKTRON nachlesbar – verzichtet bzw. dies dafür erweitert in den Anhängen aufgenommen. Es kann jedoch nur auf physikalisch sicheren Fundamenten aufgebaut werden. Sie sind deshalb etwas detaillierter begründet dargestellt, da es für das eigentliche Thema voraussetzend ist.

Es ist für die Autoren selbst erstaunlich, dass mit der konsequenten Berücksichtigung der ubiquitären Äther-Feinstofflichkeit sich viele bisher unverstandene Sachverhalte und Fehldeutungen als tragfähige, transparente und plausible Lösung herausstellen. Die Raumenergie – oder um den alten Begriff Panenergie zu benutzen – ist als feinstoffliches Medium unerschöpflich. Sie ist auch für Kondensationsprozesse in der Natur, aber auch indirekt für elektrische Ladungstrennungen verantwortlich.

Auch Nebenresultate aus dem feinstofflich-relevanten Modell finden Erwähnung: Die abstrichlose Gültigkeit der Energieerhaltungssätze, wie das Kausalitäts- und Nahwirkungs-Prinzip und die Welle-Teilchen-Dualität, bilden die Grundlage. Die z.Z. "unmessbare" Feinstofflichkeit ist ebenso begründbar. Wobei die Anführungsstriche ausdrücken, dass es nicht stimmt, denn das Plancksche Wirkungsquantum existiert seit 120 Jahren. Es wurde jedoch nicht allumfassend interpretiert. Diese komplexe Thematik ist ohne klare Gliederung schwer vermittelbar. Dennoch sind zahlreiche Querverweise und für mehrere unterschiedliche Sachverhalte gültige Doppel-Erläutäerungen unumgänglich. Wir haben uns deshalb entschieden, Themenkomplexe zusammenzubinden.

Die zahlreichen Patente und bereits erfolgreichen experimentellen Anwendungen zum Thema alle aufzuführen, würde jedoch den Rahmen des Buches sprengen. Wir beschränken uns deshalb auf wenige typische Beispiele. Das Hauptanliegen ist, Richtlinien und Hinweise für die Erfinder und Interessierte darzulegen, damit nicht nur empirisch neue Entwicklungen vorangebracht werden können.

Nun ist man als Autor im Dilemma: Wie macht man es allen recht? Für alle, die ständig mit der Thematik befasst sind, erscheint es einfach – sofern keine starre Vorfestlegung ein eigenes Denken einschränkt. Für nicht ständig damit Befasste haben wir auch verständliche Bild-Darstellungen beigefügt. Daraus ist ersichtlich, dass in Übereinstimmung mit dem großen experimentellen Fundus vor allem auch Plausibilität unverzichtbar sein sollte. Im Grundlagen-Kapitel sind zahlreiche Widersprüche in der Physik zu den elektromagnetischen Wechselwirkungen – die der Fachwelt bekannt sind – zusammengestellt, um schrittweise neue Lösungen anzubieten. In Deutschland existieren kein Lehrstuhl und kaum Forschungen für diese zukunftsweisenden over-unity-Energietechnologien. Ohne Akzeptanz ist jedoch auch keinerlei staatliche Förderung und Forderung hierfür möglich. Uralte historische Überlieferungen belegen dennoch die Realität dieser Technologien, die es bereits vormals auf der Erde gab.

Wir haben in Deutschland durch Steuern und Umlagen mittlerweile im europäischen und Weltmaßstab die höchsten Strompreise. Ist es deshalb noch zeitgemäß das Ziel für klimabedingte CO_2-Reduzierungen, ohne wesentliche konstruktive Innovationen erreichen zu wollen? Nein – ein "Weiter so" ist nachteilig für unseren Industriestandort.

Vorwort zum "ENTZAUBERTEN ELEKTRON

Der Nachweis, dass die Vakuumpolarisation um das Elektron ein polarisiertes elektronisches Kondensat ist, ermöglicht ein widerspruchsfreies Elektron. Das führt schlüssig zum Planckschen Wirkungsquantum, das, als Massequantum erkannt, die kleinste, massive, korpuskulare und bipolare Einheit verkörpert.

Ein widerspruchsfreies Elektron gibt es bis heute nicht, obwohl es das am besten erforschte und meistgenutzte Elementarteilchen ist. Seine Elementarkonstanten konnten dennoch bisher nicht stringent hergeleitet werden.

Angenommen die Vakuumpolarisation der Quantenelektrodynamik (QED) um das Elektron sei mehr als nur das – es sei ein mit dem Elektron verbundenes, untrennbares, polarisiertes Kondensat.

Mit dieser veränderten Modellvorstellung leitet sich alles Weitere, wie auch dessen Konstanten, einfach und widerspruchsfrei ab. Das führt zwangsläufig zum Planckschen Wirkungsquantum, das mehr sein muss, als nur die kleinste Energieportion. Es ist die kleinste, massive, bipolare, korpuskulare Einheit, die jemals so definiert wurde. Diese wird als Elementardipol bezeichnet. Darauf basiert die Welle-Teilchen-Kausalität. Das Elektron als freier Ladungsträger – wie auch das Proton bzw. Ion – ist nicht ohne deren umgebendes elektromagnetisches Feld zu betrachten. Obwohl untrennbar verbunden, gehört es – wie der Kondensat-Clusterkörper – nicht dazu. Beides ist polarisierte und auch kondensierte, feinstoffliche Raumenergie. Das polarisierte elektrische und magnetische Feld ist nicht mehr kondensierbar und verbleibt dadurch außerhalb. Der Äther, der uns allseits umgibt, ist neutralisierte Raumenergie.

Der Wellencharakter stand in den letzten, mehr als 60 Jahren einseitig im Forschungsfokus. Das hat seinen entwicklungsbedingten, historischen Grund. Es führt aber zwangsläufig zur Welle-Teilchen-Dualität der gesamten Mikrowelt, was bisher nicht oder nur unzureichend erklärt werden kann.

Sich auf den gleichberechtigten korpuskularen Charakter rückbesinnend, kann man mittels einfacher und logischer Schritte die elektronischen Elementarkonstanten schlüssig und einfach erhalten. Dies war mittels bisheriger theoretischer Ansätze nicht möglich. Das trifft u.a. auf die Sommerfeldsche Feinstrukturkonstante α als Abschirmkonstante, die eine elektromagnetische Symmetrie ausschließt, die Selbstenergie des Elektrons, die Entstehung dessen Masse, dessen Spin, dessen magnetisches Moment ohne magneto-mechanische Anomalie, die Elektronen-

Abmessungen und anderes mehr zu. Die physikalische Struktur des Elektrons wird als mathematisch-physikalisches Mustermodell der Erhaltungssätze von Energie, Impuls und Drehimpuls und auch als Masseerhaltungssatz plausibel. Zugleich ist es ein Mustermodell für die universelle Gültigkeit der Energie-Masse-Äquivalenz einerseits und der Energie-Frequenz-Äquivalenz andererseits. Daraus folgt schlüssig ein (Materiewellen-) Frequenz-Erhaltungssatz. Und es ergibt somit konsequent die Einheit der Energieformen von mechanischer, elektromagnetischer, thermischer und chemischer Energie.

Es ist erstaunlich, wie einfach sich aus dem widerspruchsfreien Elektron und darüber hinausgehende, immer noch offene Fragen klären lassen. So löst sich die Heisenbergsche Quanten-Unschärfe korpuskular auf. Es findet ebenso kein Kollaps der Wellen bzw. der Wellenfunktion statt. Die Photonen-Frequenz wird dem detektierenden Teilchen übertragen, d.h. aufaddiert. Die elektromagnetische Strahlung bilden vom elektronischen Cluster-Kondensat abgelöste korpuskulare Kondensat-Teile, die Photonen. Deren unterschiedliche Energie (und Masse) rekrutiert sich aus ganzzahliger Anzahl des Planckschen Wirkungsquantums obig bezeichneter Elementardipole. Die äußeren elektrischen und magnetischen Felder sind folglich ebenso materiell und massiv. Dies alles ist verträglich (isomorph) mit dem Maxwell-, dem Dirac- und dem Schrödingerformalismus. Das Kausalitäts-, das Nahwirkungsprinzip und die Welle-Teilchen-Dualität werden gewahrt. Durch den vorhandenen übergroßen experimentellen Fundus sind alle Resultate evidenzbasiert. Andernfalls würden diese sich sofort selbst falsifizieren. Ein strengeres Prüfkriterium ist kaum vorstellbar. Die Gültigkeit der klassischen Physik erweitert sich somit auf die nunmehr kleinsten Dimensionen. Materiewellen sind folglich der gesamten Quantenwelt immanent.

Nun haben wir Sie, liebe Leser hoffentlich neugierig gemacht?

All das, was wir angekündigt haben, wird stringent und plausibel bewiesen. Schauen selbst – und bilden Sie sich Ihr eigenes Urteil. Gern nehmen wir als Autoren Ihre Kritik entgegen.

Das ENTZAUBERTE ELEKTRON wurde nach Veröffentlichung des Buches in der **Internationalen Atomenergiebehörde (IAEA in Wien) gelistet.**

https://inis.iaea.org/search/search.aspx?orig_q=RN:45009928
(abgerufen am 13.06.2018)

The disenchanted electron. Consequences for our physical picture of the world

The book is listed in the library IAEA / INIS.

Text aus INIS:

By means of a consistent electron the author proves that the vacuum polarization around the electronics a polarized condensate, which enables a consistent electron. This leads consequently to Planck'squant umo faction, which– transformed to a massquantum – represents the smallest, massive, bipolar, corpuscular integrity. Planck's radiation formula works only with this quantum of action h. Bohr's atomic theory works only with h respectively with $h/2\pi$. A consistent electron is only made possible by a bipolar massquantum h/c^2. By this all constants of the electron are consistently derived, and numerous open questions can be answered.

Der Text lautet:

Mittels eines konsistenten Elektrons beweist der Autor, dass die Vakuumpolarisation um das Elektron ein polarisiertes Kondensat ist, das ein widerspruchsfreies Elektron ermöglicht. Das führt folglich zu Plancks Quanten in der Folge, die – umgestaltet in ein Massenquant – die kleinste, massive, bipolare Korpuskular-Integrität vertritt. Plancks Strahlenformel gelingt nur mit dem Wirkungsquantum h. Bohrs Atom-Theorie klappt nur mit h beziehungsweise mit $h/2\pi$. Ein konsistentes Elektron wird nur möglich durch ein bipolares Massenquantum h/c^2. Dadurch werden alle Konstanten des Elektrons durchweg abgeleitet und auf zahlreiche offene Fragen kann geantwortet werden.

Präambel

Die Energiedichte der elektromagnetischen Welle ist das Kreuzprodukt aus elektrischer und magnetischer Feldstärke S = E×H. Die Frequenz kommt darin nicht vor. In der Quantentheorie ist die Energie des Quants einer elektro-magnetischen Welle W = h • ν. Die Feldstärken E und H kommen nicht vor. Diese Diskrepanz hat noch nie jemanden gestört.

Zur Erklärung des Zwillingsparadoxons der Relativitätstheorie bemüht ein modernes Lehrbuch der Speziellen Relativitätstheorie 7 Seiten, 18 Gleichungen und 3 Koordinatensysteme. Ein ebenso modernes anderes Lehrbuch meint, mit der Speziellen Relativitätstheorie könne das Problem gar nicht gelöst werden. Dazu bräuchte man schon die Allgemeine. Auch dieser Widerspruch hat noch nie jemanden gestört.

Den Welle-Teilchen-Doppelcharakter von Wellen und Teilchen akzeptieren wir widerspruchslos, weil sowohl das Wellen- als auch das Teilchenbild unserer makroskopischen Anschauung entnommen sind und sich nicht direkt auf subatomare Vorgänge übertragen lassen. Unser Abstraktionsvermögen ist gefordert, wenn wir Größen erfassen und beschreiben wollen, die unserer Anschauung nicht zugänglich sind.

Thieme stellt ein Elektron vor, welches er weder quantenhaft beschreibt. Relativistische Einflüsse werden auch nicht benötigt. Das Elektron wird zunächst rein mechanisch beschrieben. Es besitzt eine definierte Ausdehnung und besteht aus einer negativen Ladung im Kern, um den sich eine große Anzahl von Dipolen gruppiert. Es besitzt einen Drehimpuls, dessen Trägheitsmoment klassisch berechnet wird. So werden eine Reihe von Erscheinungen und Zusammenhängen erklärt, die vorher nebeneinander und teils unverständlich waren. Das bedeutet einen großen Fortschritt und öffnet völlig neue Sichtweisen. Es legt die Widersprüche in der gegenwärtigen Physik offen und zeigt gleichzeitig Wege zu deren Behebung auf. Das ungewöhnliche Elektron sollte deshalb mit ebenso viel Toleranz und Unvoreingenommenheit betrachtet werden wie die vielen echten oder scheinbaren Widersprüche, mit denen wir in der Physik immer noch leben.

Prof. em. Dr. rer. nat. Walter Fritz Müller

Greifswald, August 2012

Inhalt: Seite

1. Einführung

1.1 "Vom widerspruchfreien Elektron zur elektro-autonom generierten Zukunft".

Der Buchinhalt mag illusionär und provokant zugleich erscheinen. Gibt es – seit der modernen wissenschaftlichen Weltanschauung – ein Perpetuum mobile?

Um es vorweg zunehmen: Es gibt kein solches, das Energie "aus dem Nichts" generiert.

Aber es gibt die bisher unverstandene Feinstofflichkeit, den Äther, der den Raum und sogar weitergehend den Weltraum als Panenergie ausfüllt. Alle kennen die allgegenwärtige Erdanziehungskraft bzw. Gravitation. So hat es bereits in der Vergangenheit – als die Elektrophysik und -technik noch weitgehend unbekannt waren – Bemühungen und Versuche gegeben, die Gravitation als nicht versiegenden Antrieb nutzbar zu machen.

Die einfachste Nutzanwendung ist seit Jahrtausenden die Wasserkraft. Sie basiert – wie könnte es anders sein – auf der Schwerkraft, der Gravitation. Nur dass zur Wasserverdampfung und dem wiederum folgenden Regen die Sonnenenergie benötigt wird. Das Wasser sammelt sich in Fließgewässern, kann aufgestaut und als Wasserkraft-Energiequelle genutzt werden. Das ist ein Energie-Sammel-Verfahren (Energie-Harvesting). Doch ohne Sonne funktioniert es nicht. Gleiches gilt für die Windenergie.

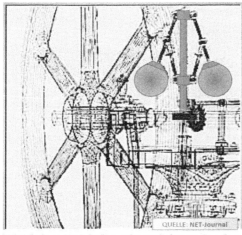

Bild 1: Das Ewigkeitsrad von Johann Bessler

Bereits in der Antike und im Mittelalter hat es Versuche und erste Anwendungen von Schwerkraft-"Perpetua mobilia" (lateinisch) gegeben, daher auch der alte Begriff.

Das bekannteste Konstrukt aus dem Mittelalter ist das Bessler-Rad von Johann Bessler (*1681, genannt Orffyreus, nebenstehendes Bild 1).

Er konstruierte ein immer während laufendes Rad, was sogar noch kleinere Lasten zu heben vermochte.

Wie das, fragte man sich damals wie heute?

Das, ohne externe Energie-Zufuhr, demonstrierte er es damals vor sachkundiger Öffentlichkeit. Die Überlieferungen dazu sind jedoch fragwürdig, da wahrscheinlich oft unverstanden. Seiner Erfindung lagen im Kern schwere Fliehgewichte zugrunde, wie sie später im Dampfturbinenbau als Drehzahlbegrenzer zur Schnellschluss-Dampf-Absperrung verwendet werden. Bei ihm war es das zentrale Element zur Schwerkraft- Nutzung. Einmal angestoßen, musste es nur fein justiert eingeregelt, den ständigen Schwerkraftdruck auf eine (konstante) Drehzahl umsetzen.

Als weitere Anwendungen sei hier nur stellvertretend das Auftriebskraftwerk von GAIA-Rosch erwähnt. Hier wird die Schwerkraft des Wassers genutzt, die gegenüber der Wasserverdrängung mit Druckluft der Anlage die notwendige Rotationsenergie mit einem Energiegewinn ermöglicht.

Alle diese Schwerkraft-Anwendungen haben eine zu geringe Energiedichte. Deshalb ist ein sinnvoller Energiegewinn nur mit einem unverhältnismäßigen apparativen Aufwand möglich. Dieser "frisst" wiederum infolge der größeren Reibungsenergie wesentliche Nutzenergie.

Energiedichte – wie kann man sich das grob vorstellen?

Bei Solar-, Wind- und Schwerkraftanwendungen sind es ca. 0,1 kW/1 Liter Wasser (den 1 Tauchsieder erwärmt), bei Kohlekraftwerken sind es gleichzeitig ca.100 Tauchsieder/Liter und bei Kernkraftwerken sind es gleichzeitig 1.000 Tauchsieder/Liter). Das ist gleichbedeutend mit dem apparativen Aufwand, Flächenbedarf etc. wie der grobe Vergleich zeigt. Auch 1.000 Tauchsieder/l als derartige Energiedichten sind sogar ohne Kernenergie möglich, wie im Kap. 12.5.4. gezeigt werden kann.

Bei elektromagnetischen, elektromagnetisch-mechanischen und elektrohydraulischen Kopplungen erreichen die Energiedichten zwar nicht Kohle und Kernenergie (mit v.g angedeuteter Ausnahme), aber sie sind in jedem Fall wesentlich von der Energiedichte effektiver, als Solar- und Windenergienutzung.

Alle diese Möglichkeiten, einen Energie-Überschuss als over-unity (o.u.-) zu generieren, bedürfen physikalischer Fundamente. Unwissenschaftliches Wunschdenken ist hier ebenso fehl am Platz, wie auch stupide Ablehnung.

Das ist leider – besonders unter Pseudowissenschaftlern – weit verbreitet.

Es sei deshalb gestattet, physikalische Grundlagen zu dieser Thematik zu vermitteln, ohne die es nicht geht.

Im Buch setzen wir uns mit freien Ladungsträgern auseinander. Diese befinden sich in ständiger WECHSELWIRKUNG mit der RAUMENERGIE/dem ÄTHER. Hieraus wird die praktische Realität zur autonomen Elektroenergie-Erzeugung begründbar. Und es lassen sich in der Tat Konsequenzen für unser physikalisches Weltbild ableiten. Auch interessierte Laien nehmen Anteil daran, was die Welt im Inneren "zusammenhält" und wie wir die zukünftige Elektroenergieversorgung sichern können und müssen".

Bis zu Nils Bohr mit seinem Atommodell war alles plausibel, obwohl er bereits in der Quantenwelt angekommen war. Warum sollte es unterhalb der atomaren Schwelle komplett anders sein? Danach ist in der Quantenphysik die Plausibilität weitgehend "auf der Strecke geblieben". Ob das nun so bleiben muss? Einstein bemerkte einmal:

"Raffiniert ist Gott – bösartig ist er nicht".

Mit Gott hat er offenbar die Natur gemeint. Raffinesse sollte man als komplex und vielschichtig, unserer eingeschränkten Sichtweise nicht unmittelbar zugänglich, bezeichnen. Das trifft auch erweitert auf unsere Werkzeuge wie die Mathematik und das Experiment zu.

"Eine Theorie kann dann als zutreffend betrachtet werden, wenn sie in der Lage ist, die beobachteten Tatsachen besser und einfacher zu erklären, als ihre Vorgänger."

Das WIDERSPRUCHFREIE ELEKTRON erscheint revolutionär, dennoch basiert es völlig auf klassischer Physik. Die Zusatz-Akzeptanz ist lediglich die Korpuskel-Welle-Dualität in der Mikrowelt, die auf dem feinstofflichen Äther basiert. Der Quantenelektrodynamik (QED) ist es nicht bedürftig. Das schließt jedoch weitere Fortschritte im Erkenntnisprozess nicht aus. Die Triebfeder allen Fortschritts sind primär Fragestellungen. Danach folgen Ideen für Arbeitshypothesen, die in unterschiedlicher Courage formuliert werden. Dann kommen die leidigen Realitäts- und Sachzwänge. Als solche fundamentalen Realitäten – zu denen wir uns wie im Vorwort erwähnt bekennen – fungieren das Kausalitäts- und Nahwirkungsprinzip, die uneingeschränkt geltenden physikalischen Erhaltungssätze, die Energie-Masse-Äquivalenz und die Welle-Teilchen-Dualität.

Wenn das bei jeglichen Forschungen nicht unmittelbar erkennbar ist, sollte man unverdrossen danach suchen.

Aber es gibt ebenso glückliche Momente. Das ist dann der Fall, wenn sich Sach-zwänge und neue Denkansätze sinnvoll und harmonisch miteinander verschmelzen.

1.2. Die Elektroenergie in unserem Alltag

Das Elektron ist – neben dem Proton/Ion – das bekannteste Elementar-Teilchen. Es ist der Träger der elektrischen Ladung und bildet den elektrischen Strom und Spannung. Und es führt zum Elektro-Magnetismus, ohne den kein Elektromotor, Transformator und vieles mehr funktionieren würden. Ein Leben ohne die Nutzung der Elektroenergie und Elektronik wäre heute weltweit nicht mehr vorstellbar.

Das beginnt bei unserer Elektroenergieversorgung, die durch unsere "Energiewende" gekennzeichnet ist. Es ist aber keine Innovations-Wende, sondern bekannte und immer mehr verbesserte Technik. Unabhängig davon erfolgt die Elektroenergie-Erzeugung, die -Übertragung über Hochspannungsnetze und deren Transformation in verbrauchergerechte Spannung und deren Verteilung wie bisher.

Alle Nachrichten-Kommunikations- und Computertechnik erfolgt mittels Elektronen. Vom hochauflösenden digitalen Fernsehen über die schnellsten miniaturisierten Computer bis zu den neuesten Handy-Erzeugnissen, Smartphones und den modernen Navigationsgeräten ist alles elektronisch. Aber auch elektrostatische Rauchgasreinigung, Elektronenmikroskopie, Röntgengeräte, Mikrowellenherde und vieles andere gehören dazu. Darin sind die Interaktionen zwischen den Elektronen, bezeichnet als elektromagnetische Wechselwirkung mit dem elektromagnetischen Feld und auch als elektromagnetische Strahlung inbegriffen. Man kann fast meinen, die rasante technische Anwendungsentwicklung hat die derzeitigen theoretischen Grundlagen überholt?

Niels Bohr hat seine Erklärungsnot mit den Worten überbrückt:

"Was wollt ihr denn – es funktioniert doch."

Es ist immer ein Wechselspiel zwischen dem theoretischen und praktisch-anwendungsorientierten Erkenntnisprozess und dem Experiment, welche sich gegenseitig befruchten. Kommerziellen Anwendungen in der Industrie gehen zumindest immer Labor- und Nullserien-Experimente voraus.

James Clerk Maxwell hat mit seinen Gleichungen eine wunderbare Theorie der elektrischen und magnetischen Zusammenhänge gefunden. Alles zwischen Strom, Spannung und elektromagnetischen Erscheinungen leitet sich stringent daraus ab. Der Äther ist in seinen Gleichungen nicht enthalten, obwohl er davon überzeugt war dass es ihn gibt. Mehr noch, der Äther bzw. die Raumenergie ist das Koppelglied zwischen allen elektrischen und magnetischen Erscheinungen, wie es Faraday unbewusst angedeutet hat. Auch die elektromagnetische Strahlung hat seit J. C.

Maxwell eine wesentliche Erweiterung erfahren. Sie beinhaltet von der Wärme- und der Lichtstrahlung nunmehr auch die Röntgen- und γ-Strahlung. Letztere sind durch die sogenannte ionisierende Strahlung, die auch die lebensfeindliche Radioaktivität bildet, gekennzeichnet. Die ionisierende Strahlung schlägt gewissermaßen Elektronen aus unserem hochsensiblen biochemischen Aufbau heraus. Dadurch kann es zur Struktur-Instabilität der biologischen Zellen und deren Genetik kommen. Obwohl der Körper verschiedene Barrieren und Schutzmechanismen entwickelt hat, sind die ionisierenden Strahlen generell schädigend. Die letzten beiden Strahlungsarten sowie das Elektron kannte J. C. Maxwell zur damaligen Zeit noch nicht. Ebenso war es für Max Planck, Albert Einstein, Niels Bohr und Louis de Broglie noch weitgehend fremd. Das dürfte für ein Votum, den weitgehend rückkopplungsfreien physikalischen Forschungsfortschritt kritisch zu betrachten, relevant sein. Besonders der praktisch-anwendungsorientierte Erkenntnisprozess hat den experimentellen Fundus erheblich bereichert. So ist es nicht abwegig zu fragen: "Ist es nicht an der Zeit, den theoretischen Status zu überprüfen"? Ja das ist gerechtfertigt. Denn bis heute gibt es keinen theoretischen Ansatz, für die inzwischen zahlreichen erfolgreichen, praktisch-experimentellen Beispiele, die oft sogar die Energieerhaltungssätze und anderes mehr infrage stellen.

Eine ausführliche Darlegung der klassischen Elektrophysik würde den Rahmen dieses Buches sprengen. Dazu gibt es das Internet.

1.3. Die deutsche Energiewende

Man kann es im Internet aktuell über unsere deutsche Energiepolitik kritisch von Außenstehenden kommentiert lesen[1a]. Der kritisierte Ist-Stand soll nicht Thema des Buches sein, denn es geht uns um Neues, Besseres und Innovationen dazu.

Obwohl die Energiepolitik für Deutschland als Industrienation von existentieller Bedeutung ist, versucht Deutschland, die Klimaziele nur mit (bekannten!) erneuerbaren Energien zu erreichen. Die Förderung der Industrieproduktion erfordert niedrige Energiekosten. Die Energiepolitik der Bundesregierung zielt jedoch auf die vom Verbraucher subventionierte Erzeugung von unwirtschaftlichen Strom-Erzeugungsmethoden, nur um CO_2 einzusparen. Das ist im Natur- und Weltmaßstab, inkl. Methan (12 mal klimaschädlicher), gering. Sonne und Wind schicken zwar keine Rechnung, aber es gibt erhebliche Kosten-Nachteile. Deutschland steht mit seinem Sonderweg international allein da. Auch ist der deutsche "Geisterfahrer"-Atomausstieg in Konsequenz und Tempo weltweit einzig.

Beim Atomstrom fallen keinerlei CO_2-Emissionen an. Nun ist auch der Kohleausstieg terminlich beschlossen und soll politisch noch vorgezogen werden.

Sind wir klüger als der Rest der Welt?

Wie soll dann die versorgungssichere Grundlast – unverzichtbar für Frequenz- und Spannungs-Stabilität – generiert werden? Aber ist das allein ausreichend?

Dazu bedarf es eines erheblichen Back-up an Überkapazitäten.

Man fragt sich deshalb – nach einem Komplett-Ausstieg aus Kohle und Kernenergie – wie ein Wiederanfahren nach einem möglichen Netzzusammenbruch (Blackout) funktionieren soll. Wir hätten dann kaum noch grundlastfähige Stromerzeugung. Wind- und Solarerzeugung kann die Netzsynchronisation nicht leisten. Das müssten dann ein Rest großer Synchrongeneratoren (auf Erdgasbasis, sofern denn Nordsteam 2 zu Ende gebaut wird) und zum geringen Teil größere Biogasanlagen "schultern". Es verbleibt nur das EU-Ausland, wenn es denn zur Hilfe gewillt und nicht ebenso vom Blackout betroffen ist.

Wollen wir das?

Selbst das hat einen Preis. Es sind die ständigen Regeleingriffe (fachsprachlich "Redispatsch"). Z.B. sind die Redispatch- und Engpassmanagement-Kosten noch nicht darin enthalten. Die Kosten der Eingriffe haben seit 2007 von 45 Mio. € auf über 300 Mio. € zugenommen gem. dem Bundesverband der Energie und Wasserwirtschaft (BDEW)[1b]. Diese Eingriffe sind jahreszeitlich abhängig, jedoch ist es ein Anstieg um ≈ 600 % und sie steigen weiter.

Dass diese Kosten seit 2017 wieder sinken, liegt daran, dass die Bundesnetzagentur (BNetzA) die Netzreservekraftwerke in die Kosten nicht mehr einbezieht (Link[1b]).

Dass es trotz der volatil schwankenden Erzeugung in der Dunkelflaute bisher weitgehend funktioniert – trotz nicht vorhandener großtechnischer Stromspeicher, die es auch künftig nicht geben kann – hat einen Grund:

Unsere Versorgungssicherheit wird letztendlich abhängig von unseren umliegenden Nachbarländern gestützt.

Bei einem Land in Insellage, wie z. B. Großbritannien oder Japan, geht das nicht. Dabei muss es im Sinne des freien Handels nicht negativ sein, ob jeweils zum eigenen Vor- oder Nachteil sei dahingestellt. Das CO_2-Reduktions-Ziel wird z.T. auf die Nachbarländer verlagert, damit man als "Saubermann-Vorbild" dasteht, egal ob das Globalziel incl. Methan-Begrenzung der Erderwärmung erreicht wird oder nicht.

Es muss der Vollständigkeit erwähnt werden, dass der Ausbau von Wind- und Solar-Erzeugung perspektivisch bei den Eignungsflächen-Ressourcen begrenzt ist.

Wie ist das mit dem ausgegebenen Elektromobilitätsziel vereinbar?

Nicht nur die Elektromobilität belastet das Erzeugungs-Bereitstellung und das Netz. Es sind auch zunehmend installierte Wärmepumpen für Gebäudeheizungen. Aber auch die zunehmenden Stunden im Internet incl. Computerlaufzeiten belasten die Elektroenergiebilanz. Es gibt überschlägige Berechnungen, dass der Elektroenergie-bedarf dann um fast ca. 30 GW steigen kann (zum Vergleich: Deutschland hat z.Z. im ϕ 60 GW, max. 80 GW und min. 40 GW). Womit soll der Zusatzbedarf erzeugt werden, wenn für das 100%- Erneuerbare-Energie-Ziel bereits **jetzt die vier- bis fünffache** Anzahl von Windkraftanlagen benötigt wird?

Es wäre interessant, den Preis-Saldo für die Stromimport/Export-Statistiken des letzten Winters 2020/2021 veröffentlicht zu sehen.

Der deutsche Sonderweg hat einen beachtlichen Preis: mind. 1.050 Billionen €.

Woher stammt diese Summe?

Bereits 2009 haben wir als Bürgerinitiative "Gegen das Steinkohlenkraftwerk Lubmin" (Link[1c]) diese Summe ermittelt. Offiziell bestätigt wurde dies später 2014 vom damaligen Umweltmister. Zuvor erfolgte 2012 unsere Zuarbeit für das GRÜNBUCH des BMWi. Diese enthielt konstruktive Hinweise (als Link[1d]). Leider sind eine damals versandte Grafik und der ebenso unbeantwortete Brief an das BMU v. 29.11.2012 nicht mehr abrufbar. Dafür wurde die Grafik nun im Anhang 21 mit der o.g. Summe aus dem Jahr 2009 aufgeführt.

Ist die Übereinstimmung mit der vom BMU genannten Summe zufällig?

Wie dem auch sei, heute muss davon ausgegangen werden, dass sich die Summe erheblich erhöht hat. In der v.g. Grafik sind die privaten Investitionen in Wind- und Solaranlagen natürlich nicht enthalten, nur was vom Steuerzahler und Stromkunden zu leisten ist.

Auch eine regionale Klimaveränderung deutet sich dadurch an. Der atlantische Wettereinfluss wird durch die zunehmende Zahl an Windenergieanlagen gebremst, d.h. ein zunehmend trockenerer Osten und regenreicherer Westen Deutschlands.

Dass es anders gehen kann, soll im weiteren Inhalt des Buches dargelegt werden.
Doch zunächst zu den Grundlagen.

2. Elektrophysikalische Grundlagen auf Basis der Planckschen Quanten

2.1 Max Planck – der Begründer der Quantenphysik

Wenn wir das Elektron in Betracht nehmen, müssen wir bei Max Planck beginnen. Er hat das Elektron nicht entdeckt. Das waren mehrere, wie der Arzt und Naturforscher Hermann Helmholtz, Joseph J. Thomsen u.a., die das Elektron als elektrisches Elementarteilchen (Atom der Elektrizität) erkannten. Die Elektronentheorie und die elektromagnetischen Wechselwirkungen sind aber heute ohne Quantentheorie nicht denkbar.

Ende des 19. Jahrhunderts stand in Berlin die Entscheidung an, wie die zukünftige Straßenbeleuchtung in Berlin beschaffen sein sollte: als Gaslicht mit den allabendlichen Laternenanzünder-Stadt-Bediensteten oder als damals modernes elektrisches Licht.

Um das zu entscheiden, wurde auf Drängen Kaiser Wilhelm II. 1887 eigens ein Institut geschaffen, die Physikalisch-Technische Reichsanstalt in Berlin. Diese arbeitete mit der nahe gelegenen Humboldt-Universität eng zusammen. Die Humboldt-Universität wollte hierfür den damals besten Physiker berufen.

Die Wahl fiel zunächst auf Heinrich Hertz, der aber absagte. Die "zweite" Wahl war Max Planck. Wahrhaftig in Anführungsstrichen, denn Planck stellte sich der Aufgabe sofort mit großem Engagement. Das Ergebnis ist bekannt. Über seine Untersuchungen zur schwarzen Hohlraumstrahlung gelangte er zur Erkenntnis, dass die Höhe der Strahlungstemperatur nur von deren Frequenz abhängig ist. Er fand dies durch seine empirisch abgeleitete Strahlungsformel. Die Beziehung zur Strahlungsenergie ergab $E = h \cdot \nu$, die neben der Frequenz nur von einer Konstanten h abhängt. Im Nachhinein bestätigte sich dies glänzend. Im Dezember 1900 stellte Max Planck seine Formel vor. Die Physiker der Physikalisch-Technischen Reichsanstalt F. Kurlbaum und H. Rubens überprüften diese experimentell noch in der Nacht und beglückwünschten anderntags Max Planck für die hervorragende Übereinstimmung mit dem Experiment. Davon ist einiges, was man sich heute auch wünschte.

So wurde letztendlich aus der Entscheidung über Berlins Straßenbeleuchtung die Quantenphysik geboren. Letztere nicht sofort, denn es dauerte 13 Jahre von der Veröffentlichung Plancks im Jahr 1900 bis zu deren allgemeiner Akzeptanz und Anerkennung 1913. Zwischenzeitlich war Max Planck Präsident der Kaiser-Wilhelm-Gesellschaft in Berlin geworden.

Den bereits bekannten Physiker Albert Einstein berief Planck nach Berlin. Nicht ganz uneigennützig, denn Max Planck erhoffte damit selbst weitere Akzeptanz für seine Strahlungsgleichung mit ihrer Konstanten **h**. Aber auch das half zunächst nicht weiter. Das eingefahrene Wellen- und Kontinuum-Denken der Physikwelt blieb Lehrmeinung, obwohl Albert Einstein mit seiner Lichtquanten- bzw. Photonentheorie ganz im Sinne Max Plancks wirkte.

Mit einem Seufzer gab Planck seinen Unmut über seine damaligen Physik-Kollegen Ausdruck:

"Etwas Neues setzt sich nicht dadurch durch, dass die Alten ihre
Meinung ändern, nur dadurch, dass jene aussterben".

Indirekt bahnte sich der Meinungsumschwung dann doch noch an. Planck meinte, im wissenschaftlichen Austausch mit Einstein u.a., dass es doch möglich sein müsse, die Konstante **h** aus den Atomen abzuleiten.
Albert Einstein entgegnete[2]:

*"... Dass **h** viel fundamentaler ist, sodass es vielmehr geboten sei,*
*aus der Konstante **h** den Bau der Atome herzuleiten".*

Niels Bohr griff den Gedanken auf und legte 1913 unter Einbeziehung von **h** seine erfolgreiche Atomtheorie vor. Das war der Durchbruch. Alle drei bekamen den Nobelpreis, Max Planck für seine Strahlungsgleichung mit seinem revolutionären, körnigen Energiequantum (si. Cover), Albert Einstein für seine Lichtquantentheorie – und nicht für die Relativitätstheorie – und Niels Bohr für seine Atomtheorie.
Die Entwicklung der Physik ging weiter und wurde auf der Basis der Quantentheorie immer komplizierter und abstrakter. All das wäre ohne das Plancksche Wirkungsquantum nicht möglich gewesen.

So ist zu konstatieren, dass die allgemein gültige Strahlungsformel von Planck nur mit seinem Wirkungsquantum **h** als körniges Energiequantum funktioniert, ebenso die Einsteinsche Lichtquantenbeziehung. Und die Bohrsche Atomtheorie funktioniert nur mit der Planckschen Konstanten **h/2π**.

Der Preis dafür ist und war der Bruch mit der Lehrmeinung. Bei Bohr war der "Bruch" geringer, da Einstein als bereits anerkannter Wissenschaftler selbst den oben zitierten Hinweis gegeben hatte. Im weiteren Text wird verschiedentlich darauf einzugehen sein.

Der kleine Physik-Historien-Exkurs zeigt, wie langwierig und langanhaltend Vorurteile und alte Denkgewohnheiten bereits zu jener Zeit schon waren. Man muss sich dabei vor Augen halten, dass Max Planck bereits Präsident der damals führenden physikalischen Gesellschaft der Welt war, der Kaiser-Wilhelm-Gesellschaft. Diese wurde später zu Plancks Ehren in Max-Planck-Gesellschaft umbenannt.

Was bedeutet uns der Rückblick heute?

Die Weiterentwicklung erfolgte basierend auf der Quantenphysik zur Quanten-Elektrodynamik (QED). Die vorderste Front der theoretischen Physik bilden derzeit die Superstring- und Superbranes-Theorien.

Eine Tausendschaft von führenden Theoretikern (Lehrstuhlinhaber in theoretischer Physik), u.a. der Elite-Universitäten Stanford, Princeton, Havard in den USA und weitere, haben sich zusammengeschlossen, um eine "Theory of Everything" oder Formel "Von Allem", d.h. eine Weltformel, zu finden, die alle vier Grundkräfte vereinigt. Das sind die elektromagnetische, die starke, die schwache und die gravitative Kraft.

Zunehmend sind jedoch Zweifel an diesen Theorien zu hören. So kann man heute mit Fug und Recht konstatieren, dass seit mehr als 50 Jahren kaum etwas Neues, Erhellendes im Bezug auf Naturgesetze entdeckt wurde [2]. Dazu schreibt einer der prominentesten Stringtheoretiker, Lee Smolin, in seinem Buch "The trouble with physics" (deutsch „Die Zukunft der Physik[3]"):

"Wir haben versagt ..." Warum dieses Eingeständnis?

Er plädiert für eine Neuorientierung der physikalischen Forschung.

Wiederholt sich die Geschichte auf höherem Niveau? Sind die Fundamente, u.a. der QED, ausreichend tragfähig? Die Relativitäts- und Quantentheorie passen nicht zueinander. Das ist bekannt.

Es ist wie vor Planck, als es zwei Strahlungsformeln gab, die von Wilhelm Wien und die von Rayleigh-Jeans, die nicht zusammen passten?

Und nun kam der Äther-Streit hinzu. Über 120 Jahre ist der Äther in der wissenschaftlichen Diskussion. Dabei gab es sogar Zeiten, in denen die Lehrmeinung das Vorhandensein des Äthers komplett abstritt. Inzwischen gewinnt er wieder an Aktualität.

Das liegt vor allem an überzeugenden praktischen Beispielen, in denen nachgewiesen werden konnte, dass mehr Energie erzeugt werden kann, als hineingesteckt wird. Das bedeutet einen sogenannten over-unity-Effekt (o.u.-Effekt), d.h., man gewinnt mehr Energie als man einspeist.

Dass die grundlegenden Versuche zum Äthernachweis von Michelson und Morley und auch die nachfolgenden Nachprüfungen fehl gehen mussten, soll nachfolgend erläutert werden. Wobei es bis heute völlig ungeklärt ist, ob u.a. die Photonen im Bezug auf die allgegenwärtige Feinstofflichkeit neu bewertet werden müssen. Auch das "strukturlose" bis "punktförmige" Elektron sollte unter dem Aspekt der Äther-Feinstofflichkeit auf den Prüfstand.

Eliot:

> *"Wir vergaßen die Weisheit um des Wissens willen und*
> *wir verloren das Wissen im Strom der Informationen."*

Das Internet-Zeitalter "lässt grüßen". Es ist zuweilen einfacher, etwas schnell und umfassend herunter zu laden, als sich mühsam den Kopf darüber zu zerbrechen.

2.2. Widersprüche zum Elektron – Kritik am gegenwärtigen Status

Im Laufe des Erkenntnisprozesses in der physikalischen Forschung, speziell auf dem Gebiet der elektromagnetischen Wechselwirkung, ist heute ein Stand erreicht, der die genauesten Verifizierungen (mathematischen Berechnungen) einer wissenschaftlichen Theorie ermöglicht. Doch es ist auch bekannt, dass die Theorie der elektromagnetischen Wechselwirkung – in ihrer modernsten Form, der Quantenelektrodynamik (QED) – in sich nicht widerspruchsfrei ist.

Die brillante Genauigkeit der QED mit deren erreichten Ergebnissen erstickt zwar jeden Zweifel an den damit nachgewiesenen richtigen Resultaten, aber die logischen Widersprüche bestehen dennoch fort. Dies lässt der Vermutung Spielraum, dass es sich um Modell-, Definitions- und Interpretationsfragen handelt, die ansatzbedingt zu unphysikalischen Formulierungen führen. Das offenbart sich in Divergenzen (das sind Unendlichkeiten bzw. Pole) bei der mathematischen Behandlung.

Die eingangs erläuterten fragwürdigen Zweifel und Grundwidersprüche seien hier wiederholt. Insbesondere die Widersprüche, die im Zusammenhang mit der elektromagnetischen Wechselwirkung, den Interaktionen zwischen den Elektronen und dem elektromagnetischen Feldern, bestehen, seien nachstehend aufgelistet.

Ebenso bestehen bislang zahlreiche unverständliche Resultate und offene Fragen.

Ohne Anspruch auf Vollständigkeit zum Elektron und seinen Wechselwirkungen seien seien sie nachstehend aufgeführt:

1. Bestehende Divergenzen bezüglich unendlicher Selbstenergie des Elektrons. Es stellt sich die Frage, woraus die große Selbstenergie des Elektrons von ≈ 511 keV resultiert.

2. Bestehende Divergenzen betreffs unendlicher Masse als sogenannte Selbstmasse des Elektrons?

3. Bestehende Divergenzen zur Ladung des Elektrons. Es stellt sich die Frage, inwieweit gibt es eine größere "nackte" Ladung und wieso ist sie verborgen

4. Ist α eine Kopplungskonstante oder ist es mehr – eine universelle Zahlenkonstante?

5. Warum ist das Elektron im Verbund mit α in der Berechnung ein Fremdkörper und warum meidet es Schrödinger in seiner Gleichung?

6. Ist das Elektron punktförmig oder hat es eine Abmessung? D.h., gibt es eine Abmessung, die das Elektron eindeutig als Korpuskel mit Elektronenradius und Aufenthaltsort ausweist oder ist das Elektron nur als Wahrscheinlichkeitswelle zu verstehen?

7. Warum erscheint in der vorgenannten Darstellung das Elektron räumlich "verschmiert", wenn es ansonsten punktförmig ist? Besitzt es eine innere Struktur oder ist es struktulos?

8. Ist das Elektron rein elektrodynamischen Ursprungs oder hat es eine verteilte Massestruktur?
   Es ist bekannt, dass der klassische Elektronenradius nicht mit der Compton-Wellenlänge übereinstimmt.

9. Die Fragestellung zur Entstehung der Elektronenmasse und zu dessen Massezuwachs und-abtrag.

10. Fragestellungen zum Spin und seine bislang fehlende Begründunge sowie zum Zusammenhang zwischen Spin und Statistik der Elementar-Teilchen.

11. Die Fragestellung zur bestehenden magneto-mechanischen Anomalie des Elektrons und die bislang fehlende Begründung für das zu große magnetische Moment des Elektrons.

12. Warum gilt das Coulombsche Gesetz bis in die kleinsten Strukturen, obwohl es ein klassisches und makroskopisches Gesetz ist?

13. Wieso ergibt sich eine negative Energie aus den Diracschen Gleichungen und inwieweit reicht zur Begründung der Hinweis auf das Kleinsche Paradoxon?

14. Wieso wurde bisher kein Symmetrieprinzip für die bestehende Asymmetrie der elektrischen und magnetischen Elementar-Wirkungen und des Elektrons selbst gefunden?

15. Gibt es aus dem vorgenannten Grund magnetische Monopole?

16. Ist das Plancksche Wirkungsquantum nur die kleinste Energieportion oder ist das Wirkungsquantum h als Skalar oder Vektor (Spinor) zu verstehen?

17. Was verbirgt sich hinter dem Rätsel des Doppelcharakters Welle–Teilchen in der Mikrowelt?

18. Was ist unter dem Kollaps der Wellenfunktion zu verstehen und findet er statt?

19. Warum entsteht in der QED die Emission weicher Photonen mit nicht verschwindender, von Null verschiedener Ruhemasse?

20. Was ist unter der mathematischen und physikalischen nicht logischen Verfahrensweise der Renormierung zu verstehen?

21. Worum handelt es sich bei Prozessen der Vakuumschwankung und Vakuumpolarisation sowie Nullpunktsschwankungen mit "virtuellen" Teilchen? Ist Nullpunktenergie nutzbar?

22. Wie kann das Problem der Erzeugungs- und Vernichtungsoperatoren gelöst werden?

23. Um die (temporäre) Verletzung des Energiesatzes zu rechtfertigen, wird bislang ein sogenannter "Kredit« beim Vakuum" angenommen. Was verbirgt sich dahinter?

24. Die bestehenden Probleme im Zusammenhang mit der Überstrapazierung der Heisenbergschen Unschärferelationen und wie damit umzugehen ist.

25. Wird das elektromagnetische Feld des freien Elektrons bei dessen Rekombination berücksichtigt? Wo verbleibt dessen strahlungsloser Feld-Anteil?

26. Gibt es eine Raumenergie oder Äther? Warum wird diese bzw. dieser von der etablierten Wissenschaft weitgehend ignoriert?

27. Gibt es deshalb ein echtes elektroenergetisches Perpetuum mobile?

28. Sind Energieüberschuss-Erzeugungen möglich – wie bereits experimentelle Anwendungen zeigen?

29. Ist eine Verletzung des Energieerhaltungs-Satzes und der daraus folgenden Sätze möglich?

30. Warum gilt bei einem Antigravitations-Schub nicht das Newtonsche Gesetz "actio = reactio"?

Das ist eine erhebliche Anzahl von Widersprüchen und offenen Fragen, auf die die moderne Theorie der QED keine oder nur unbefriedigende Antworten liefert. Man könnte diese Reihe noch fortsetzen.

Wie und in welcher Form könnte die Klärung dieser Widersprüche erfolgen?

Aus dem nachstehenden Buchinhalt dürften viele Widersprüche und offenen Fragen gelöst werden. Um mit einem Resultat zu beginnen:

Aus zahlreichen Beschleuniger-Streuversuchen - so zum Beispiel am Deutschen Elektronensynchrotron Hamburg - mit hochenergetischen Elektronen ist bekannt, dass die Elementarladung **e** abgeschirmt wirkt [4].

Man erhält bei niederenergetischen Streuversuchen an Elektronen feststellbare Durchmesser ihres sogenannten polarisierten Vakuumbereiches von ca. 10^{-13} m. Im hochenergetischen Streubereich erweist sich das Elektron hingegen mehr und mehr als punktförmig ($\approx 10^{-18}$ m) [4]

Sechs Zehnerpotenzen Größendifferenz kann man bereits bei Streuversuchen mit unterschiedlicher Energie an Elektronen, die im Atom gebunden sind, feststellen [2].

Bei dieser Spanne von Größenordnungen drängt sich die Frage auf:

Was gehört zum Elektron und was nicht, wo fängt es an und wo hört es auf?

Zusammengefasst heißt das, wesentliche physikalische Grund- bzw. Elementargrößen des Elektrons in ihrer Entstehung und in ihrer wechselseitigen Verkettung sind bis heute ungeklärt oder nicht begründbar.

Die Divergenz-Resultate der QED – d.h. Unendlichkeiten oder Pole, die bei der mathematischen Behandlung auftreten – dürften unphysikalische Ergebnisse sein?
Solche Resultate kann man mit der "Ultraviolettkatastrophe", einem von Ehrenfest geprägten Begriff, bezeichnen. Bei der "Ultraviolettkatastrophe" ergibt sich nach der Formel von Rayleigh-Jeans ein unbegrenztes Anwachsen (Divergenz) der Strahlungsenergie zum kurzwelligen Strahlenspektrum hin [2]. Auf der höherfrequenten Seite versagt die Formel von Wilhelm Wien bei infraroten Frequenzen. Diese unphysikalische Divergenz wurde später mittels der Planckschen Strahlungsformel und der Hypothese der Energiequanten beseitigt [2].

In der QED werden im "Nachhinein" die erhaltenen Divergenzen durch die Renormierungen (oder auch Regularisierung der Integrale) korrigiert. Die erhaltenen Unendlichkeiten werden durch die bekannten, gemessenen Grundgrößen ersetzt.

Sie ergeben sich <u>nicht</u> stringent.

Das bedeutet, dass die unerwünschten Ergebnisse sozusagen *"unter den Teppich gekehrt"* werden, wie Richard Feynman einmal spaßig bemerkte.

Die Quantenelektrodynamik als spezielle Quantenfeldtheorie ist eine Mehr-Generationenentwicklung:
"An ihrer Entstehung waren zahlreiche namhafte Wissenschaftler, u.a. mehrere Nobelpreisträger, beteiligt. Sie wurde schrittweise entwickelt und partiell repariert und korrigiert."

Deren Erfolge sind vor allem dadurch begründet, dass die renormierbare Wechselwirkung mit der kleinen Kopplungskonstante α (Sommerfeldsche Feinstrukturkonstante) über die störungstheoretische Entwicklung nach Potenzen von α möglich ist, die die Anwendung der Feynman-Graphen gestatten.
Erstaunlicherweise führt diese Verfahrensweise auf der Basis der Feynman-Diagramme und dem "Heruntermultiplizieren" der Kopplungskonstante α zu den genauesten Resultaten einer wissenschaftlichen Theorie.

Dass die QED auf solche Genauigkeit getrieben werden kann, hängt mit der geringen Stärke der elektrostatischen Kraft (im Vergleich zur starken Kernkraft) zusammen. In der Quantenphysik ist es üblich, die relative Stärke einer Wechselwirkung durch einen Parameter zu beschreiben, den man als Kopplungskonstante bezeichnet. Für die starke Wechselwirkung der Kernkraft ist die Kopplungskonstante etwa ≈ 1, für elektromagnetische Kräfte dagegen viel kleiner $\approx {}^1/_{137}$.

Die auch als Kopplungskonstante α benannte dimensionslose Zahl (gelegentlich auch α_{em} bezeichnet), bildet die Grundlage für die Korrekturrechnungen der QED[5]. Die geringe Größe von α erweist sich hierbei als nützlich. Dabei führen in der QED die sogenannten Quantenkorrekturen im Verbund mit der Hilfsannahme der Vakuumpolarisation zu den exzellenten Ergebnissen. Sie werden als Produkte aus umfangreichen mathematischen Ausdrücken mit Potenzen von α dargestellt. Die Korrekturprozedur kann dann mit höheren Potenzen von α ohne merklichen Verlust an Genauigkeit bei einem bestimmten Kompliziertheitsgrad abgebrochen werden, da die weiteren Beiträge auf Grund der geringen Größe ohnehin verschwindend klein werden.

Trotz der genauen Resultate ist bis heute unklar – so kann man in jedem Lehrbuch nachlesen – ob die QED überhaupt eine mathematisch konsistente Theorie ist. Und man weiß und versteht es bis heute nicht, was der eigentliche Grund für die α-Abhängigkeiten ist. Die Zweifel werden dadurch genährt, da es bisher trotz zahlreicher Versuche nicht gelungen ist, die QED insbesondere auf die starken Wechselwirkungen zu übertragen. Es ist auch eine hinlänglich bekannte Tatsache, dass vernünftig begründete iterative Näherungen häufig genauere Ergebnisse liefern, als exakte Ansätze, die durch kleine physikalisch bedingte Nebeneffekte überlagert sind. Hierbei können ebenfalls feine reale Nebeneffekte unerkannt "untertauchen", besonders dann, wenn nicht danach gesucht wird.

Der nun fast ein Jahrhundert dauernde Dissens zu den Themen, wie die Quantenphysik zu interpretieren sei, besonders zur erkenntnisbegrenzenden Quantenschärfe, zum Kollaps der Wellenfunktion, zur Welle-Teilchen-Dualität und zur Kopenhagener statistischen Deutung bleibt bestehen[6]. Zunehmend wird auch das Kausalitäts- und Nahwirkungsprinzip infrage gestellt. Zudem ist es auch ein Jahrhundert-Dissenz, ob es einen Äther gibt oder nicht. Nachdem er totgesagt wurde, mehren sich die Argumente für seine Renaissance. Gibt es – trotz der vorgenannten Unzulänglichkeiten – Vorteile durch die QED?

Insbesondere die Hilfsannahme der QED zur "Vakuumpolarisation mit virtuellen Teilchen" ist als Anregung für weitere Untersuchungen nützlich. Durch letztere wird den unphysikalischen Resultaten sozusagen eine Realitätsbrücke gebaut. Die "Vakuumpolarisationswolke" aus virtuellen Elektronen und Positronen(-Paaren) soll den elektronischen Ladungsträger einhüllen. Dadurch sei die Ladung des Elektrons abgeschirmt. Man hat deshalb auch den Begriff nackte Ladung geprägt.

Als positives Beispiel für vorbildliche physikalische Ansätze sei die Rydbergkonstante $R\infty$ genannt. Erst wenn man den Mini-Effekt der Auslenkung der Atomkernmasse berücksichtigt, ergibt sich eine hervor-ragende, physikalisch nicht zu beanstandende Übereinstimmung mit dem Experiment. Das ist in diesem Falle mehr als kluge mathematische Beschreibung, sondern eine logische physikalische Durchdringung.

Was sind die Schlussfolgerungen daraus?

Wenn das Elektron punktförmig ist (ca.10^{-18}m), kann der klassische Elektronenradius von (ca.10^{-15}m) nicht zutreffen. Daraus resultierend wären es immerhin mehr als drei Zehnerpotenzen Größenunterschied zu der zum klassischen Elektronenradius und zur "Vakuumpolarisationswolke" (ca.10^{-13}m) wären es sogar fünf.

Obwohl das Elektron zu den am besten erforschten und meist genutzten Elementarteilchen gehört, sind dessen Elementarkonstanten und deren Genesis in der modernen Physik ungeklärt.

Das betrifft u.a. dessen Drehimpuls (Spin), dessen unerklärlich großes magnetisches Moment (das Elektron ist selbst ein kleiner Magnet, mehr als doppelt so groß wie erwartet), dessen elektromagnetische Asymmetrie, dessen nicht erklärbare große Selbstenergie (Energie, die beim "Zerstrahlen" von e^--p^+ auftritt $\approx$ 0,511 MeV), dessen Masseentstehung und der Zusammenhang zur Elementarladung.

Gibt es eine größere (nackte) Ladung? Die QED berechnet sie als unendlich. Der "eigenartige" Faktor $\alpha \approx$ **1/137**[6], die Sommerfeldsche Feinstrukturkonstante, wird vielfach als universelle Zahlenkonstante gedeutet, aber eine elementare Herleitung gelang bisher nicht.

Der Amerikaner Tom Bearden[7] geht noch einen Schritt weiter und fragt:

> *"...Herkunft der Energie: Dies ist das gut versteckte Ladungsquellenproblem, das*
> *der Wissenschaft seit über einem Jahrhundert bekannt ist, jedoch ignoriert wird.*
> *...Entweder gilt der Energieerhaltungssatz, doch was ist dessen Quelle?"...*

> Oder anders ausgedrückt: Gibt es "Perpetua mobilia"?

So hat sich die Auffassung etabliert, dass die Theorie mit den geringsten Widersprüchen die gültige sei?

Sabine Hossenfelder[8] hat nicht nur mit ihrer Schönheitskritik recht. Auch das Gebäude der theoretischen Physik – besonders bezogen auf das Elektron und der elektromagnetische Strahlung – steht auf keinem tragfähigen Fundament.

2.3. Welches sind die zum Thema gehörenden fundamentalen Fragen?

Fragen, die nicht oder nur unzulänglich zum Elektron und zu dessen Raumenergie-Wechselwirkungen beantwortet werden, sind nachstehend komprimiert aufgeführt:

Was ist die Feinstruturkonstente α für eine eigenartige Zahl?

Wirkt die "Elementarladung" abgeschirmt und gibt es eine nackte Ladung?

Ist die "Elementarladung"e elementar oder ist es eine Kondensatkonstante?

Ist die Vakuumpolarisation "virtuell" oder real?

Warum ist das Elektron elektromagnetisch asymmetrisch?

Existiert eine magneto-mechanische Anomalie des Elektrons?

Bestehen Photonen aus Materiewellen und sind sie wirklich masselos?

Was bedingt die Welle-Teilchen-Kausalität in der Mikrowelt?

Welche Relationen bestehen zwischen Spin und Statistik?

Findet ein Kollaps der Welle bei der Messung tatsächlich statt?

Kann die Heisenbergsche Unschärfe auch feinstofflich interpretiert werden?

Hängt Lichtgeschwindigkeit c von Bohrscher Gleichgewichtsbedingung ab?

Warum passen Quanten- und Relativitätstheorie nicht zueinander?

Was zieht das Proton/Ion auf die Wanderschaft?

Erfolgt ein Durchgang des größeren Elektrons durch das kleinere Proton?

Warum ist die e-p-Zerstrahlung geringfügig kleiner gem. $h \cdot v_c < m_e \cdot c^2$?

Weshalb ist beim Antigravitations-Schub actio $\neq$ reactio?

Was bewirkt eine Temperaturerniedrigung beim over unity-Effekt?

Warum bedeutet Kondensatstrahlung beim over unity-Effekt Verlust?

Was hat die K.v.Klitzing-Konstante mit dem Wellenwiderstand Z zu tun?

Ist das Flussquant h/2e der Magnetfluss zweier Elektronen oder eines?

Mit Raumenergie = feinstofflicher Äther,

beantworten die Autoren diese Fragen einleuchtend und plausibel.

2.4. Grundlagen, Lösungansatz zur Welle-Teilchen-Dualität für ein neues Modell

Durch einen veränderten Modellansatz – bei klassischer Beschreibung – lassen sich die Elementarkonstanten des Elektrons widerspruchsfrei und plausibel herleiten. Dies stimmt mit dem reichen experimentellen Fundus überein.

Zunächst soll die bekannte Welle-Teilchen-Dualität vorangestellt werden, die bis heute noch ungeklärt ist. Die Welle-Teilchen-Dualität wird durch die Planck-Einsteinsche Energiebeziehung sowohl als Welle als auch korpuskular erhellt. Die einfache Gleichsetzung widerspricht zwar nicht dem aktuellen Lehrmeinungs-Status, wird aber weitgehend verdrängt.

Warum?

Bereits 1924 stellte Louis de Broglie die wichtige Hypothese auf, dass der Dualismus Welle–Korpuskel keine Besonderheit des Lichts ist, sondern allgemeingültig sein muss[2]. Im Nachhinein hat es sich glänzend bestätigt. Zu seiner Annahme, dass man materiellen Teilchen auch Welleneigenschaften zuschreiben kann, veranlassten ihn folgende Überlegungen:

In den 20er Jahren des 19. Jahrhunderts untersuchte Hamilton die bereits genannte bemerkenswerte Analogie zwischen geometrischer Optik und der Mechanik (der Newtonschen Mechanik). Es zeigte sich, dass die Grundgesetze dieser beiden an sich verschiedenen Gebiete in einer mathematisch identischen Form dargestellt werden konnten. Der Gedanke de Broglies war, die Analogie zwischen Mechanik und Optik zu erweitern und der Wellenoptik eine Wellenmechanik zur Seite zustellen. Diese sollte allgemeiner als bei der klassischen Mechanik auch auf inneratomare Bewegungen anwendbar sein.

Einem materiellen Teilchen, wie z.B. einem Elektron der Masse m_e, das sich mit der Geschwindigkeit v bewegt, schreiben wir nach der Korpuskelvorstellung eine Energie E und einen Impuls p zu. Im Wellenbild ist es eine Frequenz v bzw. Wellenlänge λ. Da es zwei Aspekte des Objektes sind, müssen zwischen den sie charakterisierenden Größen die Beziehungen bestehen:

$$E = h \cdot v \qquad und \qquad p = h/\lambda$$

E = Energie, p = Impuls

m_e = Elektronenmasse

v = Frequenz

Die bekannte Impuls- bzw. de Broglie-Beziehung der Materiewelle lautet somit:

$$\lambda = h/p = h/m_e \cdot v \equiv h/m_x \cdot c \ ?$$

m_x = unbekannte Masse

m_x = wäre die unbekannte (größere, relativistische) Masse des Elektrons, wenn es eine Translationsgeschwindigkeit $>> 0$ hätte.

Eine relativistische Masse – auch in den de Broglie-Beziehungen enthalten – gibt es in dem v.g. einfachen Wellen-Bezug nicht. Nach der Speziellen Relativitätstheorie (SRT) kann es sich nur elektromagnetische Strahlung (Photonen) als masselose Teilchen handeln, die sich mit Lichtgeschwindigkeit ausbreiten. Das wird jedoch im weiteren Text modifiziert und widerlegt.

Die de Broglie-Beziehung gleicht äußerlich der Compton-Beziehung bzw. -Wellenlänge. Das ist kein Zufall. Der Unterschied ist lediglich der relativistische Massezuwachs bei einem massiven Teilchen mit einer Translationsgeschwindigkeit $>> 0$. Ohne Translationsgeschwindigkeit ist jedoch keine Materiewelle messbar.

Dennoch ist (durch die Rotation mit c) die Comptonwelle des Elektrons immanent vorhanden. Was begründet nun den Unterschied zwischen Comptonwellenlänge und de Broglie-Wellenlänge?

Die Comptonwellenlänge λ_c bzw. -frequenz ν_c ergibt sich aus seiner elementaren Theorie des nach seinen Namen benannten Effektes[2]. Arthur Holly Compton hat sie aus seinen Röntgenstreungs-Experimenten und bei deren theoretischer Behandlung gefunden.
Der Grundgedanke von Louis de Broglie bei seiner Materiewelle bezieht sich auf die v.g. Hamiltonsche Analogie. Von ihrer Wellen-Kausalität sind die Compton- und de Broglie-Welle wesensgleich, unabhängig von ihrer Herleitung und Herkunft.

Soweit die kleine Physik-Historien Rückschau.

Die nachstehenden einfachen Ausgangsgleichungen für den Modellansatz und die daraus folgende Beweisführung eines Kondensat-Clusterkörper-Modells sind zwar allseits hinreichend bekannt.
Dennoch ergibt sich gerade aus der Planck-Einsteinschen Energie-Gleichsetzung die Welle-Teilchen-Dualität ein Ansatz, der infolge der Realtivitätstheorie weitgehend ausgeblendet wurde (nachstehendes Bild 2).
Das ist der wahre Grund, weshalb die Welle-Teilchen-Dualität immer noch unverstanden ist. Die zahlreichen Erklärungsversuche "Kopf- und Führungswelle[5,6]" u.a. sind schlicht Unsinn.
Ausgehend von den Vorbemerkungen, sollte Bild 2 näher betrachtet werden.

Hierin sind die einfachen Zusammenhänge mit Frequenz und Wellenlänge enthalten:

Kausalität der Welle-Teilchen-Dualität

Ausgangspunkt: die Planck-Einsteinsche Energiegleichung

Die Planck-Einsteinsche Energiebeziehung:

$$h \cdot \nu_c = E_e = m_e \cdot c^2$$

Daraus folgt die Frequenz bzw. Wellenlänge:

$$\nu_c = m_e \cdot c^2 / h \; ; \; c/\lambda_c = m_e \cdot c^2 / h$$

oder bei Umdrehung bzw. Rotation:

$$\omega_c = m_e \cdot c^2 / \hbar \; ; \quad \lambdabar_c = \hbar / m_e$$

Daraus der Radius der Vakuumpolarisation :

$$\lambdabar_c = \hbar / (m_e \cdot c) = r_0$$

ν_c = Comptonfrequenz = c/λ_c

m_e = Elektronenmasse

λ_c = Compton-Wellenlänge

h = Plancksch. Wirkungsquant.

$\hbar$ = Plancksch. Konst. $\hbar = h/2\pi$

ω_c = Kreisfrequenz $\omega = \nu \cdot 2\pi$

$\lambdabar_C$ = Kreis-Wellenlänge $\lambdabar = \lambda / 2\pi$

r_0 = Cluster-Elektronen-Radius

- Alles Weitere leitet sich daraus ab -

Bild 2: Schlüssel-Äquivalenz zur Entstehung der Welle-Teilchen-Kausalität

Die Frage, ob *"Welle oder Teilchen"* gem. Ponomarjow[9] kann nur lauten:

Welle und Teilchen.

Die Planck-Einsteinsche Energiebeziehung ist dadurch die **Schüssel-Äquivalenz,** die weitere Aussagen zulässt:

1. Der Zusammenhang zwischen Korpuskel und Welle – als Teilchen-Welle-Dualität – ist die Basis zu deren Verständnis.
2. Der Zusammenhang zwischen der Einsteinschen Energie-Masse-Äquivalenz und der elektromagnetischen Strahlung als Energie-Wellen-Äquivalenz.
3. Der Zusammenhang zwischen Korpuskel und Feinstofflichkeit auf Basis der Planckschen Quanten.
4. Der Zusammenhang und die Identität zwischen der Compton- und der de Broglie-Frequenz.
5. Der Zusammenhang zwischen Äther und polarisierter Feld-Feinstofflichkeit als Nahwirkung.
6. Der Zusammenhang zwischen Elektronenradius und Compton-Wellenlänge.

Die Welle-Teilchen-Kausalität dominiert die gesamte Mikrowelt.

Es ist eine Tragik der Wissenschaftshistorie, dass die beiden bedeutenden Wissenschaftler vom Anfang des letzten Jahrhunderts mit ihren Ansätzen ..."letztlich nicht immer zueinander fanden".
Das "tiefe Wasser" war hier der nicht beachtete Äther bzw. die Feinstofflichkeit.

Insbesondere die Geschwindigkeits-Relativität (als nur ein unvollständiger Teil des Energieerhaltungssatzes) führte zu einer nachhaltigen Denkblockade des wissenschaftlichen Fortschritts.

Für Albert Einstein war damals zunächst feinstofflicher oder gar ponderabler Äther nicht existent. Das führt im extremen Geschwindigkeitsfall dazu, dass gemäß Spezieller Relativitätstheorie (SRT) Teilchen eine unendliche Masse bei Annäherung an die Lichtgeschwindigkeit gewinnen.

Anderseits
existiert keine reale "Ruhemasse" in der gesamten Mikrowelt.

Im Bezug zur Hilfsannahme des Vakuum-Polarisations-Bereiches der QED[9] ist der Elektronenradius r_0 direkt daraus direkt erhältlich (Bild 2). Das resultiert aus **h** und damit aus dem Massequantum h/c^2.

Das Interessante hieraus ist, dass der Radius r_o als Compton-Wellenlänge λ_c mit der Kreisfrequenz ω_c wesensgleich erscheint und mithin ideal als Produkt korrespondiert. Dadurch vereinfachen sich viele Berechnungen bzw. kürzen sich heraus, wie sich in der weiteren Nachweisführung zeigt.

Die Grundgleichung trifft zunächst für die Elektron-Selbstenergie $E_e = e \cdot V_e$ zu. Lassen wir dies vorerst so stehen. Die Erläuterung erfolgt in den nachstehenden Kapiteln. Daraus ergeben sich zahlreiche neue Aussagen, die man mittels der Quantenelektrodynamik (QED) nicht erhält. Wenn man annimmt, dass die "virtuelle[9]" Vakuum-Polarisationswolke real ist und aus massiven Teilchen besteht, die in fester Kopplung mit dem Elektron rotieren, gelingt es, die offenen Grundfragen schlüssig zu lösen.

Das festgekoppelte Teilchen-Cluster gehört folglich nicht zum nackten Elektron, wie auch das äußere Feld. Es ist sowohl Clusterkörper-kondensierte als auch polarisierte Raumenergie, besser bekannt als Äther.

Das wird ebenso in den weiteren Darlegungen zu begründen sein.

Zunächst soll rückbesinnend die Quantisierung für jegliche Rotationen von h, dem Planckschen Wirkungsquantum, betrachtet werden (gemäß der Bohr-Sommer-feldschen Quantenbedingung[2] Anhang 1).

Das ist insofern für das weitere Verständnis bedeutsam, da Rotation untrennbar zur Quanten-Natur gehört.

Diese bekannte Beweisführung zeigt, dass die Quantisierungsregel auch als (korpuskulare) Eigenrotation eines Quants mit räumlicher Ausdehnung um sein Zentrum (Schwerpunkt) sowie die Rotation von einem oder mehrerer (n-facher) elementarer Partikel aufgefasst werden kann:

$h/2\pi = \hbar$ auch als Plancksche Konstante oder Spinor bezeichnet, gilt sowohl für Kreisbahnen $\pi \cdot r^2$ (als auch für elliptische Bahnen $\pi \cdot a \cdot b$). Die Konsequenzen daraus ergeben sich aus Anhang 1.

Es zeigt sich bereits hier, dass die für die Atome abgeleitete Bohr-Sommerfeldsche Quantenbedingung eine tiefere Bedeutung hat. Das trifft insbesondere für das nächte Kapitel, den Spin, aber auch darüber hinaus auf das Plancksche Wirkungsquantum und die Plancksche Konstante zu, die mehr sein müssen, als reine Energiequanten ohne korpuskularen Massebezug.

Das geht aus der Planck-Einsteinschen Äquivalenz-Grundgleichung hervor. Mit diesen einfachen Grundlagen und der Grundgleichungen lässt sich alles Weitere ableiten.

Hier sollte möglichst sparsam mit Annahmen und Hypothesen gemäß Ocam's-Cutter-Kriterium umgegangen werden. Das bedeutet, dass alles Überflüssige abgeschnitten bzw. auf es verzichtet bleiben sollte, auch wenn es zunächst nicht voll umfänglich befrieden sollte.

Kurz-Zusammenfassung Kapitel 2.

- Die Widersprüche zum Elektron sind der Fachwelt bekannt.

- Das Planckschen Wirkungsquantum ist die kleinste, massive, bipolare, korpuskulare Einheit..

- Die Planck-Einsteinsche Energiegleichung $h \cdot v_c = m_e \cdot c^2$ ist die Schlüssel-Äquivalenz zur feinstofflich-korpuskularen

  Frequenz-Energie = Energie-Masseteilchen-Äquivalenz.

- Das ist die Welle-Teilchen-Dualität in der Mikrowelt. Alles weitere leitet sich einfach daraus ab.

- Eine Welle-Teilchen-Dualität ist aber nur möglich, wenn deren kleinste Bausteine, die Elementardipole, selbst Dipol-Charakter besitzen.

- Bei Einbeziehung der Rotation $(1/2\pi)$ ergibt sich als $v \Rightarrow \omega$ und $h \Rightarrow \hbar$ oder $\lambda \Rightarrow \lambdabar$.

- Daraus ist ersichtlich, dass $\lambdabar_C = h/(m_e \cdot c) = r_0$ der Elektronenradius ist $\lambdabar_C = h/(2\pi \cdot m \cdot c)$ eine Kreiswellenlänge, d.h. der Elektronenradius.

- Die Comptonfrequenz v_c steht damit im Zusammenhang mit der Masse des Elektrons m_e. Wenn die Elektronenmasse aus n_C Wellen besteht, ist die Frequenz bzw. Wellenzahl n_C eine reine Frequenz-Wellenlänge.

Die Planck-Einsteinsche Koppel-Äquivalenz lässt weitere Aussagen zu:

1. Den Zusammenhang zwischen Korpuskel und Welle – als Teilchen-Welle-Dualität – ist die Basis zum Verständnis der Mikrowelt.

2. Zusammenhang zwischen Einsteinscher Energie-Masse-Äquivalenz und elektromagnetischer Strahlung als Energie-Wellen-Äquivalenz.

3. Zusammenhang zwischen Korpuskel und Äther-Feinstofflichkeit auf Basis der Planckschen Quanten.

4. Zusammenhang und Identität zwischen der Compton- und der de Broglie-Frequenz.

5. Den Zusammenhang zwischen Elektronenradius und Compton-Wellenlänge.

3. Spin und Elementarmagnetismus

3.1. Spin und Drehimpuls

Die WIDERSPRÜCHE beim Spin des Elektrons werden treffend von Rydnik in seinem Buch "Vom Äther zum Feld"[10] wiedergegeben:

"Den Drehimpuls kann man als Produkt der Masse des Körpers mit der Rotationsgeschwindigkeit und des Abstandes des Körpers von der Rotationsachse darstellen. Diese Definition gilt in der klassischen Physik, ist aber für das quantenmechanische Elektron nicht anwendbar. Vor allen Dingen muss man sich klarmachen, was man bei der Rotation von Teilchen um ihre eigene Achse unter dem Abstand von der Rotationsachse zu verstehen hat. Die Quantenmechanik hat das Elektron mit einer Wahrscheinlichkeits-Welle verknüpft und eine absolut genaue Angabe zur Lage des Elektrons im Raum unmöglich gemacht. Darüber hinaus hat die Quantenmechanik das Elektron auch der eindeutig bestimmten Abmessungen beraubt. Das Elektron sei ja über den Raum 'verschmiert', eben weil es durch eine Welle dargestellt wird. Da man über die Struktur der Welle nichts aussagen konnte, betrachten die Theoretiker das Elektron weiterhin als Massenpunkt ohne Ausdehnung. Dann hat aber der Begriff des Abstandes von der Rotationsachse keinen Sinn. Bei seiner Eigenrotation, gem. dem klassischen Elektronenradius, den schon Lorentz berechnet hatte, war die Masse des Elektrons war ja bekannt und der Spin experimentell bestimmt. Um eine Übereinstimmung mit all diesen Daten zu bekommen, hätte man eine Elektronengeschwindigkeit (Umfangsgeschwindigkeit; Anmerkung des Verfassers) annehmen müssen, die die Lichtgeschwindigkeit übersteigt. Nach der speziellen Relativitätstheorie kann aber die Bewegungsgeschwindigkeit von materiellen Körpern und Teilchen die Lichtgeschwindigkeit noch nicht einmal erreichen. Das ist völlig widersinnig. Hieraus folgt nur eins: Der Spin ist weder mechanischer noch elektromagnetischer Natur. Man weiß bis heute nicht, wie man den Spin begründen kann"?

Wohl wahr - hier wird das physikalische Dilemma der "Lehrmeinung" offensichtlich. Der Spin von jeweils **1**($\hbar$) oder $^1/_2$ ($\hbar$) ist dabei identisch mit einem Drehimpuls (in Vektorschreibweise)

$$\vec{L} = \frac{h}{2\pi} = \hbar \quad \text{für } s = 1$$

$$\vec{L} = \frac{h}{4\pi} = \frac{\hbar}{2} \quad \text{für } s = \tfrac{1}{2}$$

Es ist nun zu prüfen, ob der Spin ½ identisch mit einem mechanischen Eigendrehimpuls eines um seinen Schwerpunkt rotierenden massiven Körpers ist. Der Spin s_e = »$^1/_2$« (als Eigendrehimpuls $L_e = \hbar/_2$) ist für das Elektron experimentell vielfach belegt [4].

Die Fragestellung lautet deshalb:

Welcher Elektronenradius r_0 ergäbe sich nach klassischer Mechanik/Kinematik, wenn ein realer klassischer Drehimpulsdem Spin $s_e = L_e = \hbar/_2$entsprechen würde?

In Vektorschreibweise erhält man den Radius r_0 nach einfacher Rechnung (wie sie im Anhang 2 ausführlich dargestellt ist). Dadurch ist es möglich, die Antwort auf die eingangs gestellte Frage, wie man den Spin begründen kann, zu finden. Sie lautet: Der Spin resultiert genau aus dem Radius, bzw. der räumlichen Ausdehnung, den auch die QED bei deren Hilfsannahme der Vakuumpolarisation verwendet[9].

Das unterschiedliche Vorzeichen beim Radius verwundert zunächst. Da der Drehimpuls **L** und Spin **s** als Vektor oder Spinor in Erscheinung treten, d.h. als ↑ up oder als ↓ down, ist der Radius, wie auch die Winkelgeschwindigkeit gemäß Rechte-Hand-Regel ebenfalls ein Vektor.

Eine klassische Deutung bzw. Interpretation für den Drehimpuls L_e (Spin s_e) des Elektrons wird möglich. Denn im Umkehrschluss gilt der Radius r_0 für einen massiven, ausgedehnten, steifen, rotationssymmetrischen, kreiszylinderförmigen Körper. Das betrifft in Übereinstimmung mit der Compton-Wellenlänge und Energiebeziehung des Elektrons (siehe Anhang 2).

Der Faktor $m_e^2c^2/h$ kürzt sich heraus. Der Faktor ½ als Resultat der radialen Integration über einen räumlich ausgedehnten rotationssymmetrischen massiven Körper mit zentralem Schwerpunkt, bezogen auf dessen Rotationsachse, bestimmt den Drehimpuls bzw. Spin (nachstehendes Bild 3).

Physikalisch ist das jedoch nur möglich, wenn ein realer, massiver, ausgedehnter, starrer und rotationssymmetrischer Körper tatsächlich vorliegt. Das Ergebnis ist nur verträglich mit dem Drehimpuls-Moment L aus dem Trägheits- moment Θ eines

massiven, d.h. mit (ponderabler) Masse ausgestatteten Körpers im Bezug zur klassischen Mechanik.

Das Ergebnis steht der oben geschilderten Situation zum Spin[2,4)] und der gegenwärtig gültigen Lehrmeinung entgegen.

Wie auch bei der Ableitung der weiteren Konstanten des Elektrons sichtbar wird, erfährt der hier dargestellte ("Vakuum"-Polarisations-) Radius seine weitere wesentliche Stützung bzw. Bestätigung.

Der Spin:

$$L_e = m_e \cdot \omega_c \cdot \int_0^{r_0} r \cdot dr = m_e \cdot \omega_c \cdot \frac{1}{2} \cdot r_0^2$$

ω_c = Winkelgeschw. gem. Comtonfrequenz $2\pi\nu_c = 2\pi m_e c^2/h$

Θ = Trägheitsmoment eines rotationssymmetrischen kreiszylindrischen Körpers

$L_e = \hbar/2 = s_e$. Es kürzt sich alles heraus, bis auf $h/4\pi = \hbar/2$

Es ist ein klassisch-mechanischer Drehimpuls

Der halbzahlige Spin entsteht integrativ bei **Vollkörperrotation**.

Bild 3: Genese des Spins

Die Größen $r_0 = \lambda_c$ und $\nu_c = c / \lambda_c$ bilden sozusagen eine Wesenseinheit und stehen gleichfalls im Bezug zur Compton-Wellenlänge λ_c und damit zur Selbstenergie des Elektrons (wie unten gezeigt wird).

Im Unterschied dazu entsteht der Wert $\hbar/2$ für den Drehimpuls bei einem oder mehreren im Abstand (von der Rotationsachse) umlaufenden Massenpunkten nicht. Oder auch bei Rotation um einen gemeinsamen Schwerpunkt ebenso nicht (si. Anhang 2).

Nennen wir die gleichsam umlaufenden beliebigen Massen **(n)·m$_i$**, dann ergibt sich immer nur ein Drehimpuls oder Spin **L$_i$** oder **s$_i$** von **1·ℏ**. Dabei muss **(n)** ≥ **1** sein, Rotation um einen gemeinsamen Schwerpunkt zu erhalten!

Das hat eine generelle Konsequenz und ist im Anhang 2ausführlich mathematisch dargestellt:

Kausal ist auch hier immer eine vorhandene Masse oder Teilmasse im Abstand zur Rotationsachse.

Das setzt voraus, dass bei mehreren Massepunkten um eine Rotationachse

$$s = \hbar = 1 \text{ ist.}$$

Photonen besitzen ebenso einen Spin= ℏ = 1(experimentell ermittelt). Es ist folglich kein Monokörper. Wenn ein Drehimpuls und auch Impulscharakter existiert, können sie nicht masselos sein. Impuls und Drehimpuls sind – bei Gültigkeit der Erhaltungssätze – ohne Masse nicht existent.

Damit ist der bisher unbekannte

Zusammenhang zwischen Spin und Statistik

geklärt.

Die Ursache hierfür ergibt sich aus dem v.g. einfachen Zusammenhang.

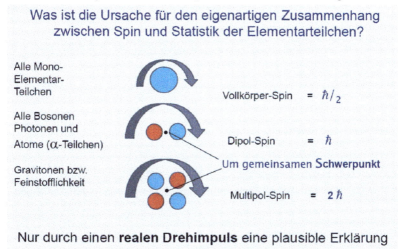

Bild 4: Der "eigenartige" Zusammenhang zwischen Spin und Statistik

Somit kann für das Elektron selbst (= Fermion = unabgebundenes, kompaktes, räumlich ausgedehntes und massives Teilchen mit zentralem Rotationsschwerpunkt) und das Photon (Boson = zusammengesetztes, abgebundenes Doppel- oder Mehrfach-Teilchen, das um einen gemeinsamen Schwerpunkt rotiert) eine erklärbare Begründung des unterschiedlichen physikalisch-statistischen Verhaltens gegeben werden.

Diese Erklärung dürfte auch für die Drehimpuls-Quantisierungen bzw. -additionen im Verbund Atomkern / Elektron sowie für die Atomkernkonstellationen[11], für die Moleküle und für die anderen Elementarteilchen gelten.

Das Paulische Ausschließungsprinzip für Fermionen wäre damit auch plausibel und erklärbar. Hierbei ist die Frage zur Definition, was ein elementares Teilchen im Sinne des Begriffs ist, neu zu überdenken.

Nach gegenwärtigem Verständnis kann es sich

nicht um elementare Teilchen handeln, wenn die Teilchen
über einen Spin verfügen, der = 1 oder > 1 ist.

Die neue Interpretation widerspricht den Befunden zur Quantenstatistik und neuen Erkenntnissen – auch bei der Spin-Entstehung der Quarks – nicht [12].

Die zahlreichen quantentypischen Besonderheiten, die auch den Spin betreffen, zeigen sich z.B. beim Stern-Gerlach-Versuch [2]. Es ist die Aufspaltung eines Atomstrahls nach Passieren eines inhomogenen Magnetfeldes, sodass im Ergebnis nur die Richtungsquantelung ↑ oder ↓ entsteht.

Das ist dadurch bedingt, dass Spin und magnetisches Moment durch gleiche Drehrichtung verkoppelt sind.

Dennoch sind es " zwei verschiedene Schuhe", wie im nächsten Abschnitt deutlich wird.

3.2. Die kinetische Rotationsenergie

Die vorgenannten Aussagen und Resultate gestatten es nunmehr auch, den Anteil der kinetischen Rotations-energie $T_R = \frac{1}{2} \cdot \Theta \cdot \omega^2$ gemäß der klassischen Mechanik, des (translatorisch) ruhenden, aber rotierenden Elektrons anzugeben (Anhang 3).

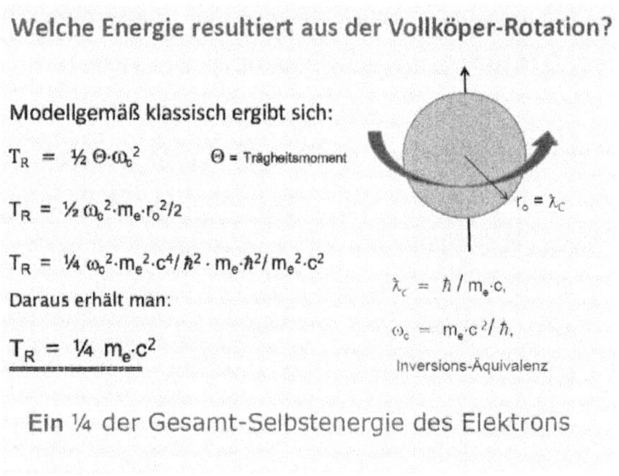

Welche Energie resultiert aus der Vollköper-Rotation?

Modellgemäß klassisch ergibt sich:

$T_R = \frac{1}{2} \Theta \cdot \omega_0^2$ $\qquad \Theta$ = Trägheitsmoment

$T_R = \frac{1}{2} \omega_0^2 \cdot m_e \cdot r_0^2 / 2$

$T_R = \frac{1}{4} \omega_0^2 \cdot m_e^2 \cdot c^4 / \hbar^2 \cdot m_e \cdot \hbar^2 / m_e^2 \cdot c^2$

Daraus erhält man:

$T_R = \frac{1}{4} m_e \cdot c^2$

$r_0 = \lambda_C$

$\lambda_c = \hbar / m_e \cdot c,$

$\omega_c = m_e \cdot c^2 / \hbar,$

Inversions-Äquivalenz

Ein ¼ der Gesamt-Selbstenergie des Elektrons

Bild 5: Kinetische Energie des klass. Drehimpulses

D.h., die kinetische Rotationsenergie des Elektrons beträgt nur ¼ der Gesamt- bzw. der Selbstenergie des Elektrons (Bild 5)

Eine kinetische Energie der Translationsbewegung bleibt hierbei außer Betracht.

Die Translationsenergie kann = 0 betragen, d.h., in der Praxis kann sie sehr klein sein.

Die Eigenrotation des Elektrons ist jedoch immer vorhanden. Die kinetische Rotationsenergie sagt damit mehr aus als der Drehimpuls (Spin). Durch das Herauskürzen der Ausgangsgrößen ist die Sicht auf dessen physikalische Herkunft verstellt.

Eine Ruheenergie des Elektrons existiert de facto nicht, da immer die Eigenrotation mit der (Umfangs-) Geschwindigkeit von = c vorliegt. Das wird unter Kapitel 3.3 und Kapitel 14 begründet. Dass die Geschwindigkeit = c beträgt und ein Spin von = $\hbar/2$

für das Elektron existiert, hat bereits Paul M. Dirac 1928 in seinen Gleichungen nachgewiesen[2].

Nicht unerwähnt soll an dieser Stelle auch eine bemerkenswerte Besonderheit der Quantenphysik, deren "Eigenschafts- und Informationsverarmung"[13] bleiben. So entstehen z.B. beim oben erwähnten Stern-Gerlach-Versuch nur die Spineinstellungen ↑oder↓ ohne Winkelabweichung.

3.3. Magnetische Wirkungen des Elektrons

Das Elektron ist auch ein kleiner Magnet und besitzt ein magnetisches Moment, das das ist bekannt.

Analog zum Spin bestehen auch beim magnetischen Moment Widersprüche. Hierzu schreibt Schpolski in seinem Lehrbuch "Atomphysik" Teil II, Seite 154[11]:

"Nachdem wir uns davon überzeugt haben, dass durch eine hinreichende Anzahl von Tatsachen die Existenz des Spins und des magnetischen Moments beim Elektron von ganz verschiedenen Seiten nachgewiesen werden kann ... Goudsmith und Uhlenbeck versuchten ihre Hypothese dadurch anschaulich zu gestalten, dass sie sich das Elektron als geladene Kugel vorstellten. Wie zu erwarten war, konnte eine derart reine Korpuskelvorstellung nicht ohne Widersprüche bleiben. Es zeigte sich z.B., dass die Winkelgeschwindigkeit des Elektrons – der geladenen Kugel – sollte es infolge der Eigenrotation ein magnetisches Moment von der Größe eines Bohrschen Magnetons besitzen, so groß sein müsste, dass die lineare Geschwindigkeit auf der Kugeloberfläche größer als die Lichtgeschwindigkeit wäre."

Das Zitat hierfür: "Sieht man nämlich das Elektron als eine rotierende geladene Kugel mit einem Impulsmoment von ½·h/2π an, so zeigt die nach der klassischen Elektrodynamik ausgeführte Rechnung, dass zur Gewinnung eines magnetischen Moments von der Größe eines Bohrschen Magnetons die Lineargeschwindigkeit auf der Kugeloberfläche 300·c sein müsste, wobei c die Lichtgeschwindigkeit $\approx 3 \cdot 10^{10}$ cm/sec. ist. Den an Berechnungen interessierten Leser verweisen wir auf L. Brillouin, "Atom de Bohr", Paris 1931[8]".

Man sieht, dass einmal plausibel widerlegte Sachverhalte – wenn diese auch weit zurück liegen – nicht wieder auf dem Prüfstand gelangten.

Wie kann man dann diesen Widerspruch aufklären?

Magnetische Wirkungen sind immer das Resultat der Ladungsrotation, so auch beim Elektron.

Es muss sich um eine Oberflächenladung handeln, die schon H. A. Lorenz bei der Ableitung seines – nunmehr klassischen – Elektronenradius fand. Es fehlt der für eine kontinuierliche Volumenladung typische $^3/_5$ – Faktor.

Eine Oberflächenladung und -ladungsrotation kann demnach nur durch Ladungskompensation in einem (voluminösen) Elektroneninneren entstehen. Das bedeutet, dass das nur möglich ist, wenn das Elektron eine Abmessung besitzt. Diese Schlussfolgerung steht außer Streit.

Das Elektroneninnere wäre folglich – mit dem Hilfs-Bild der QED – der durch die Vakuumpolarisation eingeschlossene Bereich.
Eine Oberflächenladung und -ladungsrotation kann demnach nur durch Ladungskompensation in einem (voluminösen) Elektroneninneren entstehen (Bild 6).

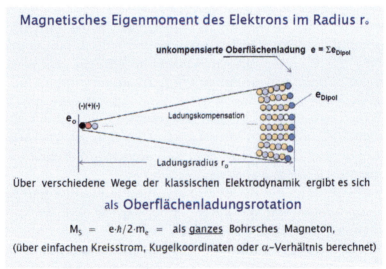

Magnetisches Eigenmoment des Elektrons im Radius r_o

unkompensierte Oberflächenladung $e = \Sigma e_{Dipol}$

e_{Dipol}

e_o (-)(+)(-)

Ladungskompensation

Ladungsradius r_o

Über verschiedene Wege der klassischen Elektrodynamik ergibt es sich

als Oberflächenladungsrotation

$M_S = e·ℏ/2·m_e = $ als _ganzes_ Bohrsches Magneton,

(über einfachen Kreisstrom, Kugelkoordinaten oder α–Verhältnis berechnet)

Bild 6: Feinstofflicher Sektor- Kondensat-Ausschnitt

Gibt es deshalb ein Elektroneninneres?

Für die etablierte Wissenschaft ist das Elektron strukturlos.

Wenn es nicht so ist, dann kann es nur ein realer Clusterkörper sein. Durch alternierende Polaritätsabfolge kompensieren sich die (virtuellen) Elektron-Positron-Paare gegen-einander, sodass sich die elektrischen Wirkungen aufheben.

Das "virtuell" stellt sich bereits an dieser Stelle infrage, denn woher soll dessen reale Masse kommen? Wie sind eine Ladungskompensation und der Ladungsvortrag zur Oberfläche mit den Resultaten im vorigen Kapitel zu vereinbaren bzw. zu erklären? Unkompensiert wirksam bleibt folglich nur die äußere Oberfläche. In der Summe bildet sie die bekannte "Elementarladung $|$ e $|$ ". So liegt beim e$^-$ immer die negative und beim p$^+$ immer die positive Seite außen.

Wenn reale Elektron-Positron-Paare den Clusterkörper bilden, so nennen wir die Clusterbausteine schlicht und einfach **Elementardipole**. Bipolar müssen sie sein, da es ansonsten keine Polarisation gäbe. Eine Masse müssen die Elementardipole ebenfalls besitzen, sonst wäre der räumlich ausgedehnte Clusterkörper masselos. Eine fehlende Masse würde zudem im Widerspruch zu einem realen Drehimpuls stehen und – wie wir noch sehen werden – im Widerspruch zu einem realen Zentrifugalpotenzial.

Magnetisch wirksam wäre dann nur die bekannte (außerhalb der Abschirmung verbleibende, d.h. unkompensierte) Elementarladung **e** als reine Oberflächenladung. Der Clusterkörper rotiert, mit einer Umfangsgeschwindigkeit von c (im Radius r_0). Größer als die Grenzgeschwindigkeit c kann die Umfangsgeschwindigkeit aus vorgenannten Überlegungen nicht werden, sonst entfernen sich die Elementardipole in tangentialer Richtung. Aus der Grenzgeschwindigkeit **c** ergibt sich zwangsläufig der eingangs begründete Clusterradius $r_0 = c/2\pi \cdot \nu_C = \lambda_C$.

Nach dieser Feststellung ergibt sich gemäß der klassischen Elektrodynamik das magnetische Moment M_S einfach aus der Oberflächenladungsrotation (ausführlich siehe Anhang 4). Das ist analog der Ermittlung des Bohrschen Magnetons M_B[11], d.h. die betreffende Ladung **e** ist multipliziert mit der Umlauf-Frequenz ω, hier = ω_c. Für den Ladungsstrom ist die Ladungsrotation – wie beim Bohrschen Magneton – zugrunde zu legen.

Die ausführliche Rechnung, über mehrere unterschiedliche Wege dargestellt, ergibt, wenn $\hbar$ = h/2π ist:

$$M_S = \frac{e \cdot \hbar}{2 \cdot m_e}$$

das gesuchte magnetische Moment als ganzes *Bohrsches Magneton*

Das Ergebnis ist das gesuchte magnetische Moment, ein

ganzes Bohrsches Magneton ohne magneto-mechanische Anomalie.

Das ist eine wichtige Aussage, die es bisher noch nicht gab.

Bisher – so kann in jedem Fachbuch nachgelesen werden – ist das magnetische Moment des Elektrons (anomal), d.h. mehr als doppelt so groß ist wie es sein dürfte.

Das Ergebnis ist – ebenso wie auch der Spin – das Gleiche, wie es aus den Lösungen der (vier) relativistischen Diracschen Gleichungen[5] hervorgeht. Die hier durchgeführte (nicht relativistische) Herleitung ist zudem wesentlich einfacher.

Wenn man von einer Kugelform des Clusterkörpers ausgeht, ist das Bohrsche Magneton integrativ über die Oberflächenladung in Kugelkoordinaten zu ermitteln. Die Oberfläche beträgt bei der Kugel $4\pi r_0^2$ und beim Kreiszylinder mit r_0 und Zylinderhöhe $= 2r_0$ ebenfalls $4\pi r_0^2$, d.h., es besteht kein Unterschied.

Das Ergebnis eines ganzen Bohrschen Magnetons ergibt sich ebenfalls aus einfacher Integration über eine Kreisfläche mit $r_0 = \lambda_c$ (kreisförmiger Ladungsfluss bzw. Umfangs-Ladungsrotation), d.h., das magnetische Moment ist so auch elektrodynamisch mit dem Bohrschen Magneton völlig identisch.

Spin und magnetisches Moment sind "zwei verschiedene Schuhe"

Sie sind nur über die Rotation und deren Richtung verkoppelt

Es
⇒ entsteht das integrative ½ ℏ bei der Vollkörperrotation beim Spin,
⇒ bei der Oberflächen-Ladungsrotation entsteht das ½ ℏ nicht.

Es entsteht deshalb keine magneto-mechanische Anomalie!

Magnetfeld der Ladungsrotation kann nur bei unverrückbaren Teilladungen auf der Clusterkörper-Oberfläche existieren.

Bild 7: kinet. Spin und magnet. Moment sind unterschiedlich

Der Nachweis zur Identität $M_S = M_B$ kann weiterhin über α-Verhältnisbetrachtungen geführt werden. Das ist ebenso aus Anhang 3 ersichtlich. Das Ergebnis aller drei alternativen Rechenwege ist gleich (s.o.).

Als Fehlinterpretation er-weist sich hingegen das Ergebnis $M_S = \hbar/2 \cdot e/m$, d.h. der Spin multipliziert mit der spezifischen Ladung.

Es besteht deshalb kein Bezug zum Spin und hat auch folglich nichts mit der magneto-mechanischen Anomalie zu tun.

Dieses Ergebnis zeigt einmal mehr, dass identische mathematische Ausdrücke oft über den physikalischen Inhalt hinweg täuschen können. Anderseits zeigt sich im Vergleich des Bohrsches Magneton M_B (umlaufende Ladung) mit dem magnetischen Eigenmoment des Elektrons M_S (Oberflächenladungsrotation), dass die physikalisch-elektrodynamischen Verhältnisse nicht identisch sind.

Das magnetische Eigenmoment des Elektrons M_S entspricht – im Unterschied zum Drehimpuls (Spin) des Elektrons – analog einem oder mehreren umlaufenden

Massepunkten (mit Spin = 1) und ist als Sachverhalt immer Strom x umflossene Kreisfläche.

Das gegenwärtig definierte

gyromagnetische Verhältnis (Lande'scher g-Faktor) g = 2

ist somit ein **Trugschluss,** denn es wird

für das magnetische Moment des Elektrons, ebenso wie für das Bohrsche Magneton, gegenstandslos.

Das Ergebnis = 1 ganzes Bohrsches Magneton ist nur verträglich, wenn der Radius

$$r_0 = \lambda_c/2\pi = \hat{\lambda}_c,$$

d.h. den realen Clusterkörper-Abmessungen entspricht, d.h. wenn;

▶ die Umfangs- und Grenzgeschwindigkeit = **c** beträgt;

▶ sich daraus kein relativistischer Massezunahme-Effekt ergibt;

▶ Ladungskompensation im Clusterkörperinneren vorliegt (polarisierte Dipolanordnungen);

▶ die Ladung auf die Oberfläche verteilt im Radius r_0 vorgetragen wird;

▶ die Ladung tatsächlich mitrotiert und gegenüber einem äußeren Feld nicht elektrostatisch "am Ort" verharrt;

▶ sich eine scharfe radiale Grenze der Rotationsmitnahme des Clusterkörpers ausprägt, was dem Bild der virtuellen Vakuumpolarisation der Quantenelektrodynamik nicht entspricht,

sonst wäre dies sowohl rotationskinetisch als auch magnetisch nicht zu begründen.

So sind der Spin und das magnetische Moment zwei unterschiedliche physikalische Sachverhalte("zwei verschiedene Schuhe", Bild 7).

Sie haben jedoch zwei Gemeinsamkeiten, die Rotation und deren Richtung, und sind deshalb darüber verkoppelt.

D.h., die rotationskinetischen Verhältnisse haben mit dem Erscheinungsbild des magnetischen Moments eine Kausalität, die Rotation.

Ob die Rotation kausal den Magnetismus oder die Ladungsrotation den Magnet erzeugt, ist wie die Kausalität "von Huhn und Ei". Es spielen äußere Wechselwirkungen mit dem Äther eine Rolle (si. Kap. 11.)

Sie sind beide zudem Bestandteile der kinetischen Energie.

Es ist   • **Die Vollkörperrotation als Spin und**

• **die Oberflächenladungsrotation als** magnetisches **Moment.**

3.4. Die magnetische Energie des Elektrons

Zum rotationskinetischen Energieanteil T ist auch die magnetische Energie W_m als kinetischer Energieanteil hinzuzurechnen. Am einfachsten lässt sich dies nach der klassischen Elektrodynamik[14] mit dem bekannten Flussquant Φ_q darstellen:

Es ist die bisher kleinste festgestellte Magnetflussgröße, die nur ein Elektron induziert. Eine ausführlichere Zwei-Wege-Rechnung ist hierzu im Anhang 5 dargestellt.

Das Ergebnis lautet ganz einfach: Die magnetische Energie ist ¼ der Gesamt-Selbstenergie des Elektrons.

Ebenfalls das gleiche Ergebnis erhält man über die klassische Beziehung oder über das Flussquant, wenn man den Radius λ_c einsetzt. Die magnetische Energie W_m existiert nur infolge der Eigenrotation des Elektrons. Deshalb muss W_m – wie auch die kinetische Rotationsenergie T_R – dem kinetischen Energieanteil der Selbstenergie des Elektrons zugerechnet werden. Damit beträgt der kinetische Anteil an der Selbstenergie des (translatorisch ruhenden) Elektrons:

$$T_R + W_m = ¼ \cdot m_e c^2 + ¼ \cdot m_e c^2 = ½ \cdot m_e c^2.$$

Es verbleibt für den potenziellen Selbstenergieanteil des Elektrons

$$U_e \text{ ebenfalls } = ½ \cdot m_e c^2 \text{ (siehe Kap. 4.2.).}$$

Interessant ist das Ergebnis der magnetischen Energie W_m auch in Bezug auf die äußere elektrostatische Energie U_A des Elektrons, die nur

$$m_e c^2 \cdot \alpha = m_e c^2 / 137$$

beträgt (wie ebenfalls im Kap. Kap. 4.2. und Kap. 5. gezeigt wird).

Wieso ist die magnetische Kraft im Vergleich zur elektrostatischen Kraft viel stärker? Der Betrag ist die elektromagnetische Asymmetrie des Elektrons, für die bisher noch kein Symmetrieprinzip gefunden werden konnte.

Dadurch ist auch verständlich, warum die Magnetkraft so stark (auch ohne verstärkenden Ferromagnetismus) und die elektrostatische Kraft so schwach ist. Die elektrostatische Energie der Elementarladung U_A resultiert aus der gleichen (abgeschirmten) Elementarladung als rotierende (verteilte) Oberflächenladung.

Die magnetische Energie W_m im Verhältnis zur elektrostatischen Energie der Elementarladung U_A beträgt das 34,259-fache

$$\frac{W_m}{U_A} = \frac{137.036}{4} = 34,259 \text{ - fache} \quad \text{(Bild 8)}$$

Diese quantitative elementare elektromagnetische Asymmetrie des Elektrons dürfte in dieser Form bisher noch nicht explizit publiziert worden sein.

Daraus ergibt sich
die elektromagnetische Asymmetrie:

$$\frac{W_m}{U_A} = \frac{137,036}{4} = 34,259 \text{ - fache.}$$

W_m = magnetische Energie
U_A = elektrostatische Energie

- Das ist die elektromagnetische Energie–Asymmetrie des einzelnen Elektrons.
- Hierfür wurde bisher kein Symmetrieprinzip gefunden.

Bild 8: Die elektromagnetische Asymmetrie

Es hängt wie auch mit dessen physikalische Entstehung des magnetischen Moments zusammen und ist deshalb davon nicht zu trennen.

Im Kontext wird im Folgekapitel auf die Ermittlung der magnetischen Energie über zwei Wege eingegangen.

Grundlage ist die magnetische Flussgöße Φ_q, die entgegen der Literaturmeinung nur von einem und nicht von zwei Elektronen gebildet wird (si. dazu auch Anhang 5 und Kap. 11.).

Ebenfalls ist auch ersichtlich, dass es keine magnetischen Monopole gibt bzw. geben kann. In der Literatur findet man verschiedentlich Anmerkungen über magnetische Monopole. Diese wurden von Dirac 1931 eingeführt, um die Asymmetrie der Maxwellschen Gleichungen bezüglich elektrischer und magnetischer Ladungen zu beheben. In der Vergangenheit wurde mehrfach erfolglos theoretisch und experimentell nach magnetischen Monopolen gesucht.

Es wird in diesem Zusammenhang auch verständlich, dass die derzeit aktuelle Forschung mit der Bezeichnung Spintronik ein falscher Begriff ist.
Das betrifft nicht den Spin, sondern die Elementar-Magnetik des Elektrons. Die als "Spintronik" bezeichnete Magnetronik würde wesentliche Vorteile bei der Computer-Hardware im Vergleich zum rein elektronischen Computer bringen.Wie zuvor bemerkt, ist die Kausalität zwischen Spin und magnetischen Moment wie die einer "Kausalität zwischen Ursache und (Wechsel-) Wirkung".

(Wir kommen ebenso im Kapitel 11 darauf zurück.)

3.5. Beweis der nicht vorhandenen magneto-mechanischen Anomalie

Anhand der magnetischen Energie mittels des Bohrschen Magnetons bzw. des magnetische Moments des Elektrons lässt sich die magnetische Energie W_m (hälftig zur elektrostatischen Energie des Elektrons) über zwei Wege beweisen:

Dies kann über das **Flussquant** $\Phi_q = \frac{1}{2} \cdot h/e$, (statt = h/2e gemäß CODATA[42)]) erfolgen. Es ist nur für <u>ein</u> Elektron maßgebend.

Die "2" im Nenner ist deshalb ein **Trugschluss**.
Das Bohrsche Magneton ist – wie gezeigt – **nur über ein** Elektron erhältlich.

Denn es gilt,

$$M_B \approx M_S = e \cdot \hbar/2 \cdot m_e \neq \text{(ist physikalisch nicht das Gleiche)} \quad \frac{1}{2} \cdot \hbar \cdot e/m_e$$

Hier erkennt man zudem das doppelt fehlinterpretierte $\frac{1}{2}$ beim magnetischen Moment des Elektrons, das keinen physikalischen Bezug zum Drehimpuls (Spin) hat.

Über das Flussquant multipliziert mit dem Kreisstrom (Bohr) bzw. der Oberflächen-Ladungsrotation des elektronischen Kondensats erhält man die magnetische Energie über nachstehende zwei Wege:

$$W_m = \frac{1}{2} \int B \cdot H \, dV = \mu_o \cdot \frac{1}{2} \int H^2 \, dV, \text{ wenn man den Radius } \lambda_c \text{ einsetzt:}$$
ergibt sich $\quad W_m = \frac{1}{4} \cdot \underline{m_e c^2}$

Das gleiche Resultat erhält man aus der Multiplikation des magnetischen Moments M_S mit der Magnetflussdichte B_q, das aus dem elementaren **Flussquant** $\Phi_q = \frac{1}{2} \cdot h/e$, resultiert:

$$B_q = \Phi_q/dA = \Phi_q/\pi r_o^2$$
$$W_m = \frac{1}{4} \, \underline{m_e c^2} \quad \text{(Die ausführliche Rechnung ist im Anhang 5 dargestellt)}$$

**Das ist der Beweis, dass es keine el.-mag. Anomalie gibt und
gleichfalls der Beweis für den elektronischen Elementar-Magnetismus.**

Die magnetische Energie des Elektrons W_m ergibt sich resultierend aus dem Flussquant als kleinster Magnetflussdichte-Betrag **pro einem Elektron**.

Das ist als elektronischer Elementar-Magnet zu bezeichnen.

Das hat die bereits v.g. Konsequenzen:

Den ersatzlosen Verzicht des

gyromagnetischen Verhältnisses (Lande'scher g-Faktor) g = 2 und
Entzug der Basis für 2 Elektronen,
gemäß Definition des **Flussquants** nach CODATA.

Hier wird auch der Fachleser fragen:

Was ist mit der Größendifferenz des im Vergleich zum Bohrschen Magneton?
Die Größendifferenz von $\approx 1/860$ wird in der QED genau berechnet und gilt als eines der Highlights der QED.

Die Berechnung ist genauer als deren Ausgangswerte e, h und m_e (dazu wird im Kapitel 15.1. zu den Fehlerbetrachtungen eingegangen).

Kurz-Zusammenfassung Kapitel 3.

- Der Spin als realer Drehimpuls existiert nicht ohne Masse im Abstand

- Der Drehimpuls des Elektrons erweist sich klassisch-mechanisch als Vollkörper-Rotation, die bei Radiusintegration $s = \hbar/2$ ergibt.

- Fermionen rotieren als mehrteilige Teilchen um einen gemeinsamen, zentralen Schwerpunkt. Das begründet die Relationen Spin - Statistik

- Dadurch entsteht ein ganzzahliger Drehimpuls $s = 1\,\hbar$. bei der Rotation D.h. mehrere Massepunkte rotieren um das gemeinsames Zentrum (Schwerpunkt). Das trifft auf die Spins der Atome, Moleküle etc. zu.

- Der Spin und das magnetische Moment haben zwei Gemeinsamkeiten. Es ist die Rotation mit der Umfangsgeschwindigkeit c die physikalisch nur über die Drehrichtung verkoppelt ist

- Das magnetische Moment des Elektrons entspricht einem ganzen Bohrschen Magneton ohne jegliche magneto-mechanische Anomalie.

- Der Kausalitätsbezug zum Spin (½ = Vollkörperrotation) entspricht nicht dem physikalischen Sachverhalt der Oberflächen Ladungsrotation (= 1)

- Letzteres ist elektrodynamisch identisch mit dem Bohrschen Magneton als umlaufende Elementarladung e.

- Der gyromagnetische Faktor (*Landescher g-Faktor* $g_s = 2$) wird beim magnetischen Moment gegenstandslos.

- Das magnetische Moment ist über mehrere Wege klassisch berechenbar. Es bildet sich eine scharfe Grenze der Rotation im Elektronenradius.

- Das Flussquant ist der magnetische Flussdichtebetrag <u>nur eines</u> einzelnen Elektrons, statt h/2e als ½·h/e. Die zwei Elektronen im Nenner erweisen sich als Trugschluss.

- Zwischen der elektrostatischen Energie der Elementarladung und der elementaren magnetischen Energie, besteht eine Asymmetrie von $\approx 1/34$.

4. Das Modellbild des Elektrons und dessen Begründung

4.1. Begründung des Modellbildes gemäß Bohrschen Postulaten

Nachdem hinreichend von verschiedenen Seiten der elektronische Clusterkörper begründet wurde, wird ein neues Elektronenmodell vorgeschlagen.
Auf welcher Basis kann ein solches neues Modell begründet werden? Welche Fakten sprechen dafür?

Als Fundament für einen neuen Modellvorschlag kommen nur einfache und gesicherte Ausgangsdaten und Fakten zum Elektron in Betracht:

- Die Elektronenmasse des mehr als nur punktförmigen Elektrons.
- Der Spin, als realer Drehimpuls mit Masseverteilung.
- Die Umfangsgeschwindigkeit c des Elektrons (seit Dirac bekannt).
- Die Ladung, als Oberflächenladung (bereits von H.A. Lorentz angenommen).
- Das magnetische Moment aus der Oberflächen-Ladungsrotation.
- Die experimentell ermittelten unterschiedlichen Elektronen-Abmessungen, von punktförmig bis zu "verschwommenen Materieklumpen" von $\approx 10^{-13}$m.
- Der Bereich der "Vakuumpolarisation" gemäß QED Übereinstimmung mit dem ermittelten Elektronenradius.
- Die Wahrscheinlichkeit der Existenz einer größeren nackten Ladung, die sich durch größere Ablenkwinkel bei Elektronen-Streuversuchen andeuten.
- Die Einsteinsche Energie-Masse-Äquivalenz $E = m \cdot c^2$.
- Die Compton-Wellenlänge λ_c, die Compton-Frequenz ν_c und die Beziehung $h\nu_c = m_e c^2$ für die Selbstenergie des Elektrons.
- Der "Paarvernichtungsfall", mit den 2γ-Quanten der Eigenenergie $= 2 \cdot h \cdot \nu_c = 2\ m \cdot c^2 = 1{,}022$ MeV.

Diese lexikalischen Angaben, sowie die bisherigen Nachweise und bekannten Fakten führen zwangsläufig zu dem neuen Modell für das Elektron und das Positron.

Wie anders wäre eine Masse innerhalb des mehrfach bewiesenen elektronischen Radius und die bekannte Tatsache, dass das Elektron bei Streuversuchen mit höchster Energie punktförmig $< 10^{-18}$m erscheint, zu deuten?
So ergeben sich – nach den Vorbemerkungen – einfache modellhafte Postulate, die die bekannten WIDERSPRÜCHE zum Elektron beseitigen[5].

Vorbild seien hier die Bohrschen Postulate[3]:

- **Die elektrische Elementarladung ist abgeschirmt.**

- **Die Abschirmung um den Ladungsmonopol besteht als Cluster aus polarisiert kondensierten, Elektron-Positron-Paaren, hier bezeichnet als Elementardipole.**

- **Die magnetischen und kinetischen Wirkungen des Elektrons sind das Resultat der Rotation des polarisierten und in sich ladungskompensierten Clusters, bestehend aus Elementardipolen**

Der festgekoppelte elektronische Körper, der über die Hilfsannahme zur Vakuumpolarisation in der QED wesentlich hinausgeht, muss folglich aus ponderabler Masse bestehen.

Das kann nur als ein Kondensat **um den** nackten Ladungsmonopol gedeutet werden.

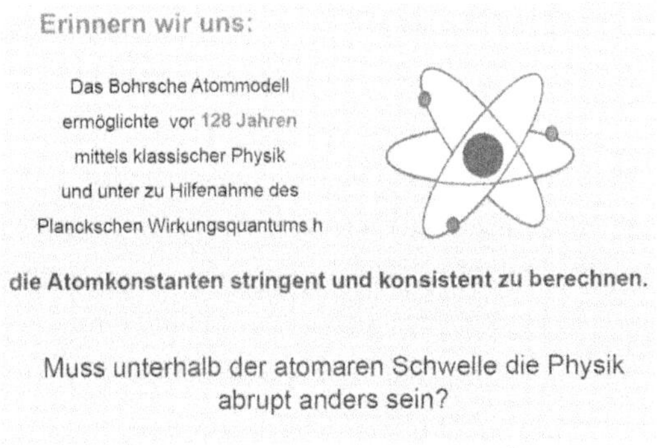

Erinnern wir uns:

Das Bohrsche Atommodell ermöglichte vor 128 Jahren mittels klassischer Physik und unter zu Hilfenahme des Planckschen Wirkungsquantums h die Atomkonstanten stringent und konsistent zu berechnen.

Muss unterhalb der atomaren Schwelle die Physik abrupt anders sein?

Bild 9: Das Bohrsche Atommodell

Der Fakt der Oberflächen-Ladungsrotation und die damit verbundene scharfe radiale Grenze der Rotationsmitnahme, stützt ein Modell als

festgekoppelten elektronischen Clusterkörper.

Das Modell muss deshalb die, um den Ladungsmonopol polar kondensierten Elektron-Positron-Paare als (Elementardipole) enthalten.

Wenn nur vom Elektron gesprochen wird, ist damit automatisch auch dessen symmetrischer Zwilling mit konträrer Ladung, das Positron, gemeint.

In der Literatur findet man vielfach den Begriff der elektromagnetischen Feldmasse oder der elektrodynamischen Masse des Elektrons. Bereits Joseph J. Thomsen hat 1881 den Begriff der elektro-magnetischen Feldmasse[11] eingeführt, da hierbei alle materiellen Eigenschaften wie Masse, Impuls und Energie vorliegen.

Das führte zu der Vermutung, dass die Masse des Elektrons rein "elektrodynamischen" Ursprungs sei.

Es bestätigt sich somit, dass dies tatsächlich der Fall ist, allerdings mit dem Zusatz, dass es sich um polar kondensierte Feldmasse um den Ladungsmonopol des Elektrons handelt.

So ergibt sich nachstehendes feinstoffliches Elektronen-Modellbild:

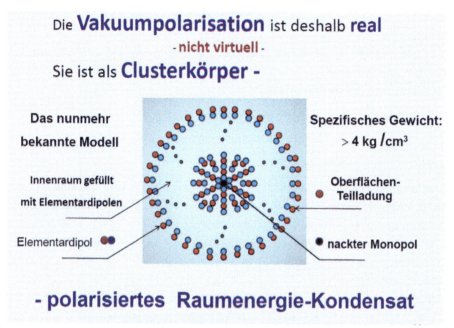

Bild 10: Modellhaft dargestellt

Der Kondensationsprozess zum Clusterkörper erfolgt solange, bis die Kraft der Ladung für eine weitere Kondensation erschöpft ist. Die "Erschöpfung" der Ladungskraft offenbart sich uns als ein "für weitere Kondensationen als nicht ausreichender verbleibender Ladungsrest".

Das ist die bekannte "Elementarladung".

Dieser Ladungsrest ergibt gemeinsam mit den universellen Naturkonstanten **h** und **c** die Kopplungs- oder Kondensatgrenze.

Das kann jedoch nur der Fall sein, wenn die Quanten des elektromagnetischen Feldes gemäß J. J. Thomsen über ponderable Masse verfügen. Eine andere Alternative dazu ist schwer vorstellbar.

Es spricht somit eine hinreichende Anzahl von Tatsachen für das oben dargestellte Modell. So auch für den arteigenen Monopol als Träger der nackten Ladung.

4.2. Die Elektronen-Abmessung

Die Resultate der Kapitel 2 und 3.1 und 3.2 waren nur durch die Herleitung eines Elektronenradius für ein voluminöses und massives Elektron möglich.

Das ist eine konsequente Weiterentwicklung der Vakuumpolarisation der QED und bedeutet damit viel mehr als die ursprüngliche Hilfsannahme bei Verwendung des gleichen Radius.

Es stellt sich die bereits beantwortete Frage: Gehört der Vakuum-Polarisations-bereich zum Elektron?

Die eindeutige Antwort lautet: Nein.

Nennen wir also diesen räumlich ausgedehnten, massiven Bereich

Elektronen-Kondensat-Clusterkörper.

Welche Abmessungen hat der Clusterkörper?

Der bekannte klassische Elektronenradius r_k, den bereits H.A. Lorenz abgeleitet hat[8], ist zu klein, wie Streuversuche an Elektronen zeigen ($r_0 \approx 10^{-13}$ m) und zu groß gemäß hochenergetischen Streuversuchen[3] ($r \bullet < 10^{-18}$ m).

Der klassische Elektronenradius wurde von H.A. Lorenz aus der Gesamt-Selbstenergie $m_e c^2$ des Elektrons (im Nenner) ermittelt.

Das ist unrichtig.

Die wirksame Gesamtenergie steht im Verhältnis zur Elementarladung e nicht zur Verfügung. Sie beträgt nur $\alpha \cdot m_e c^2$, wie im Kapitel 6. gezeigt wird. Deshalb ist der Quotient für die Ermittlung des Radius zu klein.

Er führt zu einer unrealistisch-großen Energie von ca. 70 MeV, die die Eigenenergie des Elektrons um das **137-fache** übersteigt. Das widerspricht der bekannten Selbstenergie des Elektrons von $m_e c^2 \approx$ **0,511 MeV** [4].

Der klassische Elektronenradius r_k, der einer Comptonwellenlänge $\lambda_K = \lambda/2\pi$ entsprechen würde, führt deshalb zu einer falschen, da zu kleinen Comptonwellen-länge (Anhang 6)

$$r_K = e^2/4 \cdot \pi \cdot \varepsilon_0 \cdot m_e \cdot c^2 = 2,81794 \cdot 10^{-15} \text{ m}$$

Es war jedoch Lorenz bereits klar, dass es sich um eine Oberflächenladung handeln muss, da der Faktor $^1/_3$ bzw. $^3/_5$ für eine auf das Volumen verteilte Ladung fehlt.

Der Elementarladung als Oberflächenladung entspricht darum nur einer Energie von

$$E \approx m_e c^2/137$$

Wenn jedoch der klassische Elektronenradius durch die bekannte
Feinstrukturkonstante $\alpha = 1/137{,}036$ dividiert wird,
erhält man den oben angegebenen Elektronen-Clusterkörper-Radius.

$$\bar{\lambda}_c = \lambda_c/2\pi = r_0 = 3{,}86159 \cdot 10^{-13},$$

=========================

denn $r_0 = r_k/\alpha$, wobei $\alpha = e^2/2 \cdot \varepsilon_0 \cdot h \cdot c$ ist.

Hiermit besteht beim Elektronen-Clusterkörper der unmittelbare Bezug zur Comptonwellenlänge $\lambda_c/2\pi = \bar{\lambda}_c$ und damit zur richtigen Selbstenergie.

Hier zeigt sich bereits der charakteristische vielfältige Bezug zur Feinstruktur-konstante α im atomaren Bereich. Diese begegnet uns vielfältig bei den Grundgrößen (vergl. auch Kapitel 6).

Der "klassische" Elektronenradius wird hin und wieder in der Literatur und den lexikalischen Angaben als Naturkonstante verwendet. Das wird damit begründet, dass insbesondere bei Streuexperimenten der Elektronen und bei den Lenard-Experimenten (Lenard-Fenster)[4] zur Bestimmung der Elektronenabmessungen der ermittelte Radius etwa die Größenordnung des Elektronenradius hat.

Wie kommt diese Diskrepanz zustande?

Das Clusterkörper-Modell wird in nachfolgenden Abschnitten mehr und mehr begründet und bewiesen. Es stellt sich dabei heraus, dass der Clusterkörper bis zum Radius $r_0 = \bar{\lambda}_c$ über die Kopplungskonstante α (Feinstrukturkonstante) einer festen Bindung unterliegt. Dadurch wird beim "Beschuss" mit höherenergetischen Teilchen und Quanten, wie z.B. mit Alpha-Strahlen, das Cluster schlicht weggestrahlt.

Die Rutherfordschen Alpha-Strahlen-Versuche bei denen die Atome "**fast leer**" erscheinen[3], sind unter diesem Aspekt ein **Trugschluss**.

Das zeigen offensichtlich auch eingangs zitierte Elektron-Elektron-Streuversuche mit höchster Energie, z.B. im Deutschen Elektronensynchrotron DESY Hamburg, die die Abmessungen des (nackten) Elektrons als punktförmig ($<10^{-18}$m) erscheinen lassen. Das bedeutet, je höher die Energie ist, umso kleiner (nackter!) erscheinen die aufgelösten Strukturen, d.h., der Clusterkörper wird zunehmend weggestrahlt.

Die bei den Streuversuchen zutage tretenden wesentlich größeren Coulombschen Abstoßungskräfte wurden in Form von wenigen größeren Ablenkwinkeln (als Trefferrate) bei der Coulomb-Streuung (e^- - e^- - Streuung) tatsächlich gemessen. Hier stellt sich heraus, dass die ursächlich wirksame Kraft größer ist als diejenige, die man aus dem Coulombschen Gesetz errechnet.

D.h., es existiert eine (nackte) Ladung, die größer als die bekannte (durch die Vakuumpolarisation abgeschirmte) Elementarladung ist [9) und 11)].

Wie groß ist die nackte Ladung tatsächlich?

Die QED errechnet sie als unendlich, d.h. als unphysikalischen Pol. Die größere nackte Ladung wird im folgenden Kapitel konsistent hergeleitet.

Zur Differenz der Elektronenstreuversuche bzw. der Abmessungen der größeren (nackten) Ladung schreibt Spiering u.a. treffend:

"Auf der Suche nach der Urkraft"[16)], BSB B.G. Teubner Verlagsgesellsch. Leipzig 1986:

"Zwei niederenergetische Elektronen sehen einander nur als verschwommene Materieklumpen. Aus einem Streuexperiment mit langsamen Elektronen bei Energien von wenigen MeV wird man deshalb keine Aufschlüsse über Strukturen, die kleiner sind als etwa 10^{-13}m, erwarten können. (10^{-13}m entspricht etwa dem Durchmesser des polarisierten Vakuumbereiches.) Erst wenn man die Energie der Elektronen weiter erhöht und aus den gemessenen Bahnen der Elektronen auf die zwischen ihnen wirkende Kraft schließt, kann man den Effekt der Vakuumpolarisation explizit beobachten. Es stellt sich nämlich heraus, dass die tatsächlich wirksame Kraft größer ist als diejenige, die man aus dem Coulombschen Gesetz errechnet. Nach dem Grundgesetz der Elektrostatik stoßen sich die beiden Elektronen mit einer Kraft ab, die dem Produkt ihrer Ladungen proportional ist. Während man für die Ladung bei niedrigen Energien die abgeschirmte Ladung (Ladung des Elektrons minus Ladung der Wolke) einzusetzen hat, wird bei hohen Energien ein größerer Teil der elektrischen Ladung des nackten Elektrons wirksam ... Weil die Ladung des nackten Elektrons viel größer als jene des abgeschirmten Elektrons ist, muss die abstoßende Kraft in diesem Falle größer sein als die Kraft, die man aus dem Coulombschen Gesetz unter der aus großer Entfernung gemessenen Elektronenladung erhält. Die genannten Effekte der Vakuumpolarisation bei der gegenseitigen Streuung von Elektronen sind tatsächlich gemessen worden..."

Die Ergebnisse aus den niederenergetischen Elektron-Elektron-Streuversuchen, bei denen die Elektronen nur als "verschwommene Materieklumpen (ge-)sehen werden", ist identisch der Größe des Bereiches der "Vakuumpolarisation" $r_0 \approx 10^{-13}$m und widerspricht dem oben zugrunde gelegten Elektronenradius nicht.

Ein anderer Effekt – das physikalische Vielfachpendel (s. auch Kapitel 10.1.) – kommt insbesondere bei der Bestrahlung beispielsweise von Atomen hinzu. D.h., das Strahlungsquant hv_i wechselwirkt mit dem Clusterkörper und als Resultat erhält man ein Strahlungsquant hv_j,

wobei, $\qquad |v_i| \approx |v_j| = h \cdot v_i \qquad$ Clusterkörper $h \cdot v_j$

$\qquad\qquad$ Eingangsquant Elektron Ausgangsquant

So zeigte das Rutherfordsche Alpha-Strahlungsexperiment die Leere der Atome.

Es erscheint dem Betrachter, als ob keine Wechselwirkung stattgefunden hat.

Dem ist jedoch nicht so.

Das wird bei den Comptonschen Streuversuchen deutlich. Mit zunehmender Energie des Primär-Strahlungsquants ist - beginnend eine Richtungsänderung und eine Frequenzreduzierung - des Sekundär-Strahlungsquants messbar.

Im Grenzbereich zwischen beginnender Richtungsänderung und Frequenzminderung der Sekundärquanten ist bereits eine Wechselwirkung vorhanden. Diese entspricht dem Vielfachpendel-Effekt. Nennen wir diesen Effekt Cluster-Austausch-Effekt gemäß dem Modell des Vielfachpendels (si. auch Kap. 9.3.).

Bildlich gesprochen ist das Primärstrahlungsquant und das Sekundärstrahlungsquant nicht mehr dasselbe, obwohl es (fast) die gleiche Energie und gleiche Richtung hat.

Das wird bei den weiteren Ausführungen deutlicher.

So wird auch die bisherige Schwierigkeit bei der messtechnischen Bestimmung eines konkreten Elektronenradius plausibel.

Das scheinbare "Verschmieren" des Elektrons hat nichts mit einer Unschärfe gemäß den bekannten Heisenbergschen Unschärferelationen zu tun. Der Clusteraustausch-Effekt ist ein physikalisches Phänomen, das – wenn man es nicht kennt – zu falschen Schlussfolgerungen führen kann.

4.3. Abmessungen der Elementardipole und spezifisches Gewicht des Elektrons

Bereits aus den zahlreichen v.g. Befunden ist ersichtlich, dass das vorgeschlagene Modell schlagartig viele, bisher unverstandene, widersprüchliche und nicht im Zusammenhang stehende Fakten erklärt.

Damit werden modellgemäß viele, oft weit auseinanderliegende, experimentelle und theoretische Resultate auf einmal transparent, wie aus den zusammengefassten Einzelergebnissen ersichtlich ist.

Bei den zahlreichen experimentellen Elektronen-Streuversuchen und Elektron-Positron-Wechselwirkungen ("Paarvernichtungen") als auch im umgekehrten Fall der Paarbildung konnten bisher keinerlei Hinweise auf ein Rest-Teilchen oder ein anderes Elementarteilchen gefunden werden.

Um eine Größenabschätzung des nackten Elektrons bzw. Positrons als Monopol und eines Elementardipols vornehmen zu können, soll gemäß dem v.g. Modell das korpuskulare (Zylinder*-) Volumen des elektronischen Clusters dienen. Das ist ausführlich im Formel-Anhang 5 dargestellt.

Über die Dichte der Elementardipole im elektronischen Cluster und dessen Anordnung in kubischen Raumeinheiten des polarisierten Kondensats kann nichts ausgesagt werden. Es kann nur eine Mischung aus strahlenförmiger Verzweigungsstruktur und schichtweiser Polaritätsabfolge angenommen werden. Die vorstehende Betrachtung lässt nur eine Aussage zur Obergrenze der Längenausdehnung zu.

Das Ergebnis aus Anhang 6 lautet: Die Abmessung des Ladungsmonopols (nacktes Elektron) beträgt ca. **$0{,}4 \cdot 10^{-19}$m**. Der Dipol als Massequant **h/c^2** wäre linear doppelt so groß. Da es nur um eine untere Größenabschätzung gehen kann, wäre **$(0.4\ldots0{,}8) \cdot 10^{-19}$ m** zu nennen.

Das Ergebnis kann fast im Einklang mit den experimentellen Streuergebnissen eines nackten ("punktförmigen") Elektrons **$(<10^{-18}$m$)$**[2] gesehen werden.

Wobei der Begriff "punktförmig", d.h. $< 10^{-18}$m, die gegenwärtige experimentelle Grenze darstellen dürfte. In Anbetracht der theoretischen Planckschen Elementarlänge von $\approx 4 \cdot 10^{-35}$ m lässt dies jedoch noch einen erheblichen "Spielraum nach unten" zu.
(Aber ist die Plancksche Elementarlänge im Bezug auf die makroskopische Gravitationskonstante real?)

So ergeben sich für das Elektron zwei folgerichtige Abmessungen:

$r_\bullet < \underline{0{,}4\ldots0.8 \cdot 10^{-19}}$ m für das nackte Elektron/Positron, das sich bei hochenergetischen Streu- und Wechselwirkungsprozessen manifestiert und

$r_0 = \underline{3{,}8616 \cdot 10^{-13}}$ m für das Clusterelektron.

Dieser Radius wird bei niederenergetischen Vorgängen, beim Drehimpuls (Spin) und beim magnetischen Moment als "polarisierter Vakuumbereich" gemäß QED erkannt.

Die Masse des elektronischen Clusterkörpers wird – bei dem nunmehr bekannten Radius $r_o = \lambda_c/2\pi$ – durch dessen spezifisches Gewicht g_e charakterisiert:

$$g_e = m_e/V_o \approx 4..5 \text{ kg/cm}^3 \qquad V_o = \text{Clustervolumen}$$
$$======================== \qquad m_e = \text{Masse des Elektrons}$$

(je nachdem, ob ein Kugel- oder Zylindervolumen angenommen wird)

Das spezifische Gewicht des Clusterkörpers (kg/cm^3) ordnet sich zwischen den mittleren Atomgewichten (g/cm^3) und der Dichte der Kernmaterie ($\approx 10^3$ kg/cm^3) ein, was auch plausibel erscheint. Die Kondensation des Clusterkörpers hat somit ein spezifisches Gewicht, das jenes der mittleren Atome um das **200-fache übersteigt**.

Der Widerspruch bezüglich der – bei den unterschiedlichen experimentellen Bedingungen – beobachteten, sehr verschiedenen Elektronenabmessungen dürfte damit beigelegt sein.

Das gilt auch für "punktförmig" bei höchsten Streuenergien bis "verschwommen" mit bis zu sechs 10er-Potenzen Unterschied größer bei niederenergetischen Streuprozessen.

Gibt es einen radialen Ladungsverlauf?

Ja, den muss es geben. Wenn es eine nackte Ladung e_o gibt, dann gibt es konsequenter Weise innerhalb des Clusterkörpers einen radialen Ladungsverlauf, der den Ladungsverbrauch repräsentiert (si. Kapitel 6.1).

Die Ableitung des radialen Ladungsverlaufes, der von dem Polarisationskondensations-Potenzial und dem Zentrifugalpotenzial geprägt wird, lässt sich aus den bereits dargestellten potenziellen Energieanteilen errechnen (folgendes Kapitel 5.)

Kurz-Zusammenfassung Kapitel 4

Analog zu den Bohrschen Atom-Postulaten gilt für das Elektron:

- Die elektrische Elementarladung ist abgeschirmt.

- Die Abschirmung um den Ladungsmonopol besteht als Cluster aus polarisiert kondensierten, massiven Elektron-Positron-Paaren, hier bezeichnet als Elementardipole.

- Die magnetischen und kinetischen Wirkungen des Elektrons sind das Resultat der Rotation des polarisierten und in sich ladungskompensierten Clusters, bestehend aus Elementardipolen.

- Der Nachweis, dass die Vakuumpolarisation um das Elektron ein polarisiertes Kondensat ist, ermöglicht ein WIDERSPRUCHSFREIES ELEKTRON. Das führt konsequent zum Planckschen Wirkungsquantum, das die kleinste, massive, bipolare, korpuskulare Einheit verkörpert."

Das neue Modell basiert auf gesicherten Ausgangsdaten und Fakten:

- Die Elektronenmasse des mehr als nur punktförmigen Elektrons.

- Die Elementarladung, als Oberflächenladung, so ist die "Elementarladung"e nicht elementar, sondern eine Kondensatkonstante.

- Experimentell ermittelte ungleiche Elektronen-Abmessungen, von punktförmig zu "verschwommenen Materieklumpen" betragen $\approx 10^{-13}$m.

- Der Bereich der "Vakuumpolarisation" ist gemäß QED identisch mit dem ermittelten Elektronenradius.

- Es ergeben sich für das Elektron zwei Abmessungen:

  $r_\bullet < \underline{0,4...0.8 \cdot 10^{-19}}$ m für das nackte Elektron/Positron und

  $r_0 = \underline{3,8616 \ 10^{-13}}$ m für das Clusterkörper-Elektron/Positron.

- Die Masse des elektronischen Clusterkörpers ergibt sich bei dem Radius r_0

  $g_e = m_e/V_0 \approx 4..5$ kg/cm^3 (ob als Kugel- oder Zylinderform).

  Damit ordnet sich das spezifische Gewicht zwischen den mittleren Atomen in g/cm^{3}und der Dichte der Kernmaterie Mg (t)/cm^3 ein.

5. Eigenenergie und Energiedefizitkonstante

5.1. Wie zeigt sich die Eigen- oder Selbstenergie des Elektrons?

Wie zeigt sich die Eigen- oder Selbstenergie des Elektrons?

Wenn Elektron und Positron (niederenergetisch) aufeinandertreffen:

Es entsteht ein Blitz aus vorwiegend zwei γ-Quanten mit der Gesamtenergie

$$2\,h\cdot v_c = 2\,m_e\cdot c^2 \qquad v_c = \text{Comptonfrequenz}$$
$$m_e = \text{Elektronenmasse}$$

Deshalb ist $h\cdot v_c \leq m_e\cdot c^2 = \underline{511\ keV,}$*

gemäß der Energie-Masse-Äquivalenz muss dies auch für die kleinste Energie (-portion h) gelten

* Anmerkung: Gilt nur für die Strahlenenergie und nicht für den Feldenergie (si. nächstes Bild).

Bild 11: "Zerstrahlungsvorgang" e-p in γ-Quanten schematisch
(Eigendarstellung)

Zum ungelösten Feld- und Ladungsquellenproblem wurde bereits Tom Bearden[7] zitiert. Diese offene Frage tritt klar und gravierend bei der elektronischen Eigenenergie zutage, die bisher nicht begründbar ist. Es wurde hinreichend nachgewiesen[17], dass der kinetische Energieanteil des Elektrons $T_e = \frac{1}{2}\cdot W_e$ beträgt. Es verbleibt für den potenziellen Energieanteil nur die andere Gesamtenergiehälfte und $U_e = \frac{1}{2}\cdot W_e$ als potenzieller Energieanteil (Berechnung siehe Anhang 7). Ein Elektronenvolt ist eine kleine Energie $\approx 1{,}6\cdot 10^{-19}$ Ws. Das entspricht dennoch einer Temperatur von **11600°K**. Aus zahlreichen Streuversuchen mit Elektronen und Positronen ist das "Zerstrahlen" bzw. die "Annihilation" der miteinander wechselwirkenden Elementarteilchen mit ihrem Antiteilchen bekannt[11]. Es werden dabei vorzugsweise 2γ-Quanten mit der Comptonwellenlänge λ_c bzw. der Comptonfrequenz v_c mit einer **Gesamtenergie** von unglaublichen

$$W_{Ges} = 2\cdot|h\cdot v_c| = 1{,}022\ \text{MeV emittiert.}$$

Bezogen auf das Elektron und das Positron ist das die Hälfte, d.h. **511 keV** $\approx$ das 511.000-fachevon **1 eV**.

Das ist die Eigen- oder Selbstenergie des Elektrons (oder Positrons).

Woraus resultiert die übergroße Selbstenergie des Elektrons von $\approx$ 511 keV bzw. $\approx$ 1,022 MeV beim "Zerstrahlungsvorgang"?

Zunächst sollte auch die "Elementarladung" (wiederum in Anführungssstrichen) des Elektrons betrachtet werden. Die entstehenden Gamma-Quanten der Energie $h \cdot v_c$ entprechen der Comtonwellenlänge λ_c bzw. Comptonfrequenz v_c.

Bild 10 zeigt einen"Blitz", der beim Zusammentreffen von **e** und **p** als Emission von **γ-Quanten** entsteht. Sie entstehen, wenn die Streupartner aufeinander treffen. Im Minimalfall bei einer Transversalgeschwindigkeit ($\rightarrow$ 0), sonst wäre die Energie noch größer. Die notwendige Beschleunigungsenergie der Wechselwirkung von Elektron und Positron auf eine Endgeschwindigkeit von c beziehen die Wechselwirkungspartner **aus sich selbst.**

Das erfolgt ohne jeglichen relativistischen Energie- und Massezuwachs. Das ist nur in einem energetisch abgeschlossenen System möglich, denn es erfolgt keine Energiezufuhr von außen. Diese Tatsache ist für den "Zerstrahlungsvorgang" von Elektron und Positron hinreichend bekannt.
(Die Anführungsstriche werden genutzt, da bereits Albert Einstein selbst darauf hinweist, dass nichts zerstrahlt wird.)

Die Energie der 2γ-Quanten entspricht adäquat der Masse von Elektron und Positron.

Bei diesem Wechselwirkungsvorgang fliegen die γ-Quanten normalerweise im rechten Winkel auseinander. Statt "Annihilation" oder "Zerstrahlung" ist besser von **Dipol-Rückbildungen** zu sprechen.

Bei der gelegentlichen Entstehung eines Positroniums als quasistabile Zwischenstufe erscheint zunächst ein 1γ-Quant zeitversetzt und danach entstehen 2γ-Quanten, aber mit niedrigerer Energie[11]. In jedem Falle bleibt die Summe $\Sigma\ h \cdot v_c \approx 2 \cdot m_e c^2$ erhalten. Das ist die ausschließliche Kondensatenergie bzw. -masse von Elektron und Positron. Die zuvor vorhandene Feldenergie trägt dazu nicht bei.

Der "Zerstrahlungsvorgang" oder "Annihilation" wird z.T. bei der Rekombination im Atom unter Emission eines Photons als "Vorstufe" der "Annihilation" bezeichnet. Das stimmt hier so nicht, da Elektron und Atom nach wie vor vorhanden und nicht "zerstrahlt" sind.

Dennoch sind die emittierten hochenergetischen Photonen als γ-Quanten bei der

"Zerstrahlung", ebenso wie Lichtphotonen bei einer Rekombination,

zusammengebackene Kondensate von Elementardipolen.

D.h. alle Photonen bis hochenergetische γ-Quanten sind kondensiert zusammen-gebackene Kondensate, die Mrd. Jahre durchs All fliegen können, sofern sie nicht zuvor (ganzheitlich) absorbiert oder gestreut (besonders γ-Quanten) werden.

"Paarvernichtung", so bezeichnet man die Vereinigung von Elektron und Positron in einem zuvor feinstofflich-polarisiertes Feld aus Elementardipolen gemäß (Bild 12). Vor der Vereinigung (Wechselwirkung), spannt sich ein elektrostatisches Feld mit gegensätzlich polarisierten Elementardipolen auf.

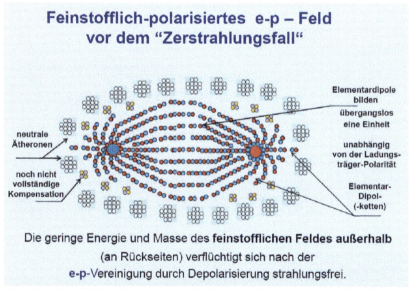

Bild 12: Feinstofflich-polarisiertes Bild des "Zerstrahlungsvorganges" (schematisch)

Die unterschiedlich polarisierten Elementardipol-Ketten bilden übergangslos eine Einheit. Dadurch entsteht ein Vereinigungsfeld, das wie "Gummifäden" die beiden Ladungspolaritäten anzieht.

Nach der Vereinigung der **Clusterkörper-Kondensate e⁻ und p⁺** − incl. mit dem äußeren elektrostatischen Feld − erfolgt die Aussendung der γ-Quanten. Das erfolgt

ohne Einwirkung und Zusatz von äußerer Energie.

Die elektrostatische Feldstärke wird dabei in kürzeren Abständen sehr groß.

Im Ergebnis der Wechselwirkung ist deren Energiebilanz nicht ganz ausgeglichen. D.h. die Σ h·v_C < $2 \cdot m_e c^2$ ist etwas geringer als $2 \cdot m_e c^2$, da nur h·v_C den strahlenden Anteil repräsentiert. Es entsteht auch ein strahlungsloser Anteil außerhalb der γ-Quanten.

Das ist – wie aus Bild 12 ersichtlich – den "offenen" Elementardipol-Enden an den Rückseiten, die geschlossene Feldlinien bilden (hier nicht dargestellt) geschuldet.

Dieser offene Feld-Energieanteil ist bezogen auf die Zerstrahlungsenergie relativ gering. Das führt zu dem strahlenlosen Anteil, (d.h. $1/_{5656}$-tel[5]), der im γ-Blitz nicht enthalten, aber der Eigenenergie zuzurechnen ist (siehe auch Kapitel 15.)

5.2. "Zerstrahlungsvorgang" und Paarbildung als "Kleinsches Paradoxon"[18]

Analog zum Einsteinschen Lichtquantengesetz kann man für den Fall der Paarbildung (Elektron-Positron), eine Paarbildungsenergie h·v_{paar} formulieren[3],

$$h \cdot v_{Paar} = |W_P| + |W_S| + \Delta h \cdot v \cdot W_P$$
$$= \text{Paarvernichtungsenergie (Dipol-Binde-Energie)}$$
$$2 h \cdot v_C = 2 m_e c^2 = 2 h \cdot v_C = 1{,}022 \text{ MeV}$$
$$W_S = \text{Energie zur Separierung}$$

D.h., es muss mindestens immer ein Energiebetrag $2h \cdot v_c = 1{,}022$ MeV plus eine Separierungsenergie vorhanden sein. Diese beträgt insgesamt **mindestens** das

$$\approx 1{,}6 \text{ MeV, d.h. das } \mathbf{1{,}57\text{-fache}}^{[2]} \text{ der Eigenenergie.}$$

Somit ergibt sich daraus die Schrankenbedingung, unterhalb der keine Paarbildung möglich ist. In dem Falle, wenn das Ausgangsquant

$$h v \gg W_p + W_S$$

ist, kann ein solches γ-Quant, wie bekannt, zu weiteren Paarbildungen, den so genannten Kaskadenschauern, führen.

Die Paarbildung setzt als Bedingung voraus:

1. Das Vorhandensein einer genügenden Energie, entsprechend einer lokal ausreichenden Energiedichte, d.h. eine örtlich ausreichende Anzahl von Elementardipolen (z.B. als γ-Quant von hv> 1,022 MeV) ist vorab notwendig.

2. Es wird ein separierendes elektrisches oder magnetisches Feld (u.a. das Coulombfeld (Bild 13: Lawinenbildung von entstehenden e- und p+ Ladungen) des Atomkerns) als potenzielle Energie benötigt. D.h., es muss für die Paarbildung die erforderliche örtliche Energie immer größer als untere Schranke sein, sonst reicht sie zur Paarbildung nicht aus.

3. Die Selbstenergie der "Paarvernichtung" (Dipolbildung) der Eigenenergie reicht im Umkehrschluss, d.h. im Paarbildungsfall, nicht aus, da eine Energie zur (dauerhaften) Trennung (Separierung) zusätzlich notwendig ist.

Wie kann ein hochenergetisches γ-Quant einen

Kaskadenschauer im Vakuum e+/e- auslösen?

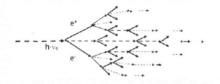

Das ist nur in einem materiellen (Gravitations-) Feld möglich und bedarf des

. separierenden Coulombfeldes eines Atomkernes

Freie Elektronen und Positronen sind zuvor nicht vorhanden!

Sie stammen auch **nicht** von den Luftatomen /-molekülen.

Bild 13: Lawinenbildung bei Geburt von e- und p+ Ladungen

Diese Energie wäre maximal auf das 2-fache Clusterraumgebiet zu konzentrieren. Für die Mindestfeldstärke E_{min} ist die o.g. (lokale) Energiedichte w_e vonnöten.

Es sei denn, der Energieüberschuss im Wechselwirkungsfall ist so groß, dass es zu weiteren Paarbildungen, in **Kaskadenschauern** (Bild 13) und sogar zur Bildung von Mesonen kommt.

Diese Resultate sind bekannt. Für den niederenergetischen Wechselwirkungsvorgang (d.h. Transversalgeschwindigkeit, der Wechselwirkungspartner $\Rightarrow$ 0) ist dies jedoch auszuschließen.

Das Coulombfeld schwerer Atomkerne bildet neben seiner Masse hierfür einen natürlichen Separator.

An der Stelle löst sich auch das Problem des Kleinschen Paradoxon[18], des schwedischen Forschers Felix Klein.

Klein hat es als "Interpretations-Konstrukt" aus der Diracschen Theorie (den Dirac'-schen-Gleichungen) begründet.

Das Kleinsche Paradoxon sagt folgendes aus:

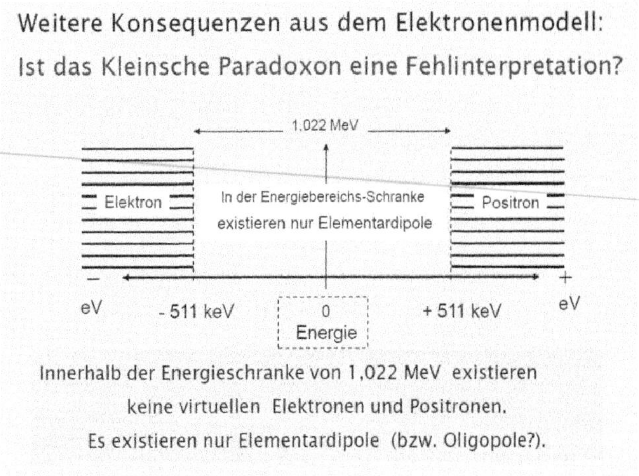

Weitere Konsequenzen aus dem Elektronenmodell:
Ist das Kleinsche Paradoxon eine Fehlinterpretation?

Bewegt sich ein Elektron in einem eindimensionalen, mit wachsendem x als stetig abnehmendes Potenzial $U(x) = eV(x)$, so ist bei definierter Energie nur das Gebiet $x < a$ zugänglich.
Für Positronen ist das Gebiet $x > b$ gültig, wofür $m_e c^2 > E + eV$ gilt.

Bild 14: Energie-Schranke ohne Elektronen und Positronen

Das Gebiet $a < x < b$ ist folglich unzugänglich, da der Impuls $p(x) = 1/c \pm \sqrt{[E+eV(x)]^2 - m^2 c^4}$ imaginär wird[2].

"Da üblicherweise die Anzahl der dazwischen liegenden Energieniveaus unendlich groß ist..." forderte die dies-bezügliche Diracsche Hypothese, dass,
"...überall immer eine unendliche Menge von Elektronen negativer Energie existieren muss...". (von Dirac selbst als *"Elektronensee"* bezeichnet)

Diese unbefriedigende Situation bildete den Anlass für die Formulierung des Kleinschen Paradoxons. Dieses Paradoxon in Verbindung mit dem Ergebnis der negativen Energie war für die damalige Zeit eine abwegige Erklärung. Das führte dann zu den Feynman-Modellen, obwohl der Diracsche Denkansatz zu seinem *"Elektronen- bzw. Positronensee"* hinführt.
(Anmerkg.: Will heißen, es weist den ubiquitären Elementardipol-"Untergrund" hin.)

Aus den Dirac-Gleichungen ergibt sich physikalisch richtig die Energieschranke, unterhalb der Paarbildungen gemäß den o.g. Bedingungen physikalisch nicht möglich sind. Gem. dem Kleinschen Paradoxon ist im Energiebereich **ein Elektronenimpuls nur oberhalb der Energieschranke $2m_e c^2$ real,** unterhalb aber imaginär, d.h. unphysikalisch.
Das widerspricht jeglicher Erfahrung[6] und wird deshalb als Kleinsches Paradoxon bezeichnet. So weist dies in seiner abwegigen Konstruktion bereits auf die **Unzulänglichkeit** der bestehenden **Energie-Masse-Interpretation** bei dieser Wechselwirkung und grundsätzlich **bei der SRT** hin. Denn innerhalb der Energieschranke existieren keine "virtuellen" Elektronen und Positronen.

D.h. es existieren nur

Elementardipole oder als Oligopole neutralisierte Ätheronen.
Unterhalb von ±0,511 MeV existieren keine virtuellen e⁻ und e⁺,
nur Elementardipole.

Die Masse ist hierbei nicht Quelle, sondern Anteil der additiven kinetischen Energie und der potenziellen Energie. Sie wird – bei der Wechselwirkung – vollständig in kinetische Energie umgewandelt. Diese Zwischenerläuterung war notwendig, um die unklaren, widersprüchlichen Auffassungen im Zusammenhang mit der Speziellen Relativitätstheorie (SRT) zu erhellen.

5.3. Energiebilanz der Eigen- bzw. Selbstenergie des Elektrons

Es wurde hinreichend nachgewiesen[17], dass der kinetische Energieanteil des Elektrons $T_e = \frac{1}{2} \cdot W_e$ beträgt.

Es verbleibt für den potenziellen Energieanteil nur die andere Hälfte der Gesamtenergie $U_e = \frac{1}{2} \cdot W_e$ als potenzieller Energieanteil.

5.3.1. Das Polarisations-Kondensations-Potenzial

Die Elementarladung (z.B. negative Polarität des Elektrons) kann nur über die polarisiert sich ankoppelnden Dipole (alternierende Multipolketten oder Doppelschichten) vorgetragen werden. Der Prozess erfolgt solange, bis die potenzielle Energie aufgebraucht ist.

D.h., die benötigte Ladung bzw. die potenzielle Energie U_P (auch elektrische Spannung = Feldstärke pro m) liefert die nackte Ladung gemäß dem Coulombschen Gesetz. Diese Energie (oder auch Kraft) wird verbraucht, um die Elementar-Dipole zu polarisieren und zu einem Cluster oder besser zu einem Clusterkörper zu kondensieren. Wenn man den Clusterkörper als Bose-Kondensat interpretiert, müssten sich die Photonen und somit deren modellgemäße Elementardipole auf engem Raum beliebig kondensieren lassen. Es wird deutlich, dass dieser Prozess ohne potenzielle Energie nicht möglich ist. Die dafür benötigte Energie ist das Polarisations-Kondensations-Potenzial. Die abgebundenen Elementardipole sind demnach keine absolut neutralen Teilchen, sie sind lokal bipolar.

Sie kondensieren in polarisierter Form nicht "freiwillig" auf engem Raum.

Es ist unstreitig, dass Photonen polarisierbar sind. Dieser Sachverhalt muss dann auch für deren Bestandteile für die im nächsten Kapitel zu postulierenden Elementarbausteine, die Elementardipole, gelten.

Es ist davon auszugehen, dass die elektronische Polarisations-Kondensation nach einer Exponential-Funktion $U_e = \frac{1}{2} \cdot W_e$ in Anlehnung an das bekannte Yukawa-Potenzial[11] erfolgt.

(*Anmerkung: Der Exponent r_0/r ergibt sich reziprok, da der Radius masserezirpok, d.h. $r \sim 1/m$, ist.)

Die potentiellen Energieanteile sind:

Die Polarisations-Kondensations-Energie:

nach einer (fast) lupenreinen einfachen e-Funktion:

$$U_P = \frac{e_0{}^2}{\varepsilon_0 \cdot h \cdot c} \cdot m_e \cdot c^2 \cdot exp\,(-1) = m_e \cdot c^2 / 2{,}7182$$

denn die

nackte Ladung e_0 ist:

Das ist der größte Anteil der potentiellen Energie

$$|e_0| = e / \sqrt{2\alpha} \approx 8{,}3\text{-fach},$$

da $\dfrac{U_A}{We} = \dfrac{e^2}{e_0{}^2} = 2\,\alpha$

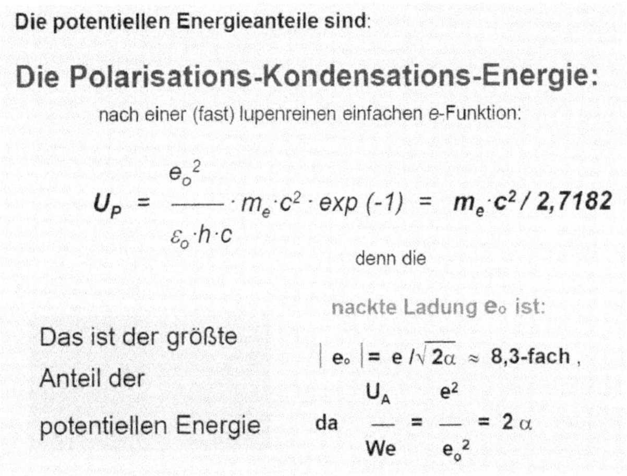

Bild 15: Der Polarisations-Kondensations-Energieanteil

Hierbei ist, wie beim Yukawa-Potenzial, dass die Konstante r_0 (Clusterkörper-Radius) $\lambda = \hbar/m \cdot c$ beträgt.

Das lässt sich mittels dieser universellen Konstanten auch mathematisch beweisen[11].

Bei $r = r_0$ oder $m = m_e$ ist $U_P = m_e c^2 \cdot exp(-1)$. Die Lösung ergibt hierbei (fast) genau die reziproke Basiszahl für die natürlichen Logarithmen, als sozusagen eine (fast) lupenreine Exponentialfunktion. Zur Erfüllung der Energiebilanz reicht das noch nicht aus. Das "fast" bezieht sich hierbei einschränkend auf die geringe Plusdifferenz des potenziellen Energieanteiles, da $\Sigma\ h \cdot v_C \leq 2 \cdot m_e c^2$ als Folge des v.g. kleinen strahlenlosen Anteils bei der e^--p^+-Reaktion zu beachten ist.

Gemäß dem Clusterkörper-Kondensat charakterisierten, rotierenden Elektronenkörper muss dieser durch eine Zentralkraft F zusammengehalten werden. Die Zentralkraft kann nur die nackte Ladung aufbringen, die erheblich größer als die bekannte Elementarladung e sein muss. Demnach ist diese Kraft verantwortlich für den Zusammenhalt der polarisiert-kondensierten Elementardipole.

Diese Annahme geht somit deutlich über die Hilfsannahme der Vakuumpolarisation der QED hinaus. Es zeigt sich damit, dass die Polarisations-Kondensation für die Ladungsabschirmung als Abschirmkonstante verantwortlich ist. Aus der Exponentialfunktion ist ein Verlauf des Ladungsverbrauchs (Ladungsabschirmung) ableitbar, der mit dem Zentrifugalpotenzial des rotierenden Clusters zu überlagern ist.

Bei einer Ladung > |e| (bezogen auf die "Elementarladung") tritt immer der Effekt einer Elementardipol-Adhäsion auf, in dessen Folge es zur Polarisations-Kondensation mit einem sich ausbildenden Cluster kommt.

Mit anderen Worten: Eine größere freie Ladung als die "Elementarladung" ist (naturgesetzlich) nicht möglich, da bei der damit größeren Feldstärke der Elementardipol-Kondensationsprozess einsetzt.

An dieser Stelle soll weiter angemerkt werden:

1. Durch die "allgegenwärtige" Kopplung von Elementardipolen bei einer Ladung von >|e| ist das Coulombsche Gesetz – auch innerhalb des Clusters – gültig. So müssen es die gleichen Elementardipole sein, die auch das äußere elektrostatische und magnetische Feld bilden.

2. Nach dieser Feststellung zum Coulombschen Gesetz ist davon auszugehen, dass tatsächlich das elektrische wie auch das magnetische Feld quantenförmig aus gleichen, polarisierten, aber unkondensierten Elementardipolen besteht.

3. Abgelöste Photonen sind dann mehr als nur einfache Elementardipol-Folgen oder "lose" Kondensat-Cluster. Sie bewegen sich mit der gleichen Ablösegeschwindigkeit und halten dabei wie ein einheitlicher Körper weiter zusammen. Das trifft auf die v.g. γ-**Quanten,** aber auch auf **alle Photonen** zu.

5.3.2. Das Zentrifugalpotenzial

Es erhebt sich nunmehr die Frage gemäß der klassischen Physik (Dynamik):

Wenn der Clusterkörper aus den beschriebenen Elementardipolen besteht und das Cluster – wie bekannt – mit der Umfangsgeschwindigkeit c rotiert, dann müsste es infolge der auftretenden Fliehkräfte abreißen bzw. in seiner Ausdehnung begrenzt sein. Das ist tatsächlich der Fall.

Das modellgemäß rotierende System des elektronischen Clusterkörpers muss, wenn es richtig und real ist, nach den Grundgesetzen der Mechanik zu beschreiben sein.

Als Kriterium gilt hierfür ist das dynamische Zentrifugalpotenzial V_z als logisch konsequenter Beitrag zum potenziellen Energieanteil (Bild 16):

Das ist das Pendant zum rotationskinetischen Energieanteil des Drehimpulses.

Bei konstanter Winkelbeschleunigung Φ-Punkt (dies gilt für einen kompakten starren Körper) ergibt sich die klassische Beziehung für einen rotationssymmetrischen (kreiszylindrischen) Körper: $Vz = 1/8\ m_e c^2$. Das ist ein zwingend zu berücksichtigender potenzieller Energiebeitrag.

Das **Zentrifugalpotential**
warum entsteht es ?

$$V_z = L_e^2 / 2 \cdot m_e \cdot r_0^2 \quad L_e = \text{mech. Drehimpuls = Elektronenspin} = \hbar/2$$

(Es entsteht nur bei einem starren Körper)

$$V_z = \tfrac{1}{8}\, m_e \cdot c^2,$$

d.h. ⅛ der **Gesamtselbstenergie**
des Elektrons

Als Pendant zur kinetischen Energie
ist es ein nicht zu vernachlässigender
potentieller Energieanteil

Das Zentrifugalpotential würde nicht entstehen, wenn das
Elektron bzw. dessen Clusterkörper keine verteilte Masse hätte !

Bild 16: Das Zentrifugalpotential als potentieller Energiebeitrag

Das Zentrifugalpotenzial der klassischen Mechanik ist hierbei eine potenzielle Energie.

Sie entsteht infolge der Kreisbeschleunigung des mit c rotierenden Elektrons mit seiner spezifischen Masse im festgekoppelten Elementardipol-Clusterkörper.

In reactio muss eine Kraft, die Zentripetalkraft, aufzubringen sein, um das rotierende Cluster zusammenzuhalten (Bild 16).

Wenn auch hier die Elementardipole bzw. der Clusterkörper keine ponderable Masse hätten, würde ein solches Zentrifugalpotenzial nicht entstehen.

Auf "virtuelle" Elektron-Positron-Paare, gemäß der QED[9] würde das nicht zutreffen. Das beweist zudem, dass die Elementardipole nicht masselos sind.[17]

Dass das Cluster in sich so fest gekoppelt sein muss, wie ein massiver, starrer Rotationskörper, wird durch die Gesamtmasse der Elementardipole als Masse des Elektrons gestützt.[5]

Wenn es keine Fliehkräfte – wie beschrieben – gäbe, nach der Vakuumpolarisation[4], könnte es auch

- keine Abrisskante und damit

- keine scharfe Grenze der Rotationsmitnahme,

- keine Oberflächenladung (Ladungsvortrag) als "Elementarladung",

- kein magnetisches Moment der bekannten Größe und

- kein Elektron mit der bekannten Masse geben.

Ohne die Zentrifugalkräfte infolge der Rotation, wären weitere Polarisations-Kondensations-Bindungen möglich, bis die Ladungsenergie endgültig verbraucht (kompensiert) ist. In diesem Falle würde das Elektron vollständig neutralisiert sein. Es wäre mit seiner bekannten Elementarladung nicht existent.

5.3.3. Die unkompensierte, nach außen wirkende Restenergie

Diese bestimmt auch die äußere Feldenergie. Bei der Gesamtenergie wird auch die Feldenergie erfasst. Darauf wird in der Schlussbetrachtung noch einzugehen sein.

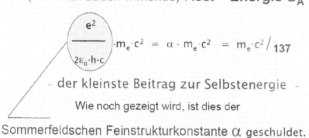

Was verbleibt gemäß Elementarladung ?

Daraus resultiert die zu geringe

potentielle, elektrostatische

(als nach außen wirkende) Rest – Energie U_A

$$\left(\frac{e^2}{2\varepsilon_0 \cdot h \cdot c}\right) \cdot m_e \cdot c^2 \; = \; \alpha \cdot m_e \cdot c^2 \; = \; m_e \cdot c^2 / 137$$

- der kleinste Beitrag zur Selbstenergie -

Wie noch gezeigt wird, ist dies der

Sommerfeldschen Feinstrukturkonstante α geschuldet.

Bild 17: Verbleibende, nach außen wirkende Restladung

Was verbleibt?

Das Elektron ist ja nach außen nicht neutral.

Die große Umfangsgeschwindigkeit $> c$ lässt die Kopplung der Elementardipole begrenzen bzw. damit abreißen.

Der physikalische Prozess wird durch die so genannte Kopplungskonstante α_{em} (elektromagnetisch) charakterisiert. Die Sommerfeldsche Feinstrukturkonstante α trägt damit zu recht die Bezeichnung Kopplungskonstante α_{em} (Bild 17).

Hieraus ersieht man bereits, dass es nicht nur die drei Konstanten in der Gleichung gekoppelt sind, sondern zudem auch die Comptonfrequenz includiert ist.

e, h und c , zusätzlich m_e und ν_c (dividiert durch 2π),

Es ist eine wahrhafte Konstanten-Konzentration, die untereinander in Beziehung stehen. Die verbleibende elektrostatische Energie U_A an der Abrisskante (si. auch Kapitel 6.2., Bild 21) ist die Grenzkraft und entspricht dann dem Sachverhalt der nach außen wirkenden Energie. Dieser Energie entspricht der uns bekannten "Elementarladung".

Diese ist, wie wir sie kennen:1/137,036.

Die gesamte potenzielle Energie U_e, als die Hälfte der Selbstenergie des Elektrons oder Positrons W_{ges}, setzt sich folglich aus den drei vorgenannten Komponenten additiv zusammen.

5.3.4 Die komplette Selbstenergie

Die vorgenannten Energieanteile wurden nun nach dem Energie-Erhaltungssatz in Summation dargestellt. Die beiden γ-Quanten, die bei der Elektron-Positron-Wechselwirkung zur Selbstenergie entstehen, stellen somit Kondensatteile der Clusterkörper dar. Die komplette Selbstenergie W_S des translatorisch ruhenden, aber rotierenden Elektrons ergibt sich folglich aus fünf einfachen arithmetischen Summanden. Wie man sieht, sind es die einfachen Summanden des Energie-Erhaltungssatzes, die sich zu = 1 addieren

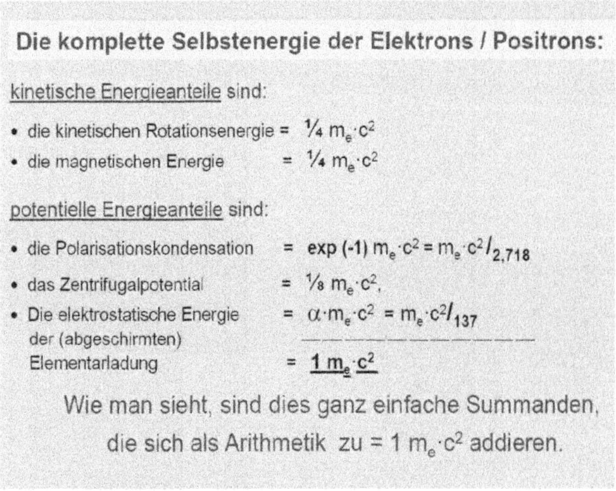

In der nachstehenden Tabelle 1 sind zudem die physikalischen Grundlagen zusammengefasst dargestellt. So präsentiert sich das Elektron als mathematisch-physikalisches Mustermodell der Erhaltungssätze von Energie, Impuls und Drehimpuls und auch eines Masse-Erhaltungssatzes. Zugleich ist es ein Mustermodell der Energie-Masse-Äquivalenz sowie der Einheit von elektromagnetischer und mechanisch-kinematischer Energie. Die einfachen wie auch die stringenten Energiesummanden, einschließlich des $1/137 \cdot m_e c^2$ der nach außen wirkenden, elektrostatischen (abgeschirmten) Energie des Elektrons, bestätigen dies insgesamt.

Dadurch bildet dessen Selbstenergie

$$m_e \cdot c^2 = h \cdot \nu_c = e \cdot V_e,$$

als rein arithmetische Summe, die Kausalkette.

Der Faktor $m_e c^2$ kürzt sich heraus, sodass die ausschließlich arithmetische Summe verbleibt.

Das ist auch hier der Beweis, dass es in der Mikrowelt keine Ruhemasse geben kann.

Der kinetische Anteil ist dabei immer präsent.

Ausführlich ist das in nachstehender Tabelle, Bild 19 dargestellt:

Die komplette Selbstenergie der Elektrons / Positrons:

kinetische Energieanteile sind:
- die kinetischen Rotationsenergie = $\frac{1}{4}\,m_e \cdot c^2$
- die magnetische Energie = $\frac{1}{4}\,m_e \cdot c^2$

potentielle Energieanteile sind:
- die Polarisationskondensation = $\exp(-1)\,m_e \cdot c^2 = m_e \cdot c^2/_{2,718}$
- das Zentrifugalpotential = $\frac{1}{8}\,m_e \cdot c^2$,
- Die elektrostatische Energie der (abgeschirmten) Elementarladung = $\alpha \cdot m_e \cdot c^2 = m_e \cdot c^2/_{137}$

= $1\,m_e \cdot c^2$

Wie man sieht, sind dies ganz einfache Summanden, die sich als Arithmetik zu = $1\,m_e \cdot c^2$ addieren.

Bild 18: Die komplette Selbstenergie

Komplette Selbstenergie klassisch nach dem Energie-Erhaltungssatz

	T +	$(T_K$ +	$W_M)$ +	$(U_A$ +	U / V_Z +	U_p)
$W_e =$						
$W_e =$						
$h \cdot v_C =$	$\tfrac{1}{2} \Theta \omega^2$	$\tfrac{1}{2} \Phi_q I_e$		$m_e c^2 \cdot e^2 / 2\varepsilon_0 hc$	$L^2 / 2 m_e r_0^2$	$U_o / r \; exp(+r/r_0)$
Gesamtenergie (Selbstenergie) des Elektrons	Rotationsenergie des massiven räumlichen Elektrons	Magnetische (Rotations)-energie der Oberflächen-Elementladung des $|e|$	Potentieller Energieanteil der unkompensierten nach aussen wirkenden Ladung	Potentielle Energie als Zentrifugalpotential des räuml. massiven E.	Potential der Polarisations-Kondensation der Elementardipole
	$T_N = \tfrac{1}{2} \Theta \omega^2$	$W_M = \tfrac{1}{2} \Phi_q I_e$	$U_A = e^2 / 4\pi\varepsilon_0 r_0$	$V_Z = L^2 / 2 m_e r_0^2$	$U_p = U_o / r \cdot exp(+r/r_0)$
Äquivalentes γ-Quant	$\Theta = m_e r_0^2 / 2$	$\Phi_q = h / 2e$	$U_A = e^2 / 4\pi\varepsilon_0 hc \cdot m_e c^2$	$V_Z = (\hbar/2)^2 / 2 m_e r_e$	$U_A = e_0^2 / 4\pi\varepsilon_0 \; 1/r \cdot e^{-r/r_e}$
	Trägheitsmoment	Flussquant	(Bei konstantem ϕ)	L = Spin des Elektrons	e-Funktion, analog Yukawa-Potential
			Freie elektrische Energie		
$h v_C = 510999.4$ eV (Comptonfrequenz)	$T_K = \tfrac{1}{4} m_e r_e c^2$	$I_e = e \, \omega_C / 2\pi$	$U_A = \alpha \cdot m_e c^2$	$V_Z = (\hbar/2)^2 / 2 m_e r_e$	$U_p = 1/2.718 \, m_e c^2$
		$I_e = e \, m_e c^2 / h$		$V_Z = \tfrac{1}{8} m_e c^2$	
Rotierendes Elektron, d.h. keine kinet. Translations-Energie vorhanden	$T_K = \tfrac{1}{4} m_e c^2$	Kreisstrom der unkompensierten Elementarladung e	Die Feinstrukturkonstante α bestimmt nach aussen wirkende elektr. Energie	Das Zentrifugalpotential bildet das Pendant zur rotationskin. Energie	Grösser Anteil der potentiellen Energie (innere pot. Energie)
		$W_M = \tfrac{1}{2} h/2e \, (e \, m_e c^2 / h)$	$U_A = \alpha \, m_e c^2$	$V_Z = \tfrac{1}{8} m_e c^2$	$U_a = (1 \, exp(-1)) \, m_e c^2$
	$T_K = \tfrac{1}{4} m_e c^2$	$W_M = \tfrac{1}{4} m_e c^2$			
$W_e = h v_C = m_e c^2$	$T_K = \tfrac{1}{4} m_e c^2$	$W_M = \tfrac{1}{4} m_e c^2$	$U_A = \alpha \, m_e c^2$	$V_Z = \tfrac{1}{8} m_e c^2$	$U_a = (1 \, exp(-1)) \, m_e c^2$
1	1/4	1/4	1/137	1/8	1/2.718

Der Faktor $m_e c^2$ kürzt sich heraus, so dass eine rein arithmetische Summenbilanz zur Selbstenergie des Elektrons verbleibt.

Bild 19: Tabelle 1 Die komplette Selbstenergie

Die einzelnen Summanden sind zu addieren und es verbleibt eine kleine Plusdifferenz (si. auch Kapitel 15). Die Bezugsgröße der Gesamtenergie als Eigen- bzw. Selbstenergie **We** des Elektrons sind einerseits die gemessenen γ-Strahlenanteile (ob in zwei oder drei γ-Quanten) aus v.g. "Zerstrahlungsprozess" als Summe aus $\Sigma\,(h\cdot v_c) \leq \Sigma\,(m_e c^2)$. Hier ist die Gleichung etwas ungleich.

Warum?

Vor der "Zerstrahlungs"-Wechselwirkung besitzen sowohl das freie Elektron als auch das freie Positron ein eigenes äußeres elektrisches und magnetisches Feld. Diese Feldenergie depolarisiert in dem Moment der Vereinigung strahlungslos. Damit wird deren Energie nicht in den γ-Quanten erfasst. Mit anderen Worten: Die gemessenen Größen fallen etwas zu klein aus, denn die γ-Strahlen werden nur ausschließlich aus den Kondensatkörpern von Elektron und Positron generiert.

Die Differenz des potenziellen Energieanteiles ist zu klein, um die modellgemäß dargestellten Zusammenhänge in Frage zu stellen, aber zu groß, um darin keinen realen physikalischen Effekt zu sehen. Auch hier ergibt sich eine typische $\alpha^2/_2$-Abhängigkeit.

Der Effekt ist – wie am Bild 15 (zur Polarisations-Kondensation) vermerkt – auf diesen äußeren geringen Feldanteil zurückzuführen, der sich strahlungslos depolarisiert und verflüchtigt.

Dieser Differenzbetrag ist jedoch in der Gesamtbilanz ebenso zu berücksichtigen. Die Analyse und Veranschaulichung der kompletten Eigen- oder Selbstenergie ist die Voraussetzung für die Begründung und das Zustandekommen der Sommerfeldschen Feinstrukturkonstante α.

Bisher wurde noch nie die Selbst- bzw. Eigenenergie nach fünf Summanden nach den Energieerhaltungssatz aufgegliedert publiziert.

Stattdessen ergibt sich die Selbstenergie nach der QED unendlich (unphysikalisch).

Kurz-Zusammenfassung Kapitel 5.

- Die Eigen- oder Selbstenergie beträgt bezogen auf das Elektron und das Positron $W_{Ges} = 2 \cdot |h \cdot v_c|$ = 1,022 MeV im e-p -"Zerstrahlungsvorgang." Es werden 2γ-Quantenemittiert. Die Hälfte davon ist 511 keV.

- Die Eigenenergie ergibt sich aus der einfachen Summation der v.g. Energieanteile gemäß Energieerhaltungssatz (Tabelle, Bild 19).

- Die Selbstenergie eines translatorisch (v→0) rotierenden Elektrons resultiert nach dem Energiesatz aus 5 arithmetischen Summanden.

- Die kinetische Rotationsenergie beträgt = ¼, die magnetische Energie aus der Oberflächenladungsrotation ist ebenfalls = ¼.

- Dem Polarisations-Kondensations-Potenzial = $^1/_{2,712}$ = exp(-1), Das festgekoppelte elektronische-Cluster entsteht durch Polarisations-kondensation. Diese ergibt sich durch eine Exponentialfunktion.

- Das Zentrifugalpotenzial des rotierenden Clusters = $^1/_8$ ist dem Potenzial der Polarisations-kondensation überlagert. Es entsteht durch die realen Fliehkräfte der massiven Elementardipole.

- Es verbleibt das elektrostatische Potenzial der unkompensierten Ober-flächenladung =1/137,036 = α, wobei e, h, c und m_e und v_c (dividiert durch 2π) hinzu kommen, die bisher bei α nicht bekannt waren.

- Innerhalb der Energieschranke von 1,022 MeV existieren keine virtuellen e^- und p^+, nur Elementardipole.

- Die Bedingung für Paarbildungen: Bei einer lokal hohen Energiedichte können Paarbildungen entstehen. Das ist z. B. bei Kaskadenschauern hochenergetische sekundäre Höhenstrahlung der Fall.

- Dazu ist (z.B. als γ-Quant von ≈ 1,7 MeV) einschließlich einer Separierungs-Energie (im Coulombfeld von Atomkernen) notwendig. Im Vergleich (1,022 MeV) bei der Paarvernichtung ("Zerstrahlung")

- Das Kleinsche Paradoxon lässt sich beseitigen. Es erweist sich als Fehl-interpretation der SRT und der Diracschen Theorie.

6. Nackte Ladung und α-Abschirmung

6.1. Wie entsteht die nackte Ladung und wie groß ist sie?

Der kinetische Energieanteil ist der hälftige Energieanteil der beiden Wechselwirkungspartner Elektron und Positron. Dieser hälftige Teil besteht nur aus dem rotationskinetischen und magnetischen Energieanteil.

Eine Anfangs-Translationsenergie sollte dabei nicht vorhanden sein!

Bei der Ermittlung des verbleibenden potenziellen Energieanteiles der Selbstenergie des Elektrons und Positrons von je $1 m_e c^2$ ist es notwendig, die dafür kausale "nackte" Ladung zu kennen. Die QED errechnet diese als $= \infty$ (Pol bzw. Divergenz).

Für die potenzielle Energie der Wechselwirkung kann nur die größere nackte Ladung e_0 ursächlich sein, da es keine weitere Energiequelle gibt.

Nachdem der kinetische Energieanteil geklärt ist, soll nunmehr der potenzielle Energieanteil näher betrachtet werden. Dieser resultiert aus dem Coulombschen Teil der Energiegleichung. Für den Wechselwirkungsvorgang bedeutet das:

Die betrachteten niederenergetischen e-p-Wechselwirkungspartner nähern sich nur unter dem Einfluss der eigenen Coulomb-Anziehung aus einer Entfernung, wo der Anziehungsbereich noch nicht wirksam ist, hier als ∞ bezeichnet.

Gibt es die Nackte Ladung und wie groß ist sie?

Die nackte Ladung e_0 ist:

$$| \pm e_0 | = e / \sqrt{2\alpha} = \sqrt{\varepsilon_0 \cdot h \cdot c} = \underline{8{,}27756} - \text{fache}$$
der Elementarladung

Das resultiert u.a. aus der Energie–Asymmetrie:

$$\text{da} \quad \frac{U_A}{We} = \frac{e^2}{e_0^2} = 2 \cdot \alpha$$

Denn die potentielle Energie U ist ½ der Gesamtenergie des Elektrons We.

Bild 20: Die nackte Ladung

Die Integration nur des potenziellen Energieanteiles U_e der Wechselwirkung ergibt sich über den Radius r_0 als ausführliche Rechnung gemäß Anhang 8 (Bild 20).

Man erhält als Ergebnis für den Wechselwirkungsvorgang

$$E = \tfrac{1}{2} m_e c^2.$$

Für die (bekannte) "Elementarladung" e gilt $\alpha = 1/137{,}036$ gemäß der Sommerfeldschen Feinstrukturkonstante, wie wir sie kennen. Es besteht jedoch eine Wesenseinheit aufgrund der Herkunft vom gleichen Coulombschen Gesetz. Um dem Rechnung zu tragen, soll dieser Faktor,

$\tfrac{1}{2} m_e c^2$ als **Strukturkonstante** $\alpha_0 = \tfrac{1}{2}$ bezeichnet werden.

Dieser so bezeichnete, einfache Sachverhalt ist hier dargestellt, um den Unterschied der nackten Ladung ohne dessen Abschirmung, die sich in der Feinstruktur-konstanten α manifestiert, darzustellen:

Wenn $e = q /4\pi \cdot \varepsilon_0 \cdot r_0$ ist, dann erhält man den potenziellen Energieanteil U_e bei $r_0 = h/2\pi \cdot m_e \cdot c$ und e_0 mit gleichem Resultat, wie bei der Elektron-Positron-Wechselwirkung.

Der Unterschied ist lediglich, dass die elektrostatische Energie nur aus der potenziellen Energie resultiert. Zur Sommerfeldschen Feinstrukturkonstante α soll die folgende charakteristische Passage aus der Literatur zitiert werden:

Rompe, R. und Treder, H. J.:"*Quantenpostulate, Atommodell und Messprozess*" zum 100. Geburtstag von Niels Bohr, Wissenschaft und Fortschritt 35 [1985])[6]:

"*M. Planck und A. Einstein hofften zunächst, dass h und c zusammen e liefern würden. Der eigenartige Faktor ~ e²/hc ≈ 1/137 zerstörte diese Hoffnung. Max Planck glaubte, dass es möglich sei, das Wirkungsquantum h aus der inneren Struktur der Atome herzuleiten ... Einstein betonte dagegen, dass das Plancksche Wirkungsquantum viel fundamentaler ist, als jede Modellaussage über die Struktur des Atoms. Einstein sagte, dass es nach Maßgabe der Planckschen Konstante nicht sinnvoll ist, das Plancksche Strahlungsgesetz auf die Struktur der Atome zurückzuführen, sondern es vielmehr geboten sei, die Struktur der Atome aus der Existenz der Planckschen Konstante zu begründen. Bohr nahm Einsteins Idee auf ... Bohr ermittelte mit diesen Überlegungen unter Benutzung der Elementarkonstanten h, e, m_e die Ausdehnung der Atome und die Ionisierungsenergie. Auf diese Gedanken, die zweifellos tiefer liegende Zusammenhänge zwischen den Elementarkonstanten und den durch sie unmittelbar festgelegten elementaren Größen vermuten lassen, ist man in der Folgezeit mehrmals eingegangen. Jedoch ist die Tragfähigkeit solcher Überlegungen begrenzt, da sie nur den skalaren Charakter der Elementarkonstanten nutzen*".

Wie wir nunmehr gesehen haben, lag es weder am skalaren Charakter der Elementarkonstanten, noch an dem "merkwürdigen" Faktor 1/137, sondern am nicht erkannten, physikalisch bedingten Energiedefizit.

Zur eindeutigen Identifikation der Selbstenergieanteile des Elektrons, bei komplexen energetischen Prozessen, weist dieser Sachverhalt auf die unverzichtbare Anwendung des Energieerhaltungssatzes hin.

Zusammengefasst ergeben sich aus den vorgenannten Betrachtungen nachstehende Aussagen und Konsequenzen:

1. Ausgehend von der Wechselwirkung zwischen Elektron und Positron mit extrem niederenergetischer Ausgangsenergie – die keine Energiezufuhr von außen hat und nicht bedarf – erfolgt dies in einem abgeschlossenen energetischen System.

2. Zur Erfüllung der Energiebilanz ergibt sich stringent eine größere (nackte) Ladung aus dem Coulombschen Gesetz. Da die Feinstrukturkonstante sich nur auf den (hälftigen) potenziellen Teil des Energieerhaltungssatzes bezieht, ist das Ergebnis halbiert $e_o = \pm\sqrt{\varepsilon_o hc}$ $=e/\sqrt{2\alpha}$ (si. Anhang 8).

3. Die mit dem Resultat verbundene potenzielle Energiebeziehung bildet eine Wesenseinheit mit der Sommerfeldschen Feinstrukturkonstanten und beträgt hier $= \frac{1}{2} m_e c^2$ statt $= 1/_{137} m_e c^2$.

4. Die Sommerfeldsche Feinstrukturkonstante selbst ist eine Energie-Defizit-Konstante. Sie resultiert aus der bekannten (abgeschirmten) "Elementarladung", und sie repräsentiert damit einen zwar zu kleinen, aber nicht zu vernachlässigenden, potenziellen Selbstenergieanteil des Elektrons.

6. Die vielfach in der Literatur ausgesprochene Vermutung, dass die Sommerfeldsche Feinstrukturkonstante den Status einer universellen Zahlenkonstante annehmen könnte, bestätigt sich damit nicht. Es ist eine Konstante, die den Zusammenhang mehrerer (universeller) Naturkonstanten herstellt, wobei h und c wahre Elementarkonstanten sind und e eine abhängige Kondensat-Konstante darstellt.

Aus den vorgenannten Darlegungen und Konsequenzen in Bezug auf die Erfüllung des Energieerhaltungssatzes und damit des potenziellen Selbstenergieanteiles des Elektrons folgt, dass dafür die wesentlich größere nackte Ladung des Elektrons ursächlich ist. Das unterschiedliche Vorzeichen entspricht der Ladung von Elektron oder Positron $\pm e_o = |e_o|$.

Die somit gewonnene unabgeschirmte (nackte) Elementarladung $|e_o|$ ist wesentlich größer, als die bekannte (abgeschirmte) Elementarladung "e" (Berechnung dazu si. Anhang 8).

Der bisher fehlende Nachweis bzw. Beweis für das nackte Elektron ergibt sich, da die nackte, wesentlich größere Ladung des Elektrons einfach aus der Sommerfeldschen

Feinstrukturkonstante α zu ermitteln ist:

$$e_o = \pm\sqrt{\varepsilon_o hc} = 13{,}262118 \cdot 10^{19}[As]$$

==============================

$$|e_o| = e/\sqrt{2\alpha} = 8{,}27756 -fach$$

==============================

6.2. Radialer Ladungsverlauf und Alpha-Abhängigkeiten

Es ergibt sich ein Energiedefizitverhältnis, wie auch ein Kräfteverhältnis (nach dem Coulombschen Gesetz) bzw. ein quadratisches Ladungsabsorptionsverhältnis von

$$\frac{U_A}{Ue_o} = \frac{e^2}{e_o^2} = 2\,\alpha.$$

Verhältniszahlen von α ergeben sich auch – wie bekannt – im atomaren Bereich, u.a. für die Winkelgeschwindigkeit und für die Konstanten im Rydberg- bzw. Feinstrukturbereich. Bei letzteren ist die Beziehung mit $\alpha^2/2$ verknüpft.

Berechtigt wird auch die Sommerfeldsche Feinstrukturkonstante als elektromagnetische Kopplungskonstante α_{em} bezeichnet.

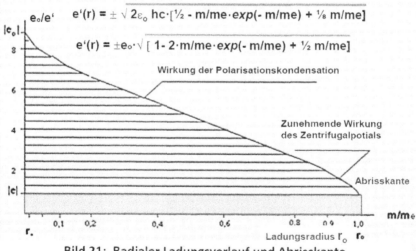

Bild 21: Radialer Ladungsverlauf und Abrisskante

So ergibt sich ein radialer Ladungsverlauf (Bild 21). Dieser resultiert aus dem Polarisations-Kondensations- und Zentrifugalpotenzial. Das ist der Großzahl von ($\approx 10^{20}$) von feinstofflichen Elementardipolen geschuldet.

Der Grund dafür ist das Kondensat-Cluster mit seiner Ausdehnung und abschirmenden Wirkung. Das ist im Bild 21 als radialer Verlauf mit einer Abrisskante (am eingefärbten Sockel) mit der bekannten "Elementarladung", die jedoch keine solche ist, dargestellt.

Unerkannt und unbekannt war bisher, dass die Sommerfeldsche Feinstruktur-konstante das Energiedefizit, resultierend aus der zu kleinen, bekannten Elementar-ladung, darstellt. Diese ist zu klein, bezogen auf die Größe, die sie haben müsste, um die Erhaltungssätze von Energie, Impuls und Drehimpuls zu erfüllen.

Was kann dafür ursächlich sein?

Die Gründe liegen in einer Ladungsabschirmung, d.h. einem inneren Ladungs-verbrauch. Dies wird im nachstehenden Abschnitt deutlicher.

Das ist offenbar auch die Ursache für die zahlreichen bekannten, eigenartigen Zusammenhänge der elektronischen und atomaren Konstanten in deren gegenseitiger Abhängigkeit. Dass die Sommerfeldsche Feinstrukturkonstante keine universelle Zahlenkonstante ist, zeigen zahlreiche Versuche zu deren Berechenbarkeit und Herleitung.

Diese waren jedoch nicht zielführend und erbrachten keine logischen und plausiblen Lösungen.[13] Das auch deshalb, weil dem Elektron keine innere Struktur zugebilligt wurde. Sie besteht, wie jedoch v.g. aus einer Großzahl ($\approx 10^{20}$) von feinstofflichen Elementardipolen.
Eine experimentelle Nachprüfung ist gegenwärtig kaum möglich. Dennoch verbleibt gemäß dem feinstofflich-polarisierten Elektronenmodell keine andere Alternative.

Dass ein reduzierter Clusterkörper, z.B. bei rekombinierten Elektronen im Atom, existiert, stützt auch diese Darstellung.

Die Verhältnisse im Atom sind auch in Kapitel 8.beschrieben.

Die energetischen α-Verhältnisse des Elektrons haben bis weit in den atomaren Bereich gravierende Auswirkungen.

Analog der Beziehung für die Kraft der potenziellen Energie und der Ladung des Elektrons, lassen sich als Verhältniszahl von α die Grundgrößen des Verhältnisses vom Elektron zum Atom für die Konstanten darstellen.

Nachstehend sind im Bild 22 die vielfältigen Beziehungen der Sommerfeldschen Feinstrukturkonstante α dargestellt:

Ist α allgegenwärtig auch im Atom?

Radien	$r_o/a_1 = \alpha$	a_1 = Bohrscher Radius
klass. Elektronenradius	$r_k/r_o = \alpha$	r_k = klass. El.-radius
Wellenlängen	$\lambda a/\lambda_c = \alpha$	$\lambda a = \lambda$ - H-Atom
Rotationsgeschwindigkt.	$v_H/c = \alpha$	v_H = Elektronengeschwin-
Ladung / nackte Ladung	$e^2/e_o^2 = \alpha$	digkeit im H-Atom
K.v. Klitzing-Konstante	$h/e^2 = 2\alpha$	$h/e_o^2 = 376.7\ \Omega = \sqrt{\varepsilon_o/\mu_o}$
Umlauffrequenzen	$v_c/v_a = \alpha^2$	v_a = H - Umlaufrequenz
Rydbergkonstante	$R_x \cdot hc/m_e c^2 = \alpha^2/_2$	$R_x \cdot hc = h \cdot v_H$ Energie im H −Grundzustand

Ohne α ist das Elektron in der Berechnung ein "Fremdkörper"

Die Schrödinger-Gleichung blendet die Elementarladung e und α aus

Bild 22: Zusammenstellung der vielfältigen α-Abhängigkeiten

Im Atom hat die Sommerfeldsche Feinstrukturkonstante eine zentrale Bedeutung, die sich bei zahlreichen atomaren Grundgrößen manifestiert. Primär ist sie jedoch das Resultat des Energiedefizits, bedingt durch die Ladungsabschirmung. Erst sekundär wirkt sie auch als die die Feinstruktur der Spektrallinien bestimmende Konstante.

Die bereits vielfach behandelte Thematik des H-Atoms kann man auch unter dem Aspekt der Energiebilanz eines abgeschlossenen energetischen Systems Elektron/Proton mit den oben genannten α-Abhängigkeiten stark vereinfacht behandeln (siehe Kapitel 7., d.h., es wird ein feststehender Kern angenommen und lediglich das Elektron im Atom betrachtet.)

Die Energiebilanz ist hierbei für den Rekombinations-Wechselwirkungsvorgang des Systems Elektron-Proton in den Grundzustand des H-Atoms mit der Energie von $E = h \cdot v_H$ anzusetzen. Wobei für r_a der Bohrsche Radius = $a_1 = r_o/\alpha = \lambda_c/\alpha$ mit den o.g. α-Abhängigkeiten beim potenziellen Energieanteil einzufügen ist.

Der kinetische Energieanteil (des Elektrons) ist ebenso mit $\frac{1}{2} \cdot m \cdot v^2/_2$, bei $v = c \cdot \alpha$ folglich mit = $\frac{1}{4} \cdot m_e \cdot (c\alpha)^2$ anzusetzen.

D.h., bei einem angenommenen feststehenden Kern wird nur das Elektron im Atom betrachtet. Damit gilt für den strahlungsfreien Gleichgewichtszustand im Atom der Virialsatz T = - ½ U. Dieser Sachverhalt war bereits von Bohr erkannt worden.[2]

Das Ergebnis resultiert aus dem Unterschied zur Wechselwirkung (Zerstrahlung) Elektron-Positron.

Demgegenüber bleiben beim betrachteten Fall, der Rekombination im Atom, die Wechselwirkungspartner prinzipiell erhalten, sodass kein elektrostatischer und magnetischer Energieanteil zu berücksichtigen ist.

Das ist im Anhang 5 dargestellt.

6.3. Beweis zur nackten Ladung

Der Beweis ist ausführlich im Anhang 9 dargestellt.

Die Größe der potentiellen Energie resultiert

aus der **nackten Ladung**

ist das 8,27756–fache der Elementarladung

Kann man das messen? Kaum (nur indirekt durch größere Ablenkwinkel im Beschleuniger der Elektronen –Konfrotationen)

Aber man kann es mittels des Quanten-Hall-Widertand beweisen:
(Für jenen hat Klaus v. Klitzing 1985 den Nobelpreis erhalten).

Er beträgt h/e^2 = 25812,8 Ω

Wenn man statt der Elementarladung die nackte Ladung e_o einsetzt, erhält man h/e_o^2 = **376,7** Ω den bekannten

Vakuum-Wellenwiderstand $Z = \sqrt{\mu_o/\varepsilon_o}$

- Ein Beweis für die elektromagnetische Symmetrie -

Bild 23: Symmetrie-Existenz der nackten Ladung

Wichtig ist, dass bei diesem Beweis (gemäß Bild 23), der aus dem Coulombschen Gesetz resultiert.

Die **2α** als elektrostatische (potentielle) Energie ist nur hälftig zu berücksichtigen.

Das ist eingangs (unter Kapitel 6.1.) bereits erwähnt.

Wenn man in die Klaus v. Klitzing-Konstante(Hallwiderstand) h/e^2 = 25812,76 Ω statt der bekannten Elementarladung die nackte Ladung einsetzt, erhält man den bekannten Feldwellen-Widerstand:

$$Z = 376,730313469585 \ \Omega].$$
========================

Es geht hierbei weniger um einen (Wellen-) Widerstand gemäß deren Dimension, sondern um den Symmetriequotienten $\sqrt{\mu_o/\varepsilon_o}$.

Primär besteht jedoch die im Wellenwiderstand grundsätzliche

Konstanten-Symmetriebeziehung.

Es ist ersichtlich, dass α primär das abgeschirmte Eigenenergiedefizit $E_e = \alpha \cdot m_e c^2$ $=1/137 \cdot m_e c^2$ des Elektrons darstellt. Das Ergebnis bestätigt im Nachhinein die Einstein-Plancksche Vermutung [5], dass $e^2 \sim h \cdot c$ entspricht.

Stattdessen ergab sich das "eigenartige" (charakteristische) Verhältnis von $\approx 1/137$: Die Vermutung der nackten Ladung ist deshalb nicht neu.

Eine Messung der nackten Ladung ist jedoch bislang nicht möglich. Sie kann aber rechnerisch ermittelt werden (Bild 24).

Die QED benutzt die "angezogenen" und "nackten" Teilchen im Zusammenhang mit dem Vakuumzustand durch Anwendung der Erzeugungs- und Vernichtungs-operatoren [5] der physikalischen Teilchen.

Damit wird anerkannt, dass die "nackten" Teilchen eine größere Ladung als die bekannte Elementarladung aufweisen. Dennoch sagt die QED dazu nichts aus. Sie wird – wie die Selbstenergie – leider nur mit unendlich ermittelt (Divergenz).

Dass es eine wesentlich größere (nackte) Ladung gegenüber der Elementarladung gibt, zeigen insbesondere die bei den Streuversuchen zutage tretenden erheblich größeren Coulombschen Abstoßungskräfte.

Symmetriebeweis für die nackte Ladung

Die elektromagnetische	Aus h/e_0^2: $\alpha \cdot m_e c^2 / 2 = m_e c^2 \cdot e^2 / (\varepsilon_0 \cdot h \cdot c)$
Symmetrie lässt sich an	$e_0^2 = e^2/(c \cdot \varepsilon_0 \cdot h) = $ (die nackte
Hand der Klaus v. Klitzing-	(Elektronenladung e_0^2, da $c = 1/\sqrt{\mu_0 \cdot \varepsilon_0}$)
Konstante $h/e^2 = 25812,8\ \Omega$	$e_0^2 = e^2/(h \cdot \sqrt{\varepsilon_0/\mu_0})$, d.h.
beweisen: $h/e_0^2 = 376,7\ldots\Omega$	Daraus $h/e_0^2 = \sqrt{\mu_0/\varepsilon_0} = Z$
Das ist der symmetrische	(bekanntlich ist $Z_0 = 376,730\ldots\Omega$ der
Feldwellenwiderstand	Feldwellenwiderstand = Symmetriebeweis)

Bild 24: Beweis für die Symmetrie-Existenz der nackten Ladung

D.h., es existiert eine (nackte) Ladung, die größer als die Elementarladung ist.

Das kann einfach bewiesen werden, wie im im Anhang 8 und Bild 24 dargestellt.

Das nach außen wirkende (Bindungs-) Energie-Defizit-Verhältnis oder auch die Energie-Defizit-Konstante (in Form der Sommerfeldschen Feinstrukturkonstante) ergibt sich hierbei beweiskräftig aus dem Coulombschen Gesetz (Bild 24).

Das vorhandene Energie-Manko und damit die folgerichtige und größere nackte Ladung sind bisher nicht als Ursache für zahlreiche unverständliche Erscheinungen rund um das Elektron erkannt worden.

Deshalb wurde die etwas ausführlichere, vielleicht auch umständliche, Darstellung gewählt, obwohl der Sachverhalt einfach ist.

Die Energiebeziehung ist für die potenzielle Energie aus dem Coulombschen Gesetz deshalb bezüglich der nackten Ladung durch $e_0{}^2 = e^2/2\alpha$ zu korrigieren.

Es ergibt damit den (hälftigen) potenziellen Selbstenergieanteil des Elektrons.
Das folgt aus den Symmetriequotienten der Konstanten $\sqrt{\mu_0/\varepsilon_0}$.

Die Dimension Feldwellenwiderstand $[\Omega]$ drückt nur die Symmetrie aus, wie oben erwähnt. Das sich ergebende Energiedefizit resultiert aus dem Polarisations-Kondensationspotenzial, dem Zentrifugalpotenzial und dem verbleibenden elektrostatischen Rest des rotierenden massiven Clusters.

Diese Potenziale wirken als Abschirmung oder besser als Ladungsverbrauch oder Ladungsabsorption infolge der Polarisationskondensation und der rotationsdynamischen Bindung.

6.4. Was stützt die nackte Ladung zusätzlich?

Bei den Verhältnissen im Atom ist – im Unterschied zur separaten Betrachtung des Elektrons – ersichtlich:

- Es sind festgestellte größere Elektron-Elektron-Konfrontations-Ablenkwinkel, wie sie z.B. im DESY[3)] festgestellt wurden, die größer sind, als mit den Kräften des Coulombsche Gesetzes vereinbar;

- Die Selbstenergie zeigt bereits, wie im vorherigen Kapitel dargelegt, dass eine größere nackte Ladung existieren muss, da sich aus deren anderen Summanden keine weitere Energiequelle ergibt;

- Unerkannt und unbekannt war bisher, dass die Sommerfeldsche Feinstrukturkonstante ein **Energiedefizit** – resultierend aus der zu kleinen bekannten Elementarladung – darstellt. Diese ist um das $\approx\sqrt{2/137}$ zu klein, bezogen auf die Größe, die sie haben müsste, um die Erhaltungssätze von Energie, Impuls und Drehimpuls zu erfüllen. Die Gründe liegen in der Ladungsabschirmung, d.h. einem inneren Ladungsverbrauch;

- Vor allem ist wesentlich, dass es keine Erklärung für das Perpetuum mobile des Atoms gibt. D.h., das Elektron wird immer wieder vom Proton (Atomkern) heraus beschleunigt (abgestoßen) und

- Die nackte Ladung kommt damit in den Bereich der starken Kernkraft. Das hat Konsequenzen besonders beim Atom, wie im übernächsten Kapitel deutlich wird.

Auf diese Problematik wird im Folgekapitel 8. "Auswirkungen auf das Atom und dessen Einfluss" eingegangen.

Denn die Sommerfeldsche Feinstrukturkonstante wirkt weit in den atomaren Bereich hinein, wie bereits aus der Zusammenstellung der α-Abhängigkeiten gemäß Bild 22 hervorgeht.

In der Vorausschau zum Kapitel 7.4. zu den Schlüsselbeziehungen zur Feinstofflichkeit hervorgehen wird, ist feinstofflich ebenfalls die gleiche α-Beziehung analog der Sommerfeldschen Feinstrukturkonstante herleitbar.

Das zeigt, dass diese Konstantenbeziehung nicht auf die atomaren Verhältnisse begrenzt sein muss. Sie ist damit – aus mehr als drei Konstanten zusammengesetzt – aber im Verbund dennoch eine wichtige Naturkonstante.

Kurz-Zusammenfassung Kapitel 6.

- Sommerfeldsche Feinstrukturkonstante α ist sowohl eine Abschirm-, eine Energiedefizit- als auch Kopplungskonstante. Die Entstehung von α ist der Wissenschaft z.Z. noch unerklärt. Ebenso ist deren Entstehungs-gleichung aus dem Coulombschen Gesetz bisher nicht bekannt.

- Das Elektron besitzt eine nackte Ladung. Deren unabgeschirmter (endlicher) Wert beträgt $e_0 = \sqrt{\varepsilon_0} \cdot h \cdot c = e/\sqrt{2\alpha}$, d.h. das $\approx 8{,}27756$-fache der bekannten "Elementarladung "e". Sie ist messtechnisch z.Z. nicht unmittelbar zugänglich.

- Das Cluster ist ein Kondensat und ist auch als Einstein-Bose-Kondensat zu interpretieren. Die Energie liefert die nackte Ladung. D.h. es können Elementardipole auf engem Raum kondensieren (aber nicht "freiwillig").

- Die Sommerfeldsche Feinstrukturkonstante α ergibt sich schlüssig aus dem Coulombschen Gesetz als Energie Defizitverhältnis.

- Der klassische Elektronenradius ist um $1/\alpha$ (≈ 137) zu klein, bezogen auf den Clusterkörper Radius $r_0 = \lambda_c$. Nach dem klassischen Elektronen-radius wäre die Elektronenenergie viel zu groß (≈ 70 eV).

- Es wurden die vielfältigen α-Beziehungen zusammengestellt, die auch weit in den atomaren Bereich hinein wirken.

- Die unkompensierte Oberflächenladung, die als "Elementarladung" gemessen wird resultiert aus der "Abrisskante" am Umfang. Ab dieser Stelle reicht die Kraft bzw. potenzielle Energie nicht mehr aus, um weitere Elementardipole zu binden (zu kondensieren).

- Der radiale Verlauf der Abschirmung bezieht sich auf die Summenanteile der Eigenenergie.

- Der Beweis für die nackte Ladung des Elektrons resultiert aus der elektromagnetischen Symmetrie. Die Klaus v. Klitzing-Konstante h/e^2 ergibt bei der Division von $2\alpha = e_0^2$ genau den (symmetrischen) Feld-Wellenwiderstand Z.

7. Rolle der kleinsten Dipole

7.1 Elementardipole und die Masseentstehung der elektromagnetischen Srahlung

Als Ganzes abgelöste (emittierte) Kondensat-Bestandteile – wie bereits ausgeführt – bewirken, dass sie quasi kondensiert-"zusammengebacken" untrennbar den Weltraum durchqueren. Sie werden ganzheitlich von Atomen absorbiert und kaum gestreut.
Wie kann man den Unterschied charakterisieren?

Bei Licht- und höherenergetischen Photonen sind die emittierten, kondensierten Elementardipole (der Quelle) die gleichen, die am Ziel (Absorption) ankommen. Bei niederenergetischer, nicht kondensierter Strahlung sind es nicht mehr die gleichen, sie wechseln und übertragen fortwallend. Im Übergangsgebiet trifft beides zu.

Die zunehmende Richtungsausbreitung ist ein weiteres Kriterium. Die niederfrequenten (Radiowellen) breiten sich kugelförmig im Raum aus. Je höherfrequenter, erfolgt die Ausbreitung mehr und mehr ellipsenförmig bis zu mehr geradlinig-strahlenförmig. Das ist bekannt. Kondensationsstrahlung (d.h. Licht bis γ-Quanten) bereitet sich ausschließlich strahlenförmig aus.

Wenn man berücksichtigt, dass der elektronische Clusterkörper (ohne wesentliche Translation "ruhend") aus $\approx 1{,}2 \cdot 10^{20}$ Elementardipolen kondensiert besteht, ist es verständlich, dass der Übergang weitgehend fließend erfolgt. Zudem nimmt das elektronische Cluster mit Beschleunigung (Immission) zu und bei Bremsung (Emission) ab. Dadurch verbreitert sich das Übergangsgebiet wesentlich. Das wird besonders bei der Synchrotron-Strahlung augenscheinlich. An den Umlenkmagneten und Undulatoren strahlen die magnetisch senkrecht-polarisierten, beschleunigten Elektronen tangential in einem kontinuierlichen Spektrum ohne jegliche Linien.
Der hochenergetische, d.h. schwerere Anteil (ultraviolett, Röntgenstrahlung), wird am wenigsten gebeugt und der niederenergetische (infrarote) am meisten abgelenkt. Das ist vergleichbar mit dem Lichtbrechungs-Kontinuum in einem Prisma.

Die Feinstofflichkeit des Äthers ist viel kleiner und feiner, als unsere bisherigen Vorstellungen über die Mikrowelt. Anderseits wird – wie selbstverständlich – mit h ($6{,}626 \cdot 10^{-34} \text{Ws}^2$) und der Planckschen Konstante $\hbar$ ($h/2\pi = 1{,}054 \cdot 10^{-34} \text{Ws}^2$) und sogar als halbzahliger Spin-Betrag $\hbar/2$ gerechnet, wobei letzterer nochmals mehr als eine halbe Zehnerpotenz kleiner ist. Aus den nunmehr bekannten Größen der nackten Ladung und des Clusterkörper-Radius lassen sich weitere Elementargrößen angeben.

Das sind zum Beispiel die elektrische Feldstärke E_e um den Clusterkörper und die Gesamtkapazität C_e über den Clusterkörper.

7.2. Plancksche Strahlungsgleichung – ein Bindeglied unterschiedlicher Physik

Es zeigt sich in den verschiedenen mathematischen Beschreibungen durch die Rayleigh-Jeanssche Gleichung einerseits und die Wiensche Gleichung anderseits, die nicht zusammenpassen. Beide "kittet" oder vereint in genialer Weise die Plancksche Strahlungsgleichung. Bei dessen Ableitung verschwindet die "hartnäckige" Konstante **h** nicht. Es ist die Geburt der "körnigen" Energie, worauf die gesamte Quantenphysik aufbaut. Hierdurch tritt

erstmalig die Welt der Feinstofflichkeit offen zutage.

Tauchen wir also ein in die Welt der Feinstofflichkeit,

auch wenn es damals noch nicht so gesehen wurde. Nicht nur das, durch die Elementardipole wird die **Frequenz-Kausalität** der gasamten elektromagnetischen Strahlung begründet.

Die richtige Wellen-Beschreibung durch die Rayleigh-Jeanssche Gleichung enthält **h** zwar nicht, was aber nicht heißt, dass es nicht vorhanden ist. Im höherenergetischen Bereich versagt die Rayleigh-Jeanssche Gleichung ("Ultraviolett-Katastrophe"). Hier gilt die Gleichung von Wilhelm Wien (Bild 25), die nur den höherenergetischen Bereich realistisch wiedergibt, aber im infraroten Bereich versagt. Beides leistet leistet dann die Plancksche Strahlungsgleichung[2]:

Anlässlich seiner Nobelpreisverleihung 1919 erläuterte Max Planck in seinem Nobel-Vortag (wie im Cover):

"Das Scheitern aller Versuche, die Kluft zu überbrücken (zwischen den beiden Betrachtungsweisen der Rayleigh-Jeansschen und der Wienschen Gleichung, Anm. der Autoren), *ließ bald keinen Zweifel mehr übrig: Entweder war das Wirkungsquantum nur eine fiktive Größe und war die ganze Deduktion des Strahlengesetzes prinzipiell illusorisch und stellte nichts weiter als eine inhaltsleere Formelspielerei dar. Oder aber der Ableitung des Strahlungsgesetzes lag ein wirklich physikalischer Gedanke zugrunde. Dann musste das Wirkungsquantum in der Physik eine fundamentale Rolle spielen. Dann kündigte sich mit ihm etwas Neues, bis dahin Unerhörtes an..., das berufen schien..., seit der Infinitesimalrechnung durch Leibnitz und Newton bezüglich der Stetigkeit unser physikalisches Denken von Grund auf umzugestalten".*

Wie wahr und genau das ist es, was das umwälzend Revolutionäre und Neue in der Physik ausmacht.

Die Plancksche Strahlungsgleichung kurz dargestellt:

hierbei ist: $\rho \cdot d\nu$ = Energiedichte [Ws/m^3]

$$\rho \cdot d\nu = \frac{8\pi \cdot \nu^3}{c^2} \cdot \frac{1}{e^{h\nu/kT}-1}$$

ν = Frequenz [s^{-1}]

k = Boltzmannkonstante = $1,380658 \cdot 10^{-23}$[°K]

h = Plancksch Wirkungs.= $6,6260755 \cdot 10^{-34}$[Ws]

T = absolute Temperatur [°K]

(Wenn man beide Seiten der Gleichung mit "c"erweitert, erhält man die kleinste Elementardipol-Masse.)

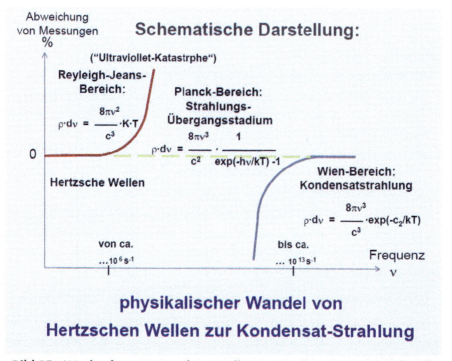

physikalischer Wandel von

Hertzschen Wellen zur Kondensat-Strahlung

Bild 25: Wechsel von Hertzschen Wellen in Kondensat-Strahlenphysik

Sie ist damit das Koppelglied zwischen dem kondensierten und dem nicht kondensierten Aggregatzustand des Äthers. Wenn der Zähler **h·ν** im Exponent klein gegenüber **k·T** des Nenners ist (niedrige Frequenzen gemäß Bild 25), ist das ein Indiz für einen

physikalischen Übergang in ein anderes physikalisches Wirkprinzip.

Angenähert gilt dann: $\quad e^{hv/kT} = 1 + h \cdot v/k \cdot T$.

In die Strahlungsgleichung eingefügt ergibt sich die Strahlungsgleichung von Rayleigh-Jeans für niederenergetische Strahlung: $\rho \cdot dv = 8\pi v^2 \cdot k \cdot T / c^3$.

Sie gilt damit als Grenzfall für die, nur außerhalb des elektronischen Cluster-Kondensats gültige, polarisierte fortwallende ("Feld"-)Strahlung. Im Planckschen Bereich ist es eine Mischstrahlung.

Der Grund dafür wird aus vorstehendem Bild 27 deutlich.

Diese Wirkprinzip-Änderung findet bis in den Infrarotbereich des elektromagnetischen Spektrums hinein statt. Der Wechsel erfolgt bei Frequenzen zwischen ca. $0,477 \cdot 10^8 \dots 10^{10} s^{-1}$ oder Wellenlängen, genauer vom 6,28 m bis $\approx$ 0,5 cm-Bereich.

Der Grenzbereich für Hertzsche Wellen lässt sich genauer durch die Feldkonstanten ε_0 und μ_0 angeben. Das ergibt sich aus der bekannten Resonanzgleichung (L und C, ohne m) $v_R = 1 \cdot m^{-1} / (2\pi \cdot \sqrt{\varepsilon_0 \cdot \mu_0})$.

Kurz zusammengefasst gilt (wie aus Bild 25 ersichtlich ist):

- Im Rayleigh-Jeansschen Bereich existiert elektromagnetische Fortpflanzungs-Strahlung gemäß den Hertzschen Wellen. Sie breiten die sich fortwallend kugelförmig aus;
- im Wienschen Bereich ist es hingegen reine Kondensations-Photonen-Strahlung,
- die sich lichtförmig, geradlinig ausbreiten und
- im Planckschen Übergangsbereich ist es eine Mischstrahlung aus beidem.

Der Übergang zu kleineren Wellenlängen (im Wienschen Bereich) ist, wie angedeutet, nicht scharf abrupt. Dank verbindender Planckscher Strahlungsgleichung erscheint es fließend, so dass bisher nie die Kontinuität des elektromagnetischen Spektrums in Zweifel gezogen wurde.

Der Übergangsbereich wurde deshalb nicht als physikalischer Wandel erkannt.

Lichtphotonen — wie auch alle höherenergetischen Photonen wie Röntgenstrahlen bis γ-Quanten im Wienschen Bereich – sind Kondensat-Photonen-Strahlungen, kurz als **Kondensat-Strahlung** bezeichnet.

Hier ist anzumerken, dass es nicht immer – was richtig mathematisch beschreibbar ist – auch vollständig verstanden wurde. Beispiele gibt es hierfür zahlreiche.

Unstreitig ist hingegen, dass bei richtigen mathematischen Ansätzen fruchtbare, weiterführende Aus- und Vorhersagen möglich sind. Natürlich sollte man dabei voraussehbare Gültigkeitsgrenzen beachten.

Die Feldstärke E_e ergibt sich nach der klassischen Elektrostatik für eine Punktladung. Bei der nackten Ladung e_0 im Radius r_0 und den bisherigen Darlegungen – unter der Voraussetzung der Gültigkeit des Coulombschen Gesetzes bis in die kleinsten Strukturen – erhält man an der Clusteroberfläche eine elektrostatische Feldstärke von $\Sigma \approx 10^{10}$ [V/m]. Das entspricht jedoch nicht der Realität, deshalb das Summenzeichen. Es ist eine überaus zu große elektrische Feldstärke.

Sie ist dennoch um beinahe vier 10er-Potenzen geringer, als die zu spontanen Paarbildungen notwendige Feldstärke (siehe dazu Begründung im Anhang 10).
Eine größere elektrostatische Feldstärke ist folglich an und mit Elektronen selbst nicht erreichbar. Das ist die theoretische Grenzfeldstärke für freie elektromagnetische Felder. Eine größere Feldstärke führt zwangsläufig zur Polarisations-Kondensation am freien Ladungsträger und kommt so in der Natur nicht vor.
Selbst diese Feldstärke – unterhalb der Polarisationsfeldstärke – ist technisch in keiner Weise realisierbar. Unabhängig von jeglicher Feldanordnung im Vakuum kommt es zum Spannungsdurchbruch. Auch eine UV-Strahlungsabschirmung würde die Feldemission der Raumladung in diesem Fall nicht verhindern.

7.3. Ablösearbeit vom feinstofflichen elektronischen Cluster im Bezug zu Alpha

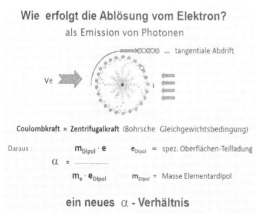

Wie erfolgt die Ablösung vom Elektron?
als Emission von Photonen

... tangentiale Abdrift

Coulombkraft = Zentrifugalkraft (Bohrsche Gleichgewichtsbedingung)

Daraus:
$$\alpha = \frac{m_{Dipol} \cdot e}{m_e \cdot e_{Dipol}}$$

e_{Dipol} = spez. Oberflächen-Teilladung
m_{Dipol} = Masse Elementardipol

ein neues α - Verhältnis

Bild 26: Ablösevorgang vom Kondensat-Cluster (schematisch)

Die unter Kapitel 5.2 vorausgesetzte Abrisskante begrenzt den Clusterkörper.
Diese Abrisskante bedingt die unkompensierte Restenergie, die als "Elementarladung" (Kondensatkonstante) gemessen wird.
Wie können sich die Elementardipole vom Clusterkörper lösen (gem. Bild 26)?
Die Bindungsenergie W_B am elektronischen Clusterkörper ist hierbei immer gleich der Ablösearbeit A_A der Elementardipole bzw. eines Elementardipol-Kondensats (Photon) Δm vom Clusterkörper. Die Ablösung erscheint als kein integraler (Newtonscher) Vorgang $\Delta m \cdot v \cdot dv = \Delta m \cdot v^2/2$, sondern als Abreißen einer Kondensat-Teilmasse vom elektronischen Cluster. Deshalb entsteht keine Geschwindigkeits-

halbierung. Die Ablösegeschwindigkeit c resultiert aus der elektronischen Bindekraft am Cluster (Bild 26).

Die unglaublich große Anzahl der Elementardipole im Grenzbereich der Rotationsgeschwindigkeit mit c ergibt einen Übergangsbereich, der in der Planckschen Strahlungsgleichung erfolgreich beschrieben wird.

Es ist der Paradigmenwechsel, wie im vorstehenden Bild 25 ersichtlich ist.

Dieser Vorgang ist nur durch eine Störung des Gleichgewichts möglich, resultierend aus der (negativen) Beschleunigung bzw. aufgezwungenen Richtungsänderung) des Elektrons. Daraus folgt ein Masseabwurf in Form abgelöster Elementardipole mit der Energie $(n_x) \cdot m_8 \cdot c^2$ bzw. $h \cdot v_x$.

Die spezifische Ablösegeschwindigkeit eines bzw. mehrerer Elementardipole beträgt dabei immer = c.

Diese Betrachtung zeigt, dass die Elementardipol-Masse-spezifische Lichtgeschwindigkeit c unabhängig von der Größe des Photons vom abgelösten Cluster (als weiches Thermoquant oder energiereiches Röntgen-Quant) immer entsteht.

Eine (negative) Beschleunigung des Elektrons hat die Ablösung von $n_x \cdot m_{Dipol}$ zur Folge. Es verbleibt auf beiden Seiten eine lineare Impulsbeziehung. D.h., es ist gleichgültig, ob eine (negative) Beschleunigung oder ein Stoßvorgang zur Ablösung vorliegt. Diese Interpretation entspricht der Modellvorstellung des mechanischen Vielfachpendels bei den Wechselwirkungsvorgängen. Es kann ein Wechselwirkungsakt erfolgen, und zwar auch ohne sichtliche Wechselwirkung. Dabei ist er ohne oder mit geringer Richtungsänderung des Projektils verbunden (siehe auch Kapitel 9.3., Bild 31).

Der elektronische Clusterkörper ist größer, als man dem Elektron bisher zugestanden hat. Bei geringen Beschleunigungs- oder Verzögerungsenergien muss nichts wahrnehmbar gestreut werden. Es ist naheliegend, den Ablösevorgang der Massequanten m_v vom elektronischen Kondensat in Anlehnung an die Bohrsche Theorie zu behandeln. Analog dem Bohrschen Postulat (Quantelung der Umlaufbahnen)bzw. der Gleichgewichtsbedingung auf der *n*-ten Bahn (*n* ≠ n als Anzahl der Elementardipole). Das kann aber nur gelten, wenn m_{Dipol} tatsächlich eine Masse ist. Beim Bohrschen Ansatz hat das Elektron unstreitig eine Masse. Dann ist analog dem Coulombschen Gesetz die Kraft, die auf einen an der Peripherie bzw. am Umfang des Clusters platzierten Elementardipol wirkt. Diese ist natürlich nicht von der gesamten "Elementarladung" e des Elektrons abhängig.

Wenn die "Elementarladung" **e** gleichförmig und unverrückbar auf der Oberfläche verteilt ist, muss es (isolierte) Teilladungen für den Elemenrardipol **e**$_{Dipol}$ geben. Das Kräftegleichgewicht ergibt sich auch hier analog der Bohrscher Gleichgewichtsbedingung und gemäß dem Coulombschen Gesetz (siehe auch Anhang 10):

$$e \cdot e_{Dipol} / (4\pi \cdot \varepsilon_o \cdot r_o{}^2) = m_{Dipol} \cdot r_o \cdot \omega_c{}^2$$

So begründet die Geringfügigkeit der Dipolmasse m$_{Dipol}$ =h/c^2 bzw.
die Kleinheit von h die Größe von c.

Interessant ist hier die sich stringent ergebende neue α-Abhängigkeit, ein weiteres Beispiel als Brücke zur realen, ubiquitären Feinstofflichkeit. (nachstehendes Bild 27).

$$\alpha = \frac{m_{Dipol} \cdot e}{m_e \cdot e_{dipol}}$$

Daraus gleichgesetzt über die bekannte α-Beziehung ergibt das Verhältnis von

m$_{Dipol}$/e$_{Dipol}$ als zusätliche Konstanten-Kombination

Dieser Nachweis lässt den eindeutigen Schluss zu:

$$e^2 / 2 \cdot \varepsilon_o \cdot h \cdot c^3 = m_{Dipol} / e_{Dipol}$$

- α ist richtig als Kopplungskonstante zu bezeichnen. Aber es ist gleichwohl eine Abschirmungs- bzw. Energiedefizitkonstante.

- Die Elementardipole sind real, massiv und lokal bipolar, obgleich sie einzeln nicht vollständig ladungskompensiert sind.

- Diese zusammengesetzte Naturkonstante α – resultierend aus der Wechselwirkung der nackten Ladung mit der Feinstofflichkeit – ergibt sich sowohl in ihrer Abschirm- als auch in der Kondensatfunktion. Sie reicht bis weit in den atomaren Bereich mit ihren vielfältigen Abhängigkeiten hinein. Das ist jedoch nur möglich, indem die feinstofflichen Beziehungen wie spezifische Einzelladungen an den freien (unkompensierten) Enden am Clusterkörperrand, deren geringe Feldstärke, die Masse der Elementardipole und deren Kopplungsenergie ins Verhältnis gesetzt werden. Diese Schlüsselbeziehungen sind im nachstehenden Bild 27 zusammengefasst dargestellt.

Diese Feststellung ergibt nur dann einen Sinn, wenn gemäß dem Modell eine (fadenförmige) Verzweigungsstruktur existiert. An deren – zentrifugal abgerissenen Enden – sich nicht vollständig kompensierte Teilladungen befinden. Deren Bindung ist jedoch sehr schwach, wie aus nachstehenden Bild 27 erkennbar ist.

Die Ablösebedingung entspricht wiederum der kleinsten Energie gemäß **h**. Damit wird ebenso die v.g. Beziehung bewiesen. Das ist als Ladungsdurchgriff der kausalen, nackten Ladung zu bezeichnen. Die Gesamtheit der Teilladungen bildet die "Elementarladung" als Oberflächenladung. Wesentlich gestützt wird die Betrachtung durch das Bohrsche Magneton. Nur wenn eine (unverrückbar) festsitzende rotierende Oberflächenladung im elektronischen Clusterradius existiert, ist ein Oberflächenladungsstrom möglich. Wie anders soll das ohne isolierende Zwischenräume funktionieren?

7.4. Schlüsselbeziehungen zur Feinstofflichkeit

Spezifische Ladung, Feldstärke und Kopplungsenergie der kondensierten (unverschiebbaren) Elementardipole am Clusterkörperrand:

Dafür wurde die Beziehung $\quad \alpha = \dfrac{m_{Dipol} \cdot e}{m_e \cdot e_{Dipol}} \quad$ abgeleitet.

1. unkompensierte Dipolladung e_{Dipol} :

$e_{Dipol} = e/(\alpha \cdot n_c)$, $\qquad$ denn $n_c =$ Compton-Wellenzahl, da $m_{Dipol} / m_e = 1/n_c$ ist.

$\qquad = 1{,}776757 \cdot 10^{-37}$ [As]

2. Feldstärke E_A zur Elementardipolkondensation am elektronischen Clusterkörper

$E_A = e_{Dipol} /(4\pi\varepsilon_0 \cdot r_o^2)$, $\qquad$ denn $r_o = \lambda_C = h/2\pi m_e c$

$\qquad = 1{,}071524419 \cdot 10^{-2}$ [V/m]

3. Ablöse-/Ankopplungs-Energie W_A eines Elementardipols:

$W_A = e \cdot e_{Dipol} / e \cdot (2 \cdot \varepsilon_0 \cdot h \cdot c) = h/s$

$\qquad = 6{,}6260755 \cdot 10^{-34}$ [Ws²]

4. Ablöse-/Ankopplungs-korpuskulare Masse gem. Bohrschen Gleichgewicht:

$F_A = e \cdot e_{Dipol} / (4\pi \cdot \varepsilon_0 \cdot r_o^2) = m_{Dipol} \cdot r_o \cdot \omega_c^2$, $\quad$ denn $r_o \cdot \omega_c^2 = h/(2\pi \cdot m \cdot c) \cdot (2\pi \cdot m \cdot c^2)^2 / m_{Dipol} / r_o$

$h/c^2 s = 7{,}3718212 \cdot 10^{-51}$ [kg] $\qquad\qquad$ $W_A = 2\pi \cdot m \cdot c^3 / h$

Bild 27: Feinstoffliche Erweiterung der Sommerfeldschen Feinstrukturkonstanten

Die Kernaussage des Bildes 27 hierzu ist ebenso die Alpha-Abhängigkeit, die sich in der feinstofflichen Welt gleichfalls stringent ergibt. Alpha ist folglich eine auch im feinstofflichen Bereich universelle Naturkonstante.

Diese Betrachtung stellt einen weiteren Nachweisbaustein zum physikalischen Realitätsgehalt des Cluster-Kondensatkörpers und dessen konkrete Abrissgrenze dar. Die Natur des Elektrons hat folglich viel kleinere und feinere Dimensionen und Strukturen, als bisher angenommen.

Durch die v.g. Gleichsetzung der Feinstofflichkeit mit der bekannten Sommerfeld-schen α-Beziehung erhält man neben den bereits nachgewiesenen zusätlichen λ_c bzw. λ_c-Konstanten ebenso die feinstofflichen Konstanten m_{Dipol} und e_{Dipol}. Damit erhöht sich die unmittelbar zusammenhägende Konstantenzahl auf Sieben.

Daraus ist auch ersichtlich, dass die äußeren Elementardipole des Kondensat-Clusters äußerst schwach gebunden sind (gem. den Resultaten Bild 27). So ist auch die Plancksche Strahlungsgleichung mit der Beschreibung deren "Kluft" für den

sanften Übergang in ein anderes physikalisches Wirkpinzip erklärlich.

7.5. Die Elementardipole und die Masseentstehung des Elektrons

Die vorgeschlagene Cluster-Modellvorstellung und die bisherigen Nachweise sind nur mit der Interpretation von massiven, d.h. ponderablen bipolaren Elementar-dipolen verträglich.

Damit sind die unterschiedlichen Quanten bezüglich ihrer Energie und Masse als Quantencluster aus Elementardipolen zusammengesetzt.

Denn ein Dipol ist bekanntlich,

- **nach außen elektrisch neutral,**
- **im homogenen elektrostatischen Feld wirkt auf ihn ein Drehmoment und**
- **im inhomogenen elektrischen Feld zieht es ihn in den Bereich höherer Feldstärke hinein.**

Das trifft alles auf den postulierten Elementardipol zu. Gem. Planckscher Gleichung lautet die Energiedarstellung für beliebige Strahlungsquanten:

Der "Atomismus der Wirkung", das Plancksche Wirkungsquantum h, ist eine Energie mal Zeiteinheit [s], um den Frequenzbezug zu erhalten. Es sollte auch hier die Energie-Masse-Äquivalenz gelten, notwendigerweise immer dividiert durch die Definitionszeit $\tau = 1s$, d.h. multipliziert mit der Frequenz [s^{-1}].

Diese Energiedarstellung gilt korrekt nur für die Strahlung, d.h. für das Photon als Elementardipolcluster und nicht für das Elektron mit seinem Clusterkörper.

Den Einzel-Elementardipol (das Indizessymbol „Dipol" bezeichnet den Dipolcharakter) charakterisiert konsequent,

$$\text{neben seiner Energie} \quad E_{Dipol} = h/_{sek,}$$

$$\text{einen Impuls} \quad p_{Dipol} = h/_{(c \cdot sek),}$$

$$\text{und eine Masse} \quad m_{Dipol} = h/_{(c^2 \cdot sek)}.$$

Wenn man die Abhängigkeiten so zuordnet, dann gelten die Erhaltungssätze von Energie, Impuls und Drehimpuls bis in die kleinsten Dimensionen. Die Masse bleibt hierbei uneingeschränkt erhalten.

Ebenso genügt dies zu einem Erhalt der Gesamtmasse der Wechselwirkungspartner.

Einfacher – ohne die störende Sekunde im Nenner – können wir gemäß den v.g. Definitionen analog zum Planckschen Wirkungsquantum den Sachverhalt des Elementardipols als Energie-, Impuls- oder Masseportion ausdrücken, indem neben seiner

$$\text{Energieportion} \quad E_{Dipol} = h,$$
$$\text{einen Impuls} \quad p_{Dipol} = h/c$$
$$\text{und eine Masse} \quad m_{Dipol} = h/c^2 \qquad \text{zuordnen.}$$

So entspricht diese kleinste Energieportion, d.h. dem Wirkungsquantum h des Elementardipols, gleichwohl einer kleinen korpuskularen Masseportion bzw. einem Massequantum m_v mit einer Frequenz von $1[s^{-1}]$ per Definition. Die ponderable Masse des Elementardipols m_{Dipol} ist somit die sehr kleine Einheit, adäquat dem Planckschen Wirkungsquantum h von m_{Dipol} ist nicht = 0, sonst wäre die Geschwindigkeit des Elementardipols nicht = c, sondern = ∞ (siehe auch Kapitel 8):

$$m_{Dipol} = 1\,h/(c^2 \cdot sek) = 1\,h \cdot \mu_0 \cdot \varepsilon_0 \cdot sek^{-1} = 4,1356692 \cdot 10^{-15} eV = 7,3725556 \cdot 10^{-51} kg$$

Es wird hierzu vorgeschlagen, gemäß den vorgenannten Beziehungen die kleinste Energie-Äquivalent-Masse-Einheit (EME) zugrunde zu legen:

$$1\,EmE = 4,1356692 \cdot 10^{-15} eV = 7,3725556 \cdot 10^{-51}\,kg$$

Die Geringfügigkeit der Masse eines einzelnen Elementardipols - (in Anbetracht der gegenwärtig noch strittigen Frage, ob das Neutrino eine Ruhemasse hat oder nicht, letzteres sogar in der Größenordnung von $\approx 3...4$ eV/c^2) ist eine wesentliche Konsequenz des widerspruchsfreien Elektrons.

Der Elementardipol ist damit das absolut korpuskular Kleinste, was in unserer bekannten Welt bisher in Betracht genommen wurde. Im Prinzip gilt alles, was zur unvorstellbaren Kleinheit des Elementardipols gesagt wurde, für das Plancksche Wirkungsquantum aufgrund der Energie-Masse-Äquivalenz gleichermaßen.

Das Ganze könnte man als übertriebene Spielerei abtun, wenn nicht das Problem des (leichter werdenden Ur-Kg in Paris) gewesen wäre.

So hat 2018 die PHYSIKALISCHE BUNDESANSTALT Braunschweig (PTB) diesen Sachverhalt als bestätigten Vorschlag bei der internationalen Vereinigung für Maße und Gewichte eingebracht.[23] Das, wohlgemerkt, nachdem wir ihnen 2009 den Sonderdruck "Das WIDERSPRUCHSFREIE ELEKTRON" (Vorgänger des Buches "DAS ENTZAUBERTE ELEKTRON") zugesandt hatten.

Dieser Sachverhalt wird plausibler, wenn man ein mittleres Lichtphoton der Frequenz v_L betrachtet, das bereits bei einer Energie $h \cdot v_L \approx h \cdot 5 \cdot 10^{-14}$ Ws, das $5 \cdot 10^{14}$-fache der Masse eines Elementardipols besitzt.

Das heißt konsequent, ein mittleres Lichtphoton hat demnach eine Masse von:

$$(n_L) \cdot h \ s^{-1}/c^2 = n_L \cdot m_{Dipol} = 2{,}06778 \ eV/c^2 = 3{,}6863 \cdot 10^{-36} \ kg$$

Nach dieser Überlegung kann man folgern, dass das Elektron aus einer unvorstellbar großen Anzahl von

$$n_C = m_e \cdot c^2 \cdot sek/h = 1{,}2355881 \cdot 10^{20} \text{(ganze)} + \tfrac{1}{2}$$
$$\text{Cluster-Dipole} + 1 \ \text{Ladungsmonopol}$$

Elementardipolen besteht.

Das ergibt korrekt dann in der gleichen Weise die bekannte Masse des Elektrons:

$$m_e = n_C \cdot m_{Dipol} = 1{,}2355881 \cdot 10^{20} \cdot 7{,}3725556 \cdot 10^{-51} \ kg$$

$$= 9{,}1093897 \cdot 10^{-31} \ kg$$

Damit kann die Masseentstehung des Elektrons als geklärt betrachtet werden. Sie ist sowohl Selbstmasse als auch kondensierte Masse.

Hierzu ist jedoch eine erklärende Einschränkung notwendig:
Die Energie-Masse-Äquivalenz gilt zunächst nicht für das äußere Feld des freien Ladungsträgers (als strahlungsloser Anteil, wie bereits zuvor bemerkt).

Die Feldenergie als nicht kondensierter oder nicht mehr kondensierbarer Anteil an der Eigenenergie kann nicht dem elektronischen Clusterkörper zugerechnet werden.

Dadurch gilt zwar – wie bekannt – die bereits etablierte Masse-Dimension [eV/c²] im Fall der Energie-Masse-Äquivalenz des Elektrons, aber die korrekte Energieumwandlung betrifft nur den kondensierten Strahlungsanteil. Die Masse-Äquivalenz enthält den Feldanteil nicht. (Dadurch ist der Feldanteil nicht verloren. Er wird für over-unity-Prozesse benötigt.)

$$E = m_e \cdot c^2 \geq h \cdot v_C = e \cdot V_e = \text{Selbstenergie} \approx 511 \ keV$$

Man erhält die gleiche bekannte, korrekte Massedimension mit dem Frequenz- und Elementardipolbezug als Anzahl-Äquivalentder Einzelmassen m_e = $n_c \cdot m_{Dipol}$ oder als Materie-Wellen-Äquivalent m_e = $h \cdot v_c$ /c^2, die ausschließlich dem **reinen Kondensatkörper** entspicht.

$$m_e = e \cdot V_e/c^2 = 510{,}999 \text{ kV} \cdot 1{,}602177 \cdot 10^{-19} \text{Ws}/c^2 = 9{,}1093897 \cdot 10^{-31} m_e/c^2$$

Dies zeigt dennoch die universelle Gültigkeit der Frequenz-Energie-Masse-Beziehung, abhängig von deren Status oder deren Herkunft (wie bereits im Eingangskapitel erörtert).

Man muss sich in diesem Zusammenhang – bezogen auf Alltagserfahrungen – die unvorstellbar große Kraft bzw. Stärke der nackten Ladung bzw. der Selbstenergie des Elektrons von ≈ 511000 eV vergegenwärtigen.

Diese Energie wird von der Kernenergie natürlich noch übertroffen.

Die für jegliche chemische Explosionen verantwortliche Bindeenergie der atomaren Valenz-Elektronen beträgt im Vergleich zur Selbstenergie des Elektrons nur etwa ≈ 1/100 000.

Die chemische Bindeenergie hat damit eine Größenordnung von ≈ niedrigen zweistelligen eV gegenüber ≈ 1 MeV bei der e^+-e^--Reaktion, die eine Explosion quasi "im Nichts" (im Vakuum) auslöst.[19]

Ein einziges Elektronenvolt (1eV) entspricht, wie bereits im Kapitel 5.1 erläutert, einer Energie von nur der Größe von ≈ $1{,}6 \cdot 10^{-12}$ Ws. Übertragen auf der v.g Temperatur ≈ 11 600 °K entspricht die Energie der e^+-e^--Reaktion einer Temperatur von ≈ $1{,}1855 \cdot 10^{10}$ °K. (Das sind Temperaturen im Bereich der Kernfusion.)

Durch diese große Energie und damit der Kraftwirkung der nackten Ladung entsteht die übergroße Anzahl der polar, um den elektronischen Monopol kondensierten Elementardipole mit ihrer kleinen Einzelmasse. D.h., je stärker die Zentralkraft ist, umso weitreichender ist ihre (ordnende) Wirkung.

Auf der anderen Seite bildet die Feinstofflich als neutralisierte (ladungs) kompensierte) Zusammenlagerung von Oligopolen den Äther. Da die Oligopol-Konstrukte äußerst schwach miteinander verbunden sind genügt nur ein kleiner Energie-Impuls, um sie fortwallend umzuorientieren. Das ist die Grundlage der elektromagnetischen (Hertzschen) Wellen (si auch Kap. 9.1. und 9.3.).

Kurz-Zusammenfassung Kapitel 7.

- Der Elementardipol ist das kleinste und leichteste korpuskulare Teilchen, das je in Betracht genommen wurde.

- Die Gültigkeit des Coulombschen Gesetzes als makroskopisches Gesetz ist bis in die kleinsten Dimensionen auch innerhalb des Clusterkörpers uneingeschränkt gültig.

- Die Masseentstehung des Elektrons bestimmt sich direkt über deren Anzahl der Elementardipole. Der elektronische Clusterkörper besteht aus $\approx 1{,}2 \cdot 10^{20}$ Elementardipolen – eine wahrhaft kosmische Größenordnung.

- Die Bindungsfeldstärke der äußeren Elementardipole ist gering. Sie beträgt $1{,}7717244 \cdot 10^{-2}$ V/m. Dies reicht gerade aus, um die äußeren Elementardipole bei der Rotations-Umfangsgeschwindigkeit von c mit deren Einzelmasse von $7{,}3725556 \cdot 10^{-51}$ kg zu binden.

- Das kennzeichnet den breiten Übergangsbereich, der Planckschen Strahlungsgleichung. Es stellt somit einen sanften Paradigmenwechsel in der Strahlungsphysik dar. Das elektromagnetische Spektrum ist deshalb kein Kontinuum.

- Bekanntlich ist ein Dipol nach außen elektrisch neutral, im homogenen elektrostatischen Feld wirkt auf ihn ein Drehmoment und im inhomogenen elektrischen Feld zieht es ihn in den Bereich höherer Feldstärke hinein.

- Beim Ablösevorgang werden, in Abhängigkeit der zugeführten Energie, eine Vielzahl von kondensierten Elementardipolen gleichzeitig als Photon abgelöst.

- Die Ablösung vom Kondensatcluster ist stets = c. Kausal begründet damit die Kleinheit von h die Größe von c. Die Kondensate bleiben Mrd. Jahre erhalten und werden kaum gestreut und nur ganzheitlich absorbiert.

- Die feinstoffliche Erweiterung der Sommerfeldschen Feinstruktur-konstanten ergibt sich als

$$\alpha = m_{Dipol} \cdot e / (m_e \cdot e_{dipol}) \text{ neues } \alpha\text{-Verhältnis}$$

8. Auswirkungen auf das Atom und dessen Einfluss

8.1. Ungeklärte Verhältnisse des Atoms

Es sollen nunmehr – im Vergleich dazu – die Verhältnisse des Elektrons im Atom, insbesondere den Hantelorbitalen, betrachtet werden. Bei den Hantelorbitalen ist eine Querung des Atomkerns unvermeidlich und augenscheinlich (Bild 28).

Wie erklären sich die vielfachen Ungereimtheiten und Widersprüche zur stabilen Existenz des Atoms sowie die Durchquerung des Atomkerns?

Dass der Kerndurchgang bei Atomen mit mehreren Protonen und Neutronen zwischen jenen erfolgt, wäre verständlich.

Einzig im Grundzustand des H-Atoms, dem s-Orbital ist kein

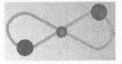

Was stützt die nackte Ladung?

- **Energiedifferenz im orbitalen Kerndurchgang**
  (als Ungleichung, da hin- und her Massen beschleunigt werden)
- Die **Selbstenergie** gem. Energiesatz mit kausaler Ladung
- Die **elektromagnetische Symmetrie** gem. **Wellenwiderstand**
- Die **Sommerfeldsche** (Feinstruktur-) Abschirmungskonstante α

Die Kerndurchgangs-Hantelorbitale lassen kaum eine andere Deutung zu

Bild 28: Kerndurchgang im Hantelorbital

gerader Stoß-Durchgang denkbar, der eine ständige Rückstoß-Ablenkung als letztendlich scheinbares **kugelförmiges 1s-Orbital ermöglicht** (Bohr-Sommerfeldsches Atommodell).

Hingegen ist die Tatsache, dass auch beim einfachsten H-Atom das Elektron zwingend nur das Proton im Hantelorbital durchqueren muss. Hier muss das Elektron bzw. Myon das Proton durchqueren.

Eine andere Erklärung ist kaum vorstellbar.

Dass das Proton auch einen, jedoch kleineren Clusterkörper besitzt, ergibt sich aus dessen geringerer Synchrotronstrahlung an den Beschleuniger-Ablenkmagneten.[4]

Die positive Ladung ist im Proton anderweitig gebunden (Quarkbindung). Gegenüber der großen, nackten Elektronenladung hat auch das Proton eine unabgeschirmte Ladung, die jedoch geringer bzw kleiner ist. Die gemessene "Elementarladung" von Elektron und Proton ist jedoch gleich, was auf die v.g. feinstoffliche Kondensat-Erweiterung (Bild 27) hinweist.

Neuere Messungen zum Protonenradius lassen vermuten, dass dessen geringeres Kondensat-Cluster nicht mit erfasst wird (siehe unten). Die Wechselwirkung des Elektrons im Atom sollte neu zu durchdenken sein.

Die Aufrechterhaltung der permanenten Ladungspolarität im Oszillationsprozess des Atoms ist die Kernfrage.

Was bewirkt die Beibehaltung der Ladungsdifferenz im Moment des Durchganges des Elektrons durch den Kern bzw. durch das Proton selbst und warum erfolgt keine dauerhafte Vereinigung?

Muss die Ladungsdifferenz im Kern- bzw. beim Protondurchgang dann nicht wesentlich <u>größer</u>! und nicht geringer[6] sein als vor dem Durchgang?

Eine Reihe von Fragen. Ein Hantelorbital entsteht bereits beim Wasserstoffatom. Ursache ist der Rekombinationsenergie-Überschuss gegenüber dem Grundzustand der geringsten Energie. Das 1s-Orbital stellt sich erst danach ein.

Alle anderen Zustände höherer Energie wechseln in andere Orbitale. Das erfolgt primär bei Energiezufuhr immer über ein 2p-Orbital, was bei weiterer Energiezufuhr zunehmend feinere Aufspaltungen zulässt (3p- und zurück zu 2s- und weitere Orbitale etc.).

Obwohl Niels Bohr die Orbitale und die Proton-Querung damals noch nicht kannte, bewegte ihn die Frage nach dem Funktionieren des Atoms, die er sich und sicherlich viele nach ihm auch gestellt haben dürften.

Zutreffend zum (unklaren) Sachverhalt könnte mutmaßliches ein Gespräch zwischen Physikern und Niels Bohr nach Vorstellung seines neuen Atommodells[4] verlaufen sein:

"Erlauben Sie, wie kann man einem Elektron verbieten, einfach in den Kern hineinzustürzen und sich mit diesem zu vereinigen? Werden diese Kräfte nicht durch die Maxwellschen Gleichungen beschrieben?"

"Ja", antwortete Bohr.

"Masse m_e und Ladung e des Elektrons sind doch aus vielfältigen Messungen bestimmt?"

"Ja."

"Muss die Bewegung des Elektrons im Atom nicht ebenso den Maxwellschen Gleichungen genügen?"

"Nein."

"Sie werden zugeben, dass dies selbst einen sehr ruhigen Menschen aufbringen muss."

"Was wollen Sie, das Atom ist doch stabil!", erwiderte Bohr...

Die Stabilität des Atoms, das **Warum** und das **Wie** des "Funktionierens", stehen jedoch bis heute aus. Weder das Bohrsche Atommodell, das spätere Bohr-Sommerfeldsche Modell, das Wellenmodell (String-Modell) noch die Orbitalmodelle geben auch nur ansatzweise eine Antwort zu dessen "Funktionieren". Und was bewirkt das nachgewiesene Elementardipol-Modell der dipolaren Feinstofflichkeit hierbei?

Das Modell zeigt, dass nur die Ladungsdifferenz der (nackten) Elektronen- und Protonenladung als Antrieb des wieder Heraus-Beschleunigens nach dem Kerndurchgang ursächlich ist, da das Elektron nicht festgehalten werden kann. Das Elektron wird – infolge starken elektrostatischen Differenzkräfte – bereits nach dem Eintritt in den Kern wieder abgestoßen (s.u.).

Nach einer Rekombination erfolgt ein zusätzlicher Rekombinationsimpuls mit gegenüber dem Grundzustand etwas höherer Energie. Dadurch entsteht das höherenergetische Hantelorbital. Erst danach fällt es in den niedrigern energetischen Grundzustand des 1s-Orbitals zurück. Dadurch erfolgen keine direkten Kernquerungen mehr, sondern mehr abgelenkte Abstoßungen. Die Folge ist das kreis- bzw. kugelförmige 1s-Orbital im Sinne einer zeitlichen Dehnung.

Zurück zum Kerndurchgang: Nach der Vereinigung der Clusterkörper im Kerndurchgang nimmt das heraus beschleunigte Elektron dann seinen größeren anteiligen Clusterkörper wieder mit. Es entfernt sich bis auf die Distanz der Atomradien.

Dieses Phänomen wurde bislang nicht betrachtet und war deshalb auch keiner Erklärung bedürftig. Hauptgrund dürfte die verkannte (als wahre) Kondensatkonstante der "Elementarladung" e sein, die die nackte Ladungsdifferenz überdeckt. Dadurch ist die Bohrsche atomare Gleichsetzung Coulombkraft = Zentrifugalkraft besonders bei den Hantelorbitalen physikalisch nicht so ganz zutreffend.

Hier ist zu beachten,

- dass die Feinstofflichkeit – den im Verhältnis zum Proton größeren – Clusterradius des Elektrons auszeichnet,
- was durch die größere, (nackte) Elektronenladung bedingt ist. Sie erreicht damit immerhin die Größe der starken Kernkraft.

Dadurch sind die gemessenen Atomradien durchschnittlich kleiner als der Bohrsche Radius $r_A = \mathbf{5,29 \cdot 10^{-10}}$m. Sie differieren von...bis,

$$(r_A = 0{,}46...0{,}007 \cdot 10^{-10}m),$$

d.h. sie sind um das 10...50-fache kleiner.

Dabei weisen stabile Isotope (u.a. Edelgase) die jeweils relativ größten Radien auf.

Die Abstoßungs- und Beschleunigungsstrecke für das Herauskatapultieren ist räumlich und zeitlich sehr kurz.

Deshalb muss eine größere Beschleunigungssenergie existieren, da außerhalb des Kerns sofort wieder die Coulombsche Anziehungskraft wirkt.

Die Beschleunigungsenergie W_B beträgt $W_B = m_e \cdot b \cdot r_A$ (b = Beschleunigung im Atom, r_A= Radius) bis zur Trennung ist mindestens der Clusterkörper-Durchmesser maßgebend. Die Ausdehnung bis zu den Atomradien ist das Resultat aus deren Energiedifferenz und Clusterkörpergrößen.

Die geringere (frei verfügbare) nackte Ladung des Protons kann – wegen der unterschiedlichen Atomradien – nur grob abgeschätzt werden. Hierbei könnten die Compton-Wellenlängen λ_C als Elektronenabmessung und der kleinere Radius des Protons (hier im Bezug zum Ladungsradius s.u.) eine Ausgangsbasis bilden.

Denn die nackte Ladung des Protons oder, besser gesagt, die verbleibende freie Ladungsdifferenz, die durch die Quarkbindungen übrig bleibt, ist unbekannt. Drittelladungen dürften hierbei unreal sein, wie nachstehend ausgeführt wird.

Hier ist noch Forschungsbedarf angezeigt, besonders wenn man den experimentellen Aufwand zur Ermittlung des Protonenradius vergleicht.

Am Paul-Scherrer-Institut hat eine Forschergruppe einen um 4 % kleineren Protonenradius gemessen. Im Beitrag[20] (J.C. Bernauer und R. Pohl, www. SdW) wird von einem *"Ladungsradius"* und *"Halo"* des Protons gesprochen. Dieser Ladungsradius müsste größer als der gemessene, kleinere Protonenradius sein (offenbar bezogen auf dessen Wellenlänge $\lambda_C = \hbar/m_P \cdot c$). Analog könnte es dem Ladungsradius wie beim Clusterkörper-Elektron entsprechen, nur erheblich kleiner. Das deckt sich auch mit der geringeren Sychrotronstahlung der Protonen im Teilchenbeschleuniger.[11]

Ein "Halo" mit leerem Inneren kann es hingegen nicht geben. D.h., beim Proton muss sich ebenso ein Polarisations-Kondensat mit einem kleineren Clusterkörper ausbilden. Es sei ...*"ein verwaschener Ball positiver Ladung"*, so kennzeichnet der Autor Pohl das Proton.[20]

Es ist wie beim Elektron, das sich auch als "verwaschener Ball"[16] zeigt, der jedoch größer $\approx 10^{-13}$m ist.

Auf diese physikalischen Besonderheiten wird jedoch in dem v.g. Beitrag nicht eingegangen, obwohl gerade entdeckte Nebeneffekte neue Erkenntnisse ermöglichen könnten, wie es sich auch in zahlreichen anderen Fällen erkenntnisfördernd zeigte. Dass sich mit Myonen- statt Elektronenstreuung keine Aussage über den Clusterkörper erhältlich ist, wird weiter unten unter "Leere der Atome" ausgeführt. Ebenso verringert die 200-fache Masse des substituierten Myons statt des Elektrons den Atomradius adäquat um das 200-fache[20]. Das Myon wird, wie das Elektron, ebenso abgestoßen bzw. wieder herauskatapultiert, aber infolge seiner größeren Masse mit einem dadurch 200-fach geringeren Atomradius. Diese wichtigen Erkenntnisse zur grundsätzlichen Funktionsweise des Atoms blieben jedoch ausgeblendet bzw. wurden nicht weiter verfolgt.

Die ungleich polarisierten Clusterkörper der **außenliegenden Elementardipole** (beim Elektron negativ und beim Proton positiv) **bilden übergangslos eine Einheit**. Es demonstriert die Proton-Querung durch das vereinheitlichte, überstülpende Elektronen-Cluster über das (kleinere) Proton (gemäß dem nachstehenden Bild 29).

Dieser permanente Vorgang der wiederholten Masseanziehung–Masseabstoßung des Elektrons zeichnet das **Atom ebenso als "Perpetuum mobile"** aus, wie die unglaubliche Rotationsgeschwindigkeit des Elektrons (si. Kap. 11.2.)

Ungleichnamige Ladungen haben eine gleiche Außen-Polisierung der Clusterkörper. In der (feinstofflich-polarisierten) Distanz erfolgt die Anziehung und bei gleicher Polarisierung entsteht folglich die Abstoßung. Das ist bekannt, wird aber bisher nicht so interpretiert.

(Der entfernte Vergleich mit dem ständigen Anziehen und wieder Abstoßen der Elementardipole vom elektronischen Kondensat ist ein ähnliches Naturprinzip.)

Wenn es die polarisierte und kondensierte Feinstofflichkeit gibt, die sowohl jedes elektromagnetische Feld und die Polarisations-Kondensation bildet, dann ist das auch Clusterkörper-basierte Atommodell die logische Konsequenz.

Dieser übergangslose Vereinigungs- und Trennungsvorgang wirft einen völlig neuen Blick auf die

"Fernwirkung" der Abstoßung / Anziehung der Ladungsträger ermöglicht.

Das ist augenscheinlich nur möglich, wenn die Außenpolarität der Clusterkörper (negativ = Elektron und positiv = Proton) unterschiedlich ist und damit anziehend wirkt (nachstehendes Bild 29).

Bei gleicher Außenpolarität erfolgt Abstoßung – ein Problem, das die schematischen Vertex-Diagramme der QED nicht zu lösen vermögen.

Ist dies der Grund des Feder- und Oszillationseffektes des Elektrons im Atom?

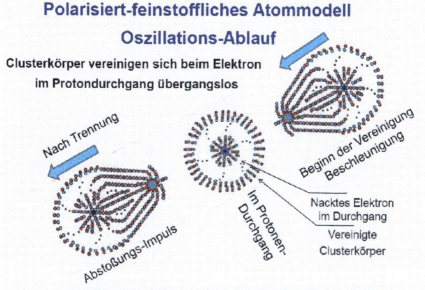

Bild 29: Modellbild des polarisiert-feinstofflichen Atoms bei der Proton-Querung (schematisch)

Das drücken auch die Orbitale der Schrödinger-Gleichung aus[3]. Die ψ-(Wellen-) Funktion sagt gerade diesen Sachverhalt voraus (siehe auch Kapitel 11. Wellenseite: Orbitale).

Schrödinger selbst bezeichnet es:

"...als ein Zerfließen des Elektrons mit seiner Ladungswolke im atomaren Inneren bzw. es oszilliert um seinen Ladungsschwerpunkt".

Das trifft bezogen auf die vorangestellten Bilder zu. Das kurze, partielle Verweilen (Vereinigen) des größeren elektronischen Clusterkörpers mit dem kleineren des Protons im Moment des Protonen-Durchgangs erscheint dann als Knotenpunkt im Hantelorbital, ist aber im Bezug auf die Abmessungsverhältnisse gering.

Immerhin beträgt der Abstand von der Vereinigung bis zum Maximalabstand von $3,86 \cdot 10^{-13}$m bis $\approx 10^{-10}$m und im Orbital ist es das ≈ 1.000-fache. Deshalb wird der größte Teil von der Aufenthaltswahrscheinlichkeit des Elektrons im Orbital gebildet.

Das Queren des Atomkerns bzw. des Protons selbst durch das Elektron wird von der Wissenschaft nicht mehr bestritten (wenn auch nicht so ausdrücklich betont).

Der nachgewiesene Elektronen-Kondensat-Clusterradius ist, bezogen auf dessen Comptonwellenlänge, mehr als das ≈ 500-fache größer als der des Protons. So wird auch das schematische Funktionsmodellbild 29 plausibel.

Eine Bestätigung des Clusterkörper-Elektronenmodells ist auch (gemäß dem Schrödinger-Bild von der oszillierenden "Ladungswolke" des Elektrons), dass sich das Elektron innerhalb des Atoms beim Kern- bzw. Protonendurch- bzw. -übergang verformt, bis es nach Verlassen des Kerndurchganges seine Form wieder zurück- gewinnt. Dieses Bild ergibt sich bei den Orbitalen. Wobei die Aufenhalts- Wahrscheinlichkeiten des Elektrons das Bild bestimmen (siehe auch Kapitel 10.1.).

8.2. Die "Leere" der Atome?

Aus den vorangegangenen Bemerkungen ergibt sich ebenso zwingend, das Funktionsprinzip des Atoms neu zu durchdenken. Die Atome sind infolge der bisher nicht beachteten Feinstofflichkeit nicht so leer, wie bisher angenommen.

Zurückzuführen ist die "Leere" auf die (groben) Streuversuche mit Alphateilchen* durch Ernest Rutherford. Das sind im Bezug zur Feinstofflichkeit "Kanonenkugeln". Würde eine "Kanonenkugel durch einen Schwarm Spatzen abgelenkt?" Wohl kaum.

Der "Spatzen-Schwarm" sind hierbei die feinstofflichen Clusterkörper, der räumlich größere Elektronen-Kondensat-Clusterkörper und der geringere Clusterkörper des Protons.
(*Anmerkung: Alpha-Teilchen sind $^4_2$Heliumkerne als vorrangige (stabile) Zerfalls- produkte bei der radioaktiven Strahlung mit gleicher Alpha- Benennung, die jedoch nichts mit der Feinstrukturkonstanten α zu tun haben.)

Es ist hier der gleiche Sachverhalt, wie bei den aktuellen Messbestrahlungen der v.g. Forscher zur Bestimmung des Protonenradius. Es führt – ohne den ausgeblendenten Zusammenhang eines Ladungsradius – zu physikalisch deviativen Schlüssen.

8.3. Gibt es Drittelladungen?

Nach Murray Gell-Mann und Stefan Zweig existieren Drittelladungen. Aber warum hat man sie bisher nie und nirgends nachweisen können? Wie wurden sie publiziert? Dies ist im BdW 3/14 dargestellt[21]:

"Die Quarks müssten elektrisch geladen sein, allerdings in Dritteln der Elementarladung (die durch den Betrag der Ladung des Elektrons definiert ist). Das war eigenartig und nie beobachtet wurden. Gell-Mann wollte die Idee trotzdem rasch publizieren und reichte einen Artikel bei der Zeitschrift 'Physical Letters' ein, weil er dachte, die renommierte Physical Review Letters würde sie wegen der postulierten Drittelladungen nicht annehmen. Tatsächlich hätte Jacques Prentki von CERN, der Herausgeber der Physics Letters, die Arbeit abgelehnt, wenn sie von einem unbekannten Autor gestammt hätte. So dachte er, dass Gell-Mann dafür verantwortlich sei, wenn sich alles als Unsinn herausstellen würde, dass er selbst jedoch an den Pranger käme, wenn sich die Idee als richtig erweisen würde und er den Artikel hätte nicht drucken lassen.

Deshalb akzeptierte er ihn".

"Self fulling of the prophecy" nennt man den Vorgang. Selbst wenn die Prophezeiung falsch ist, hält sie sich bis in die Gegenwart.
Drittelladungen dürften unrealistisch sein, denn Ladungsdrittelungen wurde bislang nirgends nachgewiesen.

Wenn das Elektron bei einer vermeintlichen Ladungsdrittelung des Protons, addiert zur "Elementarladung", in der Passage nicht sofort festgehalten werden kann, würde dies dennoch zu einem relativ schnell abklingenden Oszillationsprozess führen, der unweigerlich zur dauerhaften Vereinigung der Polaritäten führt. Das Atom wäre sodann nur kurzzeitig existent.
(Es sei an dieser Stelle an das Positronium verwiesen. Hier umkreisen bzw. oszillieren vor der Vereinigung Elektron und Positron kurzzeitig, bevor sich sich endgültig in der "Vernichtungsstrahlung" vereinigen.)
Beim stabilen Atom erfolgt das nicht.

Die Subquantenkinetik, die Paul la Violette[22] beschreibt, ist hierzu realitätsnäher. Dem Elektron wird ein "Ätheronenberg" und dem Proton ein "Ätheronental" zugeschrieben. Das lässt auf eine geringere freie Ladung des Protons schließen.

Auf das Clusterkörper-Modell übertragen heißt dies, das Elektron besitzt einen größeren Clusterkörper und das Proton hingegen einen geringeren, kleineren.

Das ist offenbar auch der Grund für die Wanderschaft der befreiten Protonen/Ionen nach einer Ionisation, um dessen Clusterkörper-Defizit auszugleichen.

Denn die Größe des Clusterkörpers bestimmt die Größe der Ladungsabschirmung und mithin die Kondensatkonstante als "Elementar"-Ladung.

Folglich ist bei gleicher Protonen- und Elektronen-Elementarladung letztlich die wirksame Ladung des Elektrons gegenüber dem Proton bei der Protonenquerung größer. Eine alternative Erklärung für das Wieder-Herauskatapultieren ist wenig denkbar.

Die vielfach gemessene **"Elementarladung" e als eine Kondensat-Konstante** erweist sich mit dessen **naturbedingter Abrisskante als Ladungsradius**. Beim Proton dürfte es ähnlich sein.

Damit wird auch klar, dass Millikan 1913 bei der Ermittlung der (bisherigen) "Elementarladung" **e** 28 Öltröpfchen zugrundegelegt hatte (Nobelpreis 1923). In Wahrheit waren es 140, wobei die nichtsignifikanten "unter den Teppich fielen" (gemäß J. Jürgenson: "Die Lukrativen Lügen der Wissenschaft"[23]).

8.4. Welche Rolle spielt das Neutron?

Dieses Thema sei kurz im Zusammenhang zum Atom tangiert.

Das Neutron besitzt, obwohl elektrisch neutral ist, jedoch ein magnetisches Moment und zwar ein negatives.

Es beträgt (lt. CODATA) μ_n =**- 0,96623·10⁻²⁶ [JT⁻¹] bzw. [Am²]**.

Im Unterschied zum Proton weist das Neutron ein negatives magnetisches Moment auf μ_p = **+ 1,4106·10⁻²⁶ [JT⁻¹]**.

Was bedeutet diese Eigentümlichkeit?

Die Differenz zwischen beträgt μ_p + $(-\mu_n)$ = **- 2,3776 ·10⁻²⁶ [JT⁻¹]**. Das ist die Gesamtdifferenz des magnetischen Moments, die eine größere (innere) Ladung zu kompensieren hätte. Folglich muss die eingeschlossene Elektronenladung zusätzlich abgeschirmt sein.

Was soll damit ausgesagt werden?

Eine magnetische Abschirmung erfolgt nicht bzw. ist nicht abschirmbar, sonst würde das Neutron **kein magnetisches Moment** aufweisen.

Es ist bekannt, dass es einen Elektronen-Einfang (von der inneren K-Schale), kurz K-Einfang, gibt. Das bedeutet nichts anderes als eine β-**Synthese**.

Es stellt sich die Frage:

Resultiert diese β-**Synthese** aus einem verdichtet-rotierenden Cluster der inneren Schale bei Atomen mit hohen Kernzahlen oder wird ein Neutrino von außen eingefangen? Hier dürfte durchaus noch Forschungsbedarf bestehen.

Unter starkem äußeren Druck (elektronischer "Zusammenbruch") könnte dies vermehrt entstehen?

Deshalb ist - vorausgesetzt ein eingeschlossenes Elektron - zwar nach außen elektrisch neutralisiert, aber magnetisch greift es nicht oder kaum abgeschrimt durch ("wo Rauch ist, ist auch Feuer").

Beim magnetischen Moment ist deshalb von der Differenz auszugehen. Diese sagt aus, dass das magnetische Moment $M_e = \frac{1}{2} \cdot e \cdot \hbar / m_e = $ **-928,476·10⁻²⁶ JT⁻¹** reziprok von der Masse abhängt.

Infolge ihrer größeren Masse sind die magnetischen Momente von Proton und Neutron wesentlich kleiner im Vergleich mit denen des Elektrons. Das trifft auch für das magnetische Moment eines Myons = **-4,49448·10⁻²⁶ JT⁻¹** ≈ 200-fach größeren Masse als das Elektron, zu. Das Myon zerfällt sodann nach wenigen Sekunden in ein Elektron und ein Neutrino.

Das Neutrino hat **keinerlei** magnetisches Moment. Obwohl es kaum direkt messbar ist, könnte es als (kokonförmige) Ladungsabschirmfunktion des eingeschlossenen Elektrons gedeutet werden.

Zudem kann bei Bewegung eines Neutrinos **keinerlei** Wellenlänge bzw. Frequenz gemessen werden. Das ist ein starkes Indiz für ein in sich geschlossenes Kondensat, ohne freie Elementardipol-Enden. Das wäre ein starkes Argument für eine kokonförmige Ladungsabschirmfunktion. D.h. es sind keine freien, außenliegenden unabgebundenen Elementardipole vorhanden.

Das stützt die Abschirmfinktion des Neutrinos eines im Neutron eingeschlossenen Elektrons. Es entspricht damit dem Gegenteil zu den Kondensatclustern um die Ladungsträger, die offene Polaritätsenden aufweisen. Dadurch wechselwirkt das Neutrino elektromagnetisch nicht, obwohl es eine (durchschnittlich) reale geringe (kinetische) Masse besitzt.

Seit Wolfgang Pauli wissen wir, dass beim ß-Zerfall unterschiedliche Energien durch das Neutrino "weggetragen" werden.
Dazu können auch wenige, sehr hochenergetische Neutrinos gehören, die mit größerer kinetischer Masse Szintillationen im (oberidischen) atmospärischen Bereich verursachen.
Die zahlreichen internationalen Großversuche – mit großvolumigen, hochsensiblen Szintillatoren mehr als 1.000 m unter der Erde oder im gleichfalls dicken antarktischen Eis haben den ausschließlichen Grund, oberirdische Strahlungseinflüsse sicher abzuschirmen bzw. auszuschließen.
Es ergeben sich dann nur die seltenen Ereignisse von Ladungstrennungen (Szintillationen) als Indikation einer Anstoß-Ionisation.

Oberirdisch können über sekundäre Höhenstrahlung, aber auch UV-Strahlung oder auch in unmittelbarer Nähe von G5-Sendemasten Ionisationen (Szintillationen) erfolgen.
Ebenso sind freie solare Ladungsträger, die der Erdmagnet-Schutzschirm durchlässt bzw. nicht ganz ablenkt – wie die verschiedenen Rauschquellen zeigen – durchaus vorhanden. Im Bereich der Pole (Polarlichter) ist der Effekt wahrscheinlich stärker.

Ebenso können abhängig von der Sonneneinstrahlung und Luftreibung (Aufwind) freie Ladungsträger erzeugt werden (atmosphärische Elektrizität). Das hat im frühen 20.-ten Jahrhundert zu zahlreichen Patentanmeldungen und Experimenten der verschiedenen Rauschquellen geführt. Die Ausbeute ist jedoch gering. Deshalb werden hierzu keine weiteren Literaturquellen benannt.

Einzig Nikola Tesla hat mit seinen Patenten Blitzenergien erzeugen können (si. dazu Kap. 14.1.).
Oberidisches "Ernten" (Elektroenergie-Harvesting) dürfte vorwiegend auf der Gesamtheit der Quellen basieren. Das zeigen auch Versuche von Brachmann und Hauk mit trifilaren Spulen, die LEDs dauerhaft Tag und Nacht leuchten lassen. (siehe Kapitel 12.5.3.).

Alles Weitere würde den Rahmen sprengen, wenn es zu Radioaktivität führt. Das ist für eine gesundheits-verträgliche o.u.-Elektronergie-Erzeugung nicht relevant.

Kurz-Zusammenfassung Kapitel 8.

Im Vergleich zum Elektron weist das Proton mehr Unbekannte und weiteren Forschungsbedarf auf. Die Quanten-Chromodynamik lässt bisher vieles vermissen.

- Das Proton besitzt – im Vergleich zum Elektron – einen, jedoch kleineren Clusterkörper. Der Ladungsradius wird als offenbar als "Halo" bezeichnet.

- Dass das Elektron den Atomkern bei den Hantelorbitalen der Atome durchquert, ist augenscheinlich.
  Man könnte vermuten, dass die Durchquerung zwischen den Protonen und Neutronen bei höheren Kernzahlen erfolgt.

- Da Hantelorbitale auch beim Wasserstoffatom vorkommen, gibt es für die Durchquerung des (kleineren) Protons keine andere Erklärung.

- D.h. es muss sich um das weitgehend nackte Elektron handeln, wobei dessen Clusterkörperhülle beim Durchgang nicht mitgenommen wird.

- Die Clusterkörperhüllen vereinigen sich übergangslos infolge der gegensätzlichen Außen-Polarisierungen. Das zeigt, dass hier das Nah-wirkungsprinzip, - anders als bei den Vertex-Diagrammen der QED, - auch bei den Abstoßungen gleichnamiger Ladungen gilt.

- Damit wäre das Funktionieren des Atoms und seiner Stabilität unter diesem feinstofflichen Aspekt neu zu bewerten.

- Die "Leere" der Atome" ist auf die (groben) Streuversuche mit Alphateilchen (Heliumkerne) zurückzuführen. Das sind im Bezug zur Feinstofflichkeit "Kanonenkugeln".

- Drittelladungen dürften unrealistisch sein, denn Ladungsdrittelungen wurden bislang nie und nirgends nachgewiesen.

- Das Neutron besitzt, obwohl elektrisch neutral ist, jedoch ein magne-tisches Moment und zwar ein negatives im Vergleich zum Proton.

- Als Ursache kommt nur ein vereinnahmtes, abgeschirmtes Elektron infrage. Dann müsste die Abschirmung ohne freie Ladungsenden sein?

9. Die Wellenseite und die korpuskulare Gleichheit

9.1. Wellen-Unterscheidungen

Nach der Krise in der Bohrschen Theorie, insbesondere durch deren Misserfolg zur Schaffung einer Theorie für das neutrale Heliumatom, hat man sich mehr der Wellenseite der Materie zugewandt. Das war ein Paradigmenwechsel.

Die Wellenseite lässt sich weder negieren noch verdrängen, denn sie ist untrennbar durch die Doppel-Äquivalenz immanent vorhanden. Das ist seit der Publizierung des Korrespondenz-Prinzips bekannt.

Nur bei Berücksichtigung beider Seiten – Welle und Korpuskel – gelingt eine naturgerechte Darstellung.

Die häufig anzutreffenden z.T. verschwommenen Wellenbezeichnungen – ohne physikalischen Bezug – sind oft unklar. Das bedarf einer Klassifizierung.

Die "Weg-Gabelung" für das Auseinanderdriften der korpuskularen und Wellen-darstellung erfolgt insbesondere durch die **Schrödinger-Gleichung**. Ihre wesentliche Eigenschaft, die ψ-Funktion, basiert auf der Wellenseite. Sie verzeichnete große Erfolge bei der Beschreibung der atomaren Spektren. Das legte u.a. den Grundstein für das Modell der Schwingenden Saite (vibrant-string).

Dieser Paradigmenwechsel gilt bis heute und findet seine Fortsetzung in den Superstring- und Superbranes-Theorien. Bei diesen Theorien scheint die korpuskulare Seite unterrepräsentiert. Danach war der Erkenntnisprozess in der Physik – wie bereits erwähnt – nur noch stagnierend.

Ein weiterer Vorteil charakterisiert die Schrödinger-Gleichung. Es ist ihre nicht-relativistische Form und ihre hervorragende Eigenschaft, mittels **h** den Energieerhaltungssatz zu genügen. Das Elekton ist nicht enthalten, obwohl es die Elektronen im Atom beschreibt. Hierdurch erzielte sie im atomaren Bereich – als energetisch abgeschlossene Systeme – ihre großen Erfolge. Er leitete seine berühmte Gleichung 1926 ab. Zuvor bemühte er sich mehrere Jahre, um die Gleichung relativitätsgemäß zu formulieren, was nicht gelang.
Wir wissen nun warum?

Weil die zu beschreibenden atomaren Vorgänge im energetisch abgeschlossenen System stattfinden und damit eines relativistischen Bezuges nicht bedürftig sind.
NachstehendeWellen-Wechselwirkungen zur Photonenemission werden mit den damaligen Modellvorstellungen (*kursiv*) hierzu unterscheidbar aufgelistet:

1. *Ein Elektron schwingt auf eine niederenergetischere Wahrscheinlichkeitsschale ein und erzeugt durch seine "Einschwing-Wellenbewegung das Wellen-Photon",* so die aktuelle Lehrmeinung.
Das vielfach verwendete vibrant-string-Modell ist nicht generalisiert anwendbar. Es beschreibt die Oszillation (des Elektrons) um eine Zentralkraft (den Atomkern). Hier werden Materiewelle und Wechselwirkung unzulässig vermischt.

2. *"Bei der Annäherung von zwei Ladungsträgern werden virtuelle Photonen ausgesandt, die jeweils Anziehung oder Abstoßung erzeugen"* – so die aktuelle Interpretation.
Virtuelle Photonen und virtuelle Elektron-Positron-Paare existieren nicht. Nach den bisherigen Ausführungen dürfte es sich nur um reale ponderable Feldquanten (aus Elementardipolen) handeln.

3. Die Linienspektren der Photonen versagen u.a. am Beispiel der Synchrotronstrahlung. Deren extrem fein aufgefächertes, fast kontinuierlich-übergangsloses Strahlungsspektrum[2] wird durch die magnetischen Ablenkmagnete (Undulatoren) ermöglicht. Die Abstrahlung erfolgt dabei ausschließlich tangential. Die Synchrotronstrahlung ist nach ihrer Energie bzw. Masse entsprechend spektral aufgefächert. Der sichtbare Teil der Synchrotronstrahlung ist eine nichtatomare Lichtstrahlung. Darin fehlen folglich jegliche Linienspektren, obwohl die Synchrotronstrahlung auch wie die Lichtstrahlung eine diskontinuierliche (körnige) Struktur hat.

4. *Zur Erklärung der Nullpunktsschwankungen wird das vibrant-string-Modell[26] oft herangezogen.* Hier wird ebenfalls fälschlich davon ausgegangen, dass freie Elektronen ohne Einwirkung einer *Zentralkraft* zu *Oszillationen von Nullpunktsschwingungen* (Zitterbewegungen) angeregt werden. *Die zur "Nullpunktsenergie" vertretene Auffassung, dass z.B. das elektromagnetische Feld "als Superposition unendlich vieler Quantenoszillatoren mit verschiedenen Frequenzen" zu deuten ist,* dürfte nicht haltbar sein.

5. Das Elektron wird u.a. häufig mit *einem Wahrscheinlichkeits-Wellenpaket* verknüpft. Hierzu sei auf das theoretisch nachgewiesene Zerfließen solcher Wellenpakete, was im Falle des Elektrons nicht eintritt, hingewiesen.[3]
Eine Unterscheidung und klare Trennung der vorgenannten *elektromagnetischen Strahlungs- und "Wellen-Vermischung"* ist deshalb vorzunehmen.

Wie bereits im Kapitel 7, Auswirkungen auf das Atom, dargelegt, sind die Hantelorbitale ein aufschlussreiches Beispiel für den Proton- und Kerndurchgang des Elektrons. Augenscheinlich ist dies besonders beim einfachsten Atom, dem H-Atom, der Fall.

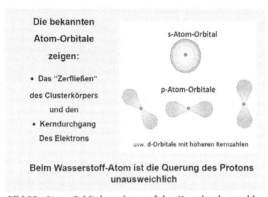

Die bekannten Atom-Orbitale zeigen:

s-Atom-Orbital

p-Atom-Orbitale

• Das "Zerfließen" des Clusterkörpers und den

• Kerndurchgang Des Elektrons

usw. d-Orbitale mit höheren Kernzahlen

Beim Wasserstoff-Atom ist die Querung des Protons unausweichlich

Bild 30: Atom-Orbitale weisen auf den Kerndurchgang hin

Auch im 1s-Orbital ist das nicht ausgeschlossen. Das Bohrsche Planeten-Atommodell täuscht darüber hinweg, dass auch hier Protondurchgänge erfolgen. Das Elektron wird sofort wieder abgestoßen.

Das "Zerfließen" des Clusterkörpers kann sowohl als elektromagnetische Verformung des Clusterkörpers nach dem Kerndurchgang gedeutet werden als auch als Aufenthalts-Wahrscheinlichkeit des Elektrons im Orbit (Bild 30). Die Atomdurchmesser betragen ca. 10^{-8}m und sind im Vergleich zum Elektron-Clusterkörper-Durchmesser von $\approx 10^{-13}$m ca. 1.000-mal kleiner. Das spricht für die orbitale Aufenthaltswahrscheinlichkeit, die in Kernnähe am geringsten ist.

Die Begriffe von Schwingung, Welle, Materiewelle und Strahlung sollen nun in ihrem physikalischen Inhalt geordnet werden, da der Begriff Welle unscharf ist:

• Eine angeregte Schwingung (Oszillation) von kann zur Emission von elektromagnetischer Strahlung führen (Photonen). Sie muss es aber nicht.

• Zu unterscheiden ist, dass durch niederenergetische elektromagnetische Strahlung und Schwingungen, die an Atomen, Molekülen oder Kristallen angeregt werden.

• Niederenergetische elektromagnetische (Ausbreitungs-) Wellen basieren auf Hertzschen Fortwallungswellen, die im Gleichtakt emittiert werden. Träger ist hierbei eindeutig der Äther (Kapitel 13).

• Der Doppelcharakter Korpuskel-Welle in der Quantenwelt ist hingegen immer vorhanden, d.h. immanent, unabhängig ob damit eine (Ab-)Strahlung verbunden ist oder nicht.

- Höherenergetische elektromagnetische Strahlung besteht aus abgelöster Kondensat-Materie, d.h. aus polarisierten Elementardipol-Kondensaten. Die Photonen durchdringen den Äther geradlinig und verlustfrei. Sie sind kondensiert zusammengebacken. Deren Welle ist eine Materiewelle, da sie sich quasi wie ein einheitlicher Körper verhält. (gemäß folgendem Kapitel).
- Die Lichtphotonen behalten ihren Zusammenhalt auch nach Milliarden Jahren dauerndem Weltraumflug. Sie werden ganzheitlich absorbiert und selten gestreut, wie bereits dargelegt.
- Verschränkungen, wie sie sich am Doppelspalt offenbaren, sind an die Materiewellen gebunden. Auch bei korpuskularen Teilchen – von Elektronen bis zu Molekülen (mit bis zu 240 Atomen als Fullerene) – sind sie nachgewiesen wurden[27]. Sie sind damit eindeutig Bestandteil des Doppelcharakters Korpuskel-Welle unter Einbeziehung der Äther-Feinstofflichkeit (si. nächstes Kapitel 9.3. zum Vielfachpendel).

9.2. Die Doppeläquivalenz und Materiewellen

Die Doppeläquivalenz hat ebenso tiefere Bedeutung für die Materiewellen. Es spricht eine hinreichend große Anzahl von Tatsachen dafür, dass die Photonen weder eine reine Welle, noch ein Monoteilchen sind.

Sie verkörpern ideal den Doppelcharkter Welle-Korpuskel und sind sowohl mit ihrer (ponderablen) Masse ein Teilchen, als auch in ihrer Wellenerscheinung einer Materiewelle äquivalent. Die dabei auftretenden Materiewellen werden ebenso durch deren Kondensat-Zusammenhalt gebildet. Sie wirken dabei wie einheitliche Körper. Zudem sei auf das Nichtvorhandensein von Oberwellen hingewiesen.

Der Sachverhalt der Photonen widerspricht den Hertzschen Dipol-Versuchen. Beim Herzschen-Dipol (Dipolantennenstab) entspricht der gerade Mittelteil einer Induktivität (Spule) und die (offenen) Enden einer Kapazität (Kondensator). Die Leitungselektronen werden im Schwingkreistakt beschleunigt und verzögert, sodass es zur kugelförmigen Wellen-Ablösung (vom Antennenstab) kommt. Durch den als Schwingkreis fungierenden Antennenstab erfolgt in vorgegebener Taktfolge **fortwallend** die kugelförmige Ausbreitung – im Gegensatz zu den Photonen, die sich mehr strahlenförmig wie Licht ausbreiten.

Es entsteht jedoch ein Übergangsbereich. Das liegt daran, dass die äußeren Elementardipole schwach gebunden sind, so dass der Eindruck eines Kontinuums entsteht (das entspricht dem Übergangsbereich der Planckschen Strahlungsgleichung gemäß Kapitel 7).

Hier ist insbesondere die Wellenübertagung auf umliegende Atome, Moleküle und sogar auf die Kristallgitter charakteristisch. Das führt häufig zur Bezeichnung Phononen, in Anlehnung zu Photonen.

Im Übergangsbereich gilt z.B. für die Erzeugung von Mikrowellenstrahlung mittels eines Magnetrons im m...cm-Bereich der Wellenlängen. Der Mechanismus zur Ablösung der Strahlung ist in diesen beiden Beispielfällen mit der v.g. Schwingkreisfrequenz bzw. beim Magnetron mit der Magnetron-Multipol-Frequenz identisch.

Wieso wurde die Masse der elektromagnetischen Strahlung nicht nachgewiesen?

Indirekt wurde eine Masse schon ermittelt. Es ist bekannt, dass es einen experimentell bestätigten Strahlungsdruck oder Lichtdruck gibt. Bereits 1899 hat Lebedew[3] experimentell einen Lichtdruck von etwa $\approx 0,5$ mp/m^2 für das Sonnenlicht nachgewiesen. Das bedeutet, dass Lichtpotonen einen Impuls und geringe Masse haben müssen (natürlich wie alles in der Mikrowelt keine Ruhemasse).

Das ergibt $0,82 \cdot 10^{-10}$ pond pro cm[3] und steht auch im Einklang mit den experimentellen Ergebnissen von Compton und der Theorie des Compton-Effektes. Aber auch weitere Resultate zur Korpuskularnatur der elektromagnetischen Strahlung bestätigen u.a. die Versuche von Joffe und Dobronravov.[3]

9.3. Unterschied Hetzscher Wellen zu elektromagnetischer Strahlung

Der Unterschied zwischen Hertzschen Wellen als fortwallende, elektromagnetische Feld-Wellen sind die höherenergetischen Abstrahlungen als Kondensat-Teilchen-Strahlen. Das wurde bereits im Kapitel 7 erörtert.

Nun wird man sogleich fragen:

Was trifft nun für die weitreichenden Verschränkungen zu, die z.B. am Doppelspalt zu beobachten sind?

Dazu könnte man antworten: "Verschränkungen sind Informationen" und Informationen sind – mit den Worten von Anton Zeilinger[27] physikalisch – aber gegenwärtig noch nicht erklärt.

Betrachtet man es unter dem Aspekt der Feistofflichkeit stellt es sich anders dar. Dieses viel diskutierte Phänomen soll und kann nicht Thema dieses Buches sein. Nur soviel:

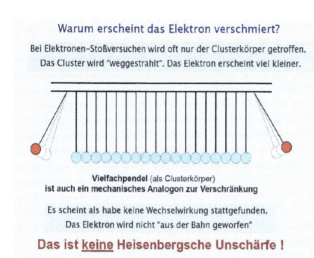

Warum erscheint das Elektron verschmiert?

Bei Elektronen–Stoßversuchen wird oft nur der Clusterkörper getroffen.
Das Cluster wird "weggestrahlt". Das Elektron erscheint viel kleiner.

Vielfachpendel (als Clusterkörper)
ist auch ein mechanisches Analogon zur Verschränkung

Es scheint als habe keine Wechselwirkung stattgefunden.
Das Elektron wird nicht "aus der Bahn geworfen"

Das ist keine Heisenbergsche Unschärfe !

Bild 31: Vielfachpendel-Modell bezogen auf die Feinstofflichkeit

Die Welle-Teilchen-Dualität in der Mikrowelt ist eng mit der gekoppelten, polaren Feinstofflichkeit verbunden.

Das ermöglicht die Verschränkungen.

Hierzu soll das Modell-Analogon, des Vielfachpendels (Bild 31), dienen.

Daraus lassen sich die folgenden Aussagen treffen:

Wird eine Endkugel angestoßen, erfährt auch die andere Endkugel eine Auslenkung. Umgekehrt wird eine Endkugel fixiert (detektiert), erfährt auch die andere Endkugel keine Auslenkung mehr. Die Koppelglieder, der dazwischen befindlichen Kugeln, werden in Analogie durch den feinstofflich-polarisierten Äther gebildet.
Das kommt dem Phänomen der Verschränkung nahe.

Auch hier gilt: Ohne Akzeptanz der feinstofflichen Ebene lässt sich keine schlüssige Erklärung finden. Da die v.g. Äther-Oligopole äußerst schwach miteinander gebunden sind, genügen kleinste Energien. um einen weitreichenden Effekt zu erzielen. D.h. keine quantenimmanente Sonderrolle, keine quantenmechanische Unschärfe und keine geisterhafte Fernwirkung sind im Spiel. Es sollte auch die weit verbreitete Auffassung gelten, dass der "Äther elastischer und fester als Stahl" sei, eben weil die Bindung der Äther-Oligopole kleinste Störungen weiterleiten.

Das hat seine Ursache in der fast verschwindenden Trägheit der feinstofflichen Relevanz. Zudem ist es ein Analogon für eine nicht beobachtbare, aber erfolgte Wechselwirkung. Im übertragenen Sinn ist es auch ein Analogon für den bereits genannten partiellen Clusteraustausch-Effekt.
Die mythischen Quantenphänomene sind durchaus reale und plausible Vorgänge.

9.4. Der Quantenoszillator

Ein anderes gegenwärtig viel gebrauchtes Modell ist der Quantenoszillator.

Der Quantenoszillator wird mit Nullpunktsenergie bzw. Nullpunktsschwingungen in Zusammenhang gebracht, da dies auch aus der Schrödinger-Gleichung resultiert. Experimentell wurde die Lamb-Retherfordsche Verschiebung der Wasserstoff-Niveaus damals mit großem Interesse verfolgt, da es ein Indiz für die Existenz der Vakuum-Energie ist.

Schrödinger ging zunächst von einem linearen, harmonischen Oszillator (Federschwinger) aus. Da seine Gleichung[2] bekanntlich die "eingespannten" Wellen der Elektronen in den Atom-Umläufen bestens beschreibt und die ebenso dem klassischen Federschwingerprinzip zugrunde liegt. Das Ergebnis dieser umfangreichen Ableitung[2] bildet die Grundlage der ("eingespannten") Ozillatorwellen der Elektronen um eine Zentralkraft (Atomkern):

$$E = \hbar \cdot \omega_o \cdot (n + \tfrac{1}{2}) = h \cdot v_o \cdot (n + \tfrac{1}{2}), \quad \text{wobei } \hbar = h/2\pi \text{ und } \omega = 2\pi \cdot v \text{ ist.}$$

Das Ergebnis ist der sogenannte Quantenoszillator. Dabei sind die hier bezeichneten *"n"* (kursiv, nicht zu verwechseln mit den "n") der Anzahl der Elementardipole, die auch dem Planckschen Frequenz-Energie-Äquivalent entspricht (siehe unten).

Die sogenannte "halbklassische" Plancksche Beziehung wurde zunehmend und deshalb zu <u>unrecht,</u> wie noch gezeigt wird, durch den Quantenoszillator ersetzt.

Mit **Nullpunktsenergie = Raumenergie**

hat die Kreisfrequenz ω_o des Quantenoszillators nichts zu tun. So sollten wir bei den Begriff Raum- bzw. Panenergie bleiben.

Die oft in der Literatur zu findende sogenannte "halbklassische" Plancksche Darstellung lautet uneingeschränkt-definitiv: **E = h·v.**

D.h., die Aussage "nicht quantenhaft korrekt" ist sogar falsch.

Die Gültigkeit des Energieäquivalents für jede elektromagnetische Strahlung ist immer **E = h·v = h·n·s⁻¹** und ganzzahlig. Es gibt keinen einzigen Nachweis und auch kein Indiz, die diese Ganzzahligkeit infrage stellen.

Der Summand ½ aus der Gleichung $E_o = \hbar \cdot \omega_o \cdot (n+\tfrac{1}{2})$ ist folglich an die Kreisfrequenz gebunden. Es kann sich folglich nur um eine Beschreibung zum Elektron handeln. In der elektromagnetischen Strahlung hat der Quantenoszillator nichts verloren und hat auch nichts mit Unschärfe zu tun.

In einer veränderten Schreibweise ist die Quantendarstellung der Energie W_e des

Clusterkörper-Elektrons, wobei der Summand ½ dereigentliche Monopol ist.

Das ist "nicht soweit hergeholt", wie es zunächst erscheint.

Für den Quantenoszillator ergibt sich das gleiche Wellenbild gemäß nebenstehender Darstellung (Bild 32). Es werden hierbei die Anzahl der Schwingungsknoten (Wellenzahl) bzw. -bäuche und ein Monopol gezählt.

Für ein Elektron oder Positron ergibt sich so modellgemäß korrekt kein ganzzahliges Cluster.

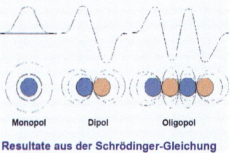

Monopol   **Dipol**   **Oligopol**

Resultate aus der Schrödinger-Gleichung

D.h. $n_e \cdot (h \cdot s^{-1})$ ≠ ganzzahlig, so wie es aus der Schrödinger-Gleichung folgt. Der Monopol ist stets **n = ½** (=1 Schwingungs- **Bild 32: Deutungen des Quantenoszillators** bauch), wie Bild 32 zeigt. Die Dipole bilden immer eine volle Schwingung von **2π**, d.h. zwei Schwingungsbäuche. Deshalb kann (theoretisch) eine ganzzahlige Anzahl von Dipolen beim Elektron selbst nicht auftreten.

Es werden die Schwingungsbäuche **n·2π = n** Dipole + **1π** = 1 Monopol, d.h. der halbe Dipol gezählt. Dass sich trotz der **2n** Schwingungsbäuche = **n + ½** die Ergebnisse aus der Schrödinger-Gleichung in Übereinstimmung mit dem Clustermodell befinden, hat seinen Grund in der Rotation des Dipolclusters (si. Kap. 9.6.)

So kann z.B. der "Paarvernichtungsvorgang" $e^- \text{-} p^+$ – besser als Vorgang der Dipolbildung zu bezeichnen – für die entstehenden zwei Comptonquanten γ_C in der Weise dargestellt werden:

$$2\,h \cdot \nu_c = 2 \cdot [h/_s\,(n_e + \tfrac{1}{2} + \tfrac{1}{2})] = \underbrace{h \cdot n_e \cdot s^{-1} + h \cdot (n_e + 1) \cdot s^{-1}}_{\gamma_c\text{- Quanten}}$$

(Die Unsymmetrie des einen Dipols der γ_C-Quanten ist völlig unerheblich in Anbetracht der großen Anzahl von n_c.)

Es ist die Transformationseigenschaft der Schrödinger-Gleichung, die infolge der Eigenfunktionen und der diskreten Eigenwerte die Gleichberechtigung der Wellen- und Korpuskularbeschreibung der quantenmechanischen Größen bereits in der ψ-Funktion - auch beim Clustermodell – herstellt.[17]

Mit dieser Betrachtungsweise ist das vorgeschlagene Clustermodell mit dem Formalismus der Schrödinger-Gleichung verträglich. Obwohl diese primär aus der Welleninterpretation, d.h. aus Oszillationen um eine Zentralkraft, entstanden ist.

Dass die Schrödinger-Gleichung zu ausgezeichneten Resultaten bei den Atomspektren geführt hat, wurde bereits angedeutet. Auch beispielsweise die Molekülspektren[5], die u.a. von den van-der-Waals-Kräften bestimmt werden, sind mit Erfolg über gekoppelte Oszillatoren beschrieben worden.

Wie bereits oben festgestellt, ist das "n" aus der Frequenzgemäß der Planckschen Beziehung gleich $E = h \cdot \nu = h \cdot n \cdot s^{-1}$

Dieser Sachverhalt war auf den ersten Blick so nicht erkennbar und deshalb sei es nochmal verdeutlicht.

Die bereits genannte "Weg-Gabelung" der Physik, d.h. der Paradigmenwechsel, erfolgte offenbar – wie angedeutet – über die Schrödinger-Gleichung.

Deren Erfolge waren so beachtlich, dass man sich mehr der Wellenseite der Materie zugewandt hat. Die dominante (Wellen-) Beschreibung gegenüber dem Korpuskularcharakter in der Quantenwelt ist quasi bis heute ungebrochen. Das findet gegenwärtig seine Fortsetzung in den *Superstring-* und *Superbranes-Theorien.*

9.5. Das Supraleitungsproblem in geometrischer Wellen-Darstellung

Es betrifft die Hochtemperatur-Supraleitfähigkeit (HTSL), wobei "Hochtemperatur" annähernd als Raumtemperatur zu verstehen ist.

Bezugnehmend auf einen Artikel von Hans-Peter Röser "Auf der Zielgeraden"[28], sollen die Welleneigenschaften beim Zustandekommen der Supraleitung weiter verdeutlicht werden.

Röser leitet im o.g. Beitrag eine Gleichung zur Supraleitung ab, die ausgezeichnet mit den gemessenen Sprungtemperaturen der bereits zahlreichen (empirisch gefundenen) Hochtemperatur-Supraleiter (HTSL) auf einer Geraden übereinstimmen. Deshalb kann man davon ausgehen, dass dies einen hohen Realitätsgehalt hat und ein fundierter Beitrag zur Aufklärung des Supraleitungsphänomens ist.

Das Interessante dabei ist, dass Röser die Gleichung aus rein geometrischen Beziehungen (Satz des Phytagoras) gewinnt. Die besagte Gleichung ist im Anhang 18 dargestellt.

Röser vermutet, dass ein quantenmechanischer Effekt kombiniert mit der Kristallstruktur für die Supraleitung sorgt. "Die Kristallstruktur wirkt als Resonator für die Materiewellen und stimuliert einen kohärenten Phasenübergang zum supraleitenden Zustand."

Diese Vermutung kann hiermit bestätigt werden, wenn man die o.g. Gleichung umstellt. Die von Röser angegebene Gleichung vereinfacht sich zu

$$(2x)^2 \cdot n^{-3/4} \cdot 1/\lambda_c = \lambda_{Tc}.$$

Man ersieht hieraus, dass es einen Bezug zur Comptonwellenlänge gibt.

Die Materiewellenlänge der Sprungtemperatur Tc ist damit nur von den geometrischen Bedingungen und der Anzahl der supraleitenden Ebenen pro "Einheitszelle" des Kristalls abhängig.

Selbstverständlich ist in der Materiewellenlänge der Sprungtemperatur λ_{Tc} die Elektronenmasse enthalten. Es sind bei den Supraleitungsvorgängen, entsprechend der nichtrelativistischen Schrödinger-Gleichung, keine relativistischen Massezunahmen zu erwarten, da die Beschleunigungsspannungen gering sind.

Aber bereits Energien von einigen eV dürften den fragilen Gleichgewichtzustand zwischen den geometrischen Kristallstrukturen und der genauen Materiewellenlänge λ_{Tc} stören.

Eine langreichweitige Schwingungsordnung = langreichweitiger "Gleichschritt"[29] der Moleküle eines spezifischen Kristallgitters führt bei deren spezifisch kürzeren Wellenlängen zu höheren Temperaturen T_C der Hochtemperatur-Supraleitung (HTSL).
Zudem zerstört in Abhängigkeit von den (ungeordneten) Wärmeschwingungen des Kristallgitters offenbar das Wirkkriterium der HTSL. Insofern ist die Wirkung der langreichweitigen Schwingungsordnung der Kristallmoleküle begrenzend auf die HTSL-Sprungtemperatur T_C.
Es dürften folglich zwei Kriterien für die Supraleitung erforderlich sein:

Langreichweitige Kristallschwingungen mit exakten Geometrien und die präzise Einhaltung der Elektronenmasse im Bezug auf deren exakte Materiewellenlänge λ_{Tc}. Das bedeutet, dass das Resonanz-Gleichgewicht zwischen Elektronenwellenlänge und störungsfreier Geometrie stimmen muss.

Nach bisherigen Vorstellungen kommt der ohmsche Widerstand in metallischen Leitern durch Elektronenstöße (des Elektronengases des Leiterbandes) mit den Gitteratomen zustande.
Diese streuen schwach und emittieren dabei Wärmequanten, die zur Widerstandserwärmung und damit zu Leitungsverlusten führen.

Es kommt folglich darauf an, Kristallformationen mit möglichst kurzen spezifischen (Eigen-) Wellenlängen λ_{Tc} zu finden bzw. zu züchten, um den Abstand zu den langwelligeren thermischen Molekül-Schwingungen groß zu halten.

Die Wellenkausalität der Supraleitung zeigt einmal mehr den stets immanenten Welle-Teilchen-Doppelcharakter. (Weiteres zur Supraleitung in Kapitel 18.2.)

9.6. Die Rotation des Elementardipols

Die geringe Größe der Elementardipole bei der korpuskularen Interpretation einerseits und ihre große Anzahl im elektronischen Cluster andererseits bedeutet, dass die quantenhaft-korpuskularen Energie-Übergänge fast als Kontinuum erscheinen.

Der für alle Quanten, Elementarteilchen, Atome und darüber hinaus auch für größere Moleküle und Einstein-Bose-Kondensate zutreffende Doppelcharakter Welle-Korpuskel ist auch hier bestätigt.

Die identische mathematische Beschreibung unterschiedlicher physikalischer Sachverhalte ist in diesem Zusammenhang erwähnenswert. Es gibt zahlreiche Beispiele, worin die mathematische Beschreibung von unterschiedlichen physikalischen Sachverhalten identisch sein kann:

Die Identität Korpuskel-Welle repräsentiert sich bereits in den Grundgesetzen der geometrischen Optik und der (Newtonschen) Mechanik durch deren mathematisch identische Form. Das ist bereits seit Hamilton (seit ca.1820) bekannt.

Diese Identität gilt für die einfache (lineare) Bewegung im klassischen wie im relativistischen Fall, für das Korrespondenzprinzip und den Quantenoszillator, aber auch für die Bohrsche Theorie gemäß der Drehimpulsquantisierung.

Die Beispiele ließen sich fortsetzen. Der Doppelcharakter der gesamten Quanten-welt – und erweitert die Doppeläquivalenz – verdeutlichen diesen Sachverhalt.

Es verbleibt damit nichts (im Photonen- und γ-Spektrum), was primär und ausschließlich einer Welleninterpretation bedarf. Dies gilt im Umkehrschluss gleichermaßen für die korpuskulare Seite der Materie.

Die Comptonstreuung der Röntgenstrahlung und der Einsteinsche lichtelektrische Effekt sind hinreichend korpuskular nachgewiesen und beschrieben.

Es verbleiben Interferenz, Beugung und Polarisation, wobei die Beugung auch "spektral" gedeutet wird und so mit einer korpuskularen Darstellung verträglich ist.

Das korpuskulare Analogon zur Interferenz (gemäß den Versuchen von Davisson und Germer) sind gerichtete Reflexionen am Einkristall[2], was ebenfalls eine korpuskulare Interpretation zulässt.

Die Polarisation und die Tatsache, dass es sie gibt, stützt die Modellvorstellung ebenso der Elementardipole als reale kleinste materielle und massive Einheiten.

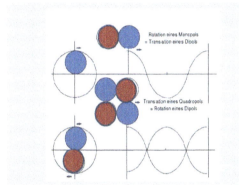

Das korpuskulare "Gegenstück" zum Schwingungsmodell wäre eine korpuskulare Interpretation in Form der Rotation und Translation einer Multipolanordnung (Bild 33), wie bereits zum Quantenoszillator angedeutet.

Der unterschiedliche Sachverhalt zeigt sich für die Dipoltranslation sowie -rotation.

Bild 33: Rotation und Translation eines Dipols und Quadropols In der Natur entsteht immer Beides gleichzeitig. Dadurch hat ein Dipol Lemniskaten-Charakter (im Rotationsbild):

1·n Dipole in Rotation $\equiv$ 2·n Dipole in Translation.

Das hat Konsequenzen: Z.B. weist es auf die **$4\pi \cdot (10^{-7} Vs/Am)$** der Permeabilitätskonstante μ als Rotationsresultat der Elementadipole hin. Da **$h/c^2 = h \cdot \mu_0 \cdot \varepsilon_0$** die Darstellung als Massequantum und als Elementardipol ist, zeigt dies eine Rotation eines Elementardipols an.

Im Unterschied dazu werden beim Elektron selbst die Ausdrücke für Rotation und Translation wieder identisch. Infolge der Eigenrotation des Elektrons ergibt sich der

$$\text{Spin } \hbar/_2 \text{: } (\omega_c \cdot \hbar/2 = h \cdot \nu_{c\,rot} = h \cdot \nu_{c\,trans,}).$$

Translation trifft auch auf das den Kern umlaufende Elektron (= Spin $\hbar$) zu. Das ist offenbar auch der Grund für die erfolgreiche Anwendung des Clusterradius λ_c in Verbindung mit der Compton-Frequenz ν_c bzw. der Winkelgeschwindigkeit ω_c beim Elektron.

Diese Identität von Rotation und Translation – obwohl ν_c **rot** $\neq \nu_c$ **trans** – bedeutet hier immer eine Eigenrotation des Elektrons.

Das wiederum zeigt, dass z.B. die magnetischen Feldlinien, die bereits M. Faraday bildlich als Kraftröhren bezeichnet hat, einer Rotation unterliegen. D.h., magnetische Feldlinien sind rotierende "Kraftröhren", oder bildlich gesehen könnten sie quergekoppelte, rotierende Elementardipole bzw. -ketten bilden. Wogegen offenbar die elektrostatischen Feldlinien dann längs gekoppelte Elementar dipolketten bilden.

9.7. Kollaps der Welle (-funktion) oder Frequenzerhaltungssatz?

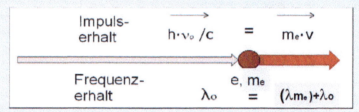

Bei einer Wechselwirkung z.B. beim Meßprozess überträgt das Photon seine Welle auf das detektierende Elektron.

Die Frequenz wird dessen Materiewelle "aufgesattelt".

So "lebt" die Welle auch im Elektron des Detektors weiter.

Das bedeutet konsequent:

Die geringe Masse der elektromagnetischen Strahlung beweist zudem, dass Wellen aller Photonen Materiewellen sind

Bild 34: Gerader Stoß mit Impuls und Frequenzübertrag

Es ist nicht von einem Kollaps der Wellenfunktion beim Messprozess auszugehen (die Wellenfunktion ist ein mathematisches Hilfsmittel und ist selbst nicht messbar). Findet dennoch ein solcher Kollaps einer Welle statt?

Dass z.B. ein Photon unbeobachtet als Welle und beobachtet (detektiert) als Teilchen erscheint, ist nur die "halbe Wahrheit". Der Doppelcharakter ist immer vorhanden (immanent).

Der sogenannte Kollaps der Welle ist ein weiteres Quanten-Phänomen, das beim Messvorgang oder besser beim Detektieren entsteht. Es zeigt sich lediglich auf einem Schirm als Interferenz.

Was kann die Ursache sein?

Im Sonderfall eines geraden, ganzheitlichen Stoßes wird die Welle (des Photons) auf das Absorber-Teilchen im Detektor übertragen, d.h. "aufaddiert". Im Compton-Bild entspricht der Vorgang einem 0°-Winkel-Stoß. Das Interferenzbild wird sofort ausgelöscht, sobald das Teilchen detektiert, d.h. "beobachtet" wird. Das hat zur Bezeichnung Kollaps der Wellenfunktion geführt.

Bei näherer Betrachtung und Bezug auf die zahlreiche Literatur ist jedoch nicht von einem Kollaps der Wellen bei der Messung auszugehen.

Die (Materie-)Welle "lebt weiter", sozusagen auch nach dem Detektieren. Sie wird auf das detektierende Elektron bzw. Atom oder Molekül übertragen (Bild 34).

Es lässt sich nur schwer oder kaum messen. Im geraden Stoß wird die

elektromagnetische Welle dem detektierenden Elektron "aufgesattelt".

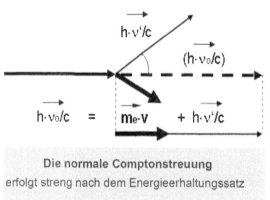

Die normale Comptonstreuung
erfolgt streng nach dem Energieerhaltungssatz

Bild 35 : Allgemeine Comptonstreuung

Hieraus ist auch die Identität von elektromagnetischer Welle (Comton) und Materiewelle (de Broglie) ersichtlich.

Wie ist das zu begründen?

Beim Stoß eines Photons mit einem Elektron wird dem Elektron ein Impuls übertragen.

D.h., das Elektron gewinnt Geschwindigkeit und damit zusätzlich Materiewellenfrequenz als geringere Wellenlänge. (Bild 35).

Im Unterschied zu den meisten, allgemeinen Comptonstreuungen, die mit registrierten Streuwinkeln beobachtet werden, bedingen keine Abstriche an dem hierbei nachgewiesenen Impulserhaltungssatz.

(Compton wörtlich: "...*ähnlich wie es Billardkugeln tun*"[2], gemäß Bild 35)

Der allgemeine Fall der Compton-Streuung ist stets eine Frequenzminderung.

Aus der elementaren Theorie des Compton-Effektes ist ersichtlich, dass der Eingangsimpuls $h \cdot v_0/c$, unter welchem Winkel und in welche Anteile dieser auch aufgespalten wird, stets die gleiche arithmetische Impuls-Gesamtsumme ergibt.

Das ist das Ergebnis des auch hier gültigen Energie- und Impulserhaltungssatzes.

Dies wurde experimentell von Bothe und Geiger bereits 1926 nachgewiesen und in den Jahren 1936 und 1937 mit besserer Technik und großer Genauigkeit experimentell bestimmt.[2]

Diese Ergebnisse bestätigen mit großer Sicherheit die Gültigkeit der Erhaltungssätze für die Elementarereignisse der Streuung.

An dieser Stelle ist zu erwähnen, dass im jahrelangen Meinungsstreit zur statistischen Kopenhagener Deutung Albert Einstein Recht behalten hat:

"Gott würfelt nicht", so sein Kommentar.

D.h. konsequent, der statistische Charakter der Kopenhagener Deutung (Bohr, Kramers und Slater[2]) gilt gerade <u>nicht</u>.

Das auf Geschwindigkeit v_e beschleunigte Elektron erhält dadurch eine höhere Materiewellenfrequenz v_B. Wird die Eingangswelle detektiert, dann bleiben die Erhaltungssätze bzw. der Impulserhaltungssatz ebenfalls gewahrt, in dem das detektierende Elektron den Impuls eV/c erhält.

In diesem Falle ist die Materiewelle jedoch nicht feststellbar, aber das heißt nicht, dass sie nicht mehrexistiert:

$$h \cdot v_c/c = m_e \qquad v_e = e \cdot V/c$$

Daraus ergibt sich die Geschwindigkeit des gestoßenen Elektrons:

$$v_e = h \cdot v_0/m_e \cdot c$$

Die de Broglie-Wellenlänge ist folglich:

$$\lambda_B = h/m_e \cdot v_e = h \cdot m_e \cdot c/(m_e \cdot h \cdot v_0$$

Das ist gleich der Eingangswelle des Primär-Photons:

$$\lambda_B = {}^c/v_0 = \lambda_0$$

Oder als Materiewellen-Frequenz ausgedrückt ergibt sich:

$$v_B = \lambda_B \cdot v_B/\lambda_c = c/\lambda_B = v_0.$$

Aus diesen einfachen Beziehungen folgt daraus zwingend:

Die Erweiterung der Erhaltungssätze um den Masse- und den (Materiewellen-) Frequenzerhalt.

Das bedeutet - vorausgesetzt unter Einbeziehung der Feinstofflichkeit von h:

Die elektromagnetische Strahlung hat, wie auch die Korpuskularstrahlung, eine Materiewelle.

Elektromagnetische Strahlung ist die Materiewelle von abgelöster elektronischer Kondensatmaterie (Photonen).

Das sind zwei wichtige Aussagen.

Einerseits sind die Energieerhaltungssätze, neben dem Masseerhaltungssatz auch um den Frequenzerhaltungssatz zu erweitern.

Andererseits zeigt es zudem, dass elektromagnetische Strahlung (als Photonen) die gleiche Kausalität wie die der de Broglieschen Materiewellen hat.

All das geht jedoch bereits auch aus der Planck-Einsteinschen Koppelgleichung hervor (si. Kap. 2.4.). Hier wird es jedoch stringent nachgewiesen.

Damit löst sich der "Quanten-Nebel" feinstofflich auf. Alles wird dadurch transparent und klassisch-verständlich mit allgegenwärtiger Raumenergie.

Die Erweiterung der Erhaltungssätze für Energie, incl. für Impuls und Drehimpuls, die seit langem gelten und *sogar teilweise angezweifelt wurden, könnten einschränkend gelten.*

Man muss jedoch die Wechselwirkungen in deren Gesamtheit betrachten. Wenn man davon ausgeht, dass alle Materie aus unterschiedlichen Kondensationsstufen besteht, dann sind Photonen bereits ein solches Kondensat.

Alle Elementarteilchen, Moleküle sind – wie auch immer entstanden – Materie-Kondensate. Die Physik bezeichnet sie als Trägheit oder besser als kondensiert gespeicherte Energie da sie nicht ohne weiteres in Energie zurückverwandelt werden kann.

Eine Zurückverwandlung in den (Energie-) Urzustand, hier als "Zerschreddern" in Elementardipole – oder besser als Oligopole bezeichnet – erfolgen in sich gegenseitig neutralisierter Form als Äther.

Dass dies möglich ist, wird in Kapitel 11, ff. als Antigravitation gezeigt. Man muss sich dabei vergegenwärtigen, dass die feinstoffliche Ebene die kleinste und niedrigste Stufe des neutralisierten Oligopol-Äther bzw. der Raumenergie darstellt.

Photonen, gleich welcher Größe und Energie sind im Vergleich zu Elementarteilchen klein. Sie stellen die niedrigste Kondensationsstufe dar. Atome, die neutralisiert sind, sieht man an den chemischen Molekülen, wie H_2O oder CO_2, die zwar auch Energie darstellen, aber nicht sofort zurückverwandelbar sind. Dazu bedarf es auch hier Anstoß- bzw. Ionisierungsenergie.

Wie in den Folgekapiteln am Beispiel der Ionisation und Rekombination gezeigt werden kann, fungiert die (neutrale) Raumenergie aus dem Umgebungsraum als Auffüllfunktion. Das ist eine nicht zu unterschätzende verstärkende Rolle. Auch hier ist der Gesamtprozess nur mit Wechselwirkung der Raumenergie zu berücksichtigen.

Kurz-Zusammenfassung Kapitel 9.

- Eine angeregte Schwingung kann zur Emission von Strahlung führen. Das sind Photonen, bestehend aus abgelöster Kondensat-Materie.

- Niederenergetische elektromagnetische Wellen können an Atomen, Molekülen oder Kristallen Schwingungen anregen (Phononen).

- Niederenergetische Wellen pflanzen sich fortwallend und weitgehend kugelförmig als Hertzsche Wellen fort.

- Gilt die Beziehung $m \cdot c^2 = h \cdot \nu$ universell? Die Einschränkung ist: Bei korpuskularen Teilchen mit Geschwindigkeit v ist die de Broglie-Frequenz zu beachten. Für alle korpuskularen Teilchen gelten ohnehin Materiewellen.

- Photonen sind infolge ihres korpuskularen Zusammenhaltes ebenso Materiewellen. Es trifft das Gleiche wie bei anderen korpuskularen Teilchen zu.

- Verschränkungen, wie sie sich am Doppelspalt offenbaren, sind an die feinstoffliche Kopplung gebunden. Das trifft ebenso für Teilchen und Moleküle (bis zu 240 Atomen als Fullerene) zu.

- Ein Analogmodell ist das Vielfachpendel. Eine analoge Kopplung erfolgt über die ubiquitäre Feinstofflichkeit.

- Der Quantenoszillator ersetzt die Plancksche Beziehung $E = h \cdot \nu$. nicht. Das Modell des Quantenoszillators ergibt sich aus der Schrödinger-Gln.. Für alle elektromagnetische Strahlung ist h immer ganzzahlig.

- Die Polarisation der Elementardipole ist ebenso als Rotation vorhanden:
  1·n Dipole in Rotation = 2·n Dipole in Translation.

- Beim geraden Stoß eines Eingangsimpulses wird die Welle dem detektierenden Elektron "aufgesattelt". Es tritt kein Kollaps der Welle bzw. dessen Wellenfunktion ein.

- Normale Compton-Streuungen mit jeglichen Streuwinkeln bedingen keinerlei Abstriche am nachgewiesenen Impulserhaltungssatz.

10. Kritische Betrachtungen unter Bezug der relevanten Feinstofflichkeit

10.1. Allgemeingültigkeit der Relativitätstheorie?

Die nachstehenden Betrachtungen ergeben sich sozusagen **en passant** aus den feinstofflichen Darstellungen und Überlegungen zur Raumenergie:

Beginnend mit der bereits erörterten Grundfrage:

Gilt die Beziehung $m \cdot c^2 = h \cdot \nu$ universell?

Auch hier sei die Relativitätstheorie nur kurz gestreift, denn das "Für und Wider" füllt ganze Bücher. Im Eingangskapitel 3.1."Grundlagen der neuen Modellrechnung" wurde im Lösungsansatz Bezug auf die Beziehung $m \cdot c^2 = h \cdot \nu$ genommen. In den Kapiteln danach wurde (verborgen) von einer universellen Gültigkeit der Beziehung $m \cdot c^2 = h \cdot \nu$ ausgegangen.

Ist diese Annahme so aufrecht zu erhalten?

Die Einsteinsche Spezielle Relativitätstheorie (SRT) ist ein mathematisch nicht zu beanstandender Ansatz. Der Photoeffekt gründet sich jedoch ausschließlich auf die Plancksche Beziehung $E = h \cdot \nu$. (Das brachte Einstein die Nobelpreis-Ehrung ein und nicht die Relativitätstheorie.)

Warum ist die Relativitätstheorie dennoch widersprüchlich?

Der Mangel liegt im physikalischen Relativitäts-Ansatz begründet. Denn die Geschwindigkeit ist nur ein Teil des Energieerhaltungssatzes, insbesondere dann, wenn nicht zwischen äußerer Energiezufuhr und innerer Ladungsenergie unterschieden wird.

Der Grund ist, dass jegliches, was sich mit Lichtgeschwindigkeit c bewegt, eine Masse von $\equiv 0$ zu haben hat. Das ist nicht zutreffend. Die elektromagnetische Strahlungsmasse ist zwar sehr klein, aber $\neq 0$.

Das Phänomen der Massezunahme bei höheren Teilchengeschwindigkeiten in Annäherung zur Lichtgeschwindigkeit ist die Aufladung mit feinstofflichen Massequanten im offenen energetischen System.

Das führt im Teilchenbeschleuniger oder bei einer Impulsübertragung (durch einen äußeren Einfluss) zur Massezunahme. Im nächsten Teilkapitel 10.2. (Relativistische Massezunahme) wird dazu mehr ausgeführt.

Ohne Anspruch auf Vollständigkeit seien nachstehende Fakten kurz aufgeführt:

1. Der "Zerstrahlungsvorgang" e^--p^+ bedarf keiner relativistischen Betrachtung.
2. Die Ergebnisse der vier relativistischen Dirac'schen Gleichungen sind ebenso über nicht relativistische klassische Ansätze erhältlich. Das wird auch durch die Maxwell-Dirac-Isomorphie[24] bestätigt.
3. Selbst die Maxwellschen Gleichungen fordern keine Masselosigkeit der elektromagnetischen Strahlung, wie am Poynting-Vektor (Kapitel 10.3) gezeigt wird.
4. Die Plancksche Strahlungsgleichung kann ebenso als Massebeziehung geschrieben werden, wenn man beide Seiten der Gleichung durch c^2 dividiert.
5. Die Schrödinger-Gleichung für die Beschreibung der atomaren Vorgänge bedarf ebenso keiner relativistischen Ansätze. (Ebenso wurde von Schrödiger das Elektron bewusst aus seiner Energie-Gleichung verbannt – das infolge des damals nicht erklärbaren α.)
6. Ein Lichtquantenimpuls, wie alle elektromagnetischen Impulse wären mit einer Masse = 0 nicht existent.
7. Die Isomorphie der Compton-Wellenlänge und der de Broglie-Wellenlänge ist offensichtlich. Das gilt im Bezug auf dessen Frequenz, Geschwindigkeit und Masse.
8. Das widerspruchsfreie Elektron ist nur möglich, wenn – wie dargelegt – die Beziehung $h \cdot v_c = m_e \cdot c^2$ für die elektromagnetische Strahlung generell gilt.
9. Die Energie-Masse-Äquivalenz als naturgesetzliches Endresultat der SRT deutet an, dass jegliche Energie einer Masse äquivalent sein muss, aber nicht direkt in Energie umwandelbar ist.
10. Masse kann gleichsam als ein Kondensat unterschiedlicher Kondetsations-Stufen gedeutet werden.
11. Bei jeder Zerstrahlung mit den arteigenen Antiteilchen verbleibt am Ende nichts anderes als Strahlung, d.h. elektromagnetische Strahlung der Energie **übrig**. Es ist bisher keinerlei Rest nachgewiesen wurden. Deshalb ist Masse letztendlich potenzielle Energie. Sie wird als Trägheit der Energie bezeichnet.
12. Eine Ruhemasse im Wortsinn existiert in der gesamten Mikrowelt nicht.

Das trifft auch auf jedwede Masse $m_v = n \cdot h/(c^2 \cdot s)$ oder einzeln auf $m_{Dipol} = h/(c^2 \cdot s)$ als Massequant zu.

Die Dimension $e \cdot V/c^2$ ist bereits gängige physikalische Praxis zur Masseangabe. Hingegen sind es $n_c \cdot h/(c^2 \cdot s)$ bisher nicht.

10.2. Die relativistische Massezunahme

Die Zusammenhänge der relativistischen Massezunahme werden etwas ausführlicher erörtert, da nach wie vor hierzu erhebliche Meinungsdifferenzen bestehen. Als generelle Grenzgeschwindigkeit gemäß SRT bildet **c** die Schranke für alle Teilchen mit einer Masse.

Arthur H. Compton hat 1922/23 anschaulich bei seinen Streuversuchen mit (Röntgen-) Photonen deren Korpuskularität mit Energie- und Impulserhalt nachgewiesen. Bei der Streuung von Photonen an Elektronen wird beim Stoß sowohl

Energie als auch Impuls ausgetauscht. Comptons bildhafter Kommentar:

"...ähnlich wie es Billardkugeln tun. "[3]

Wie bereits festgestellt wurde, kann etwas, das einen Impuls oder Drehimpuls besitzt, nicht masselos sein. Auf höhere Geschwindigkeiten beschleunigte Teilchen erfahren demnach eine Massezunahme und abgebremste Teilchen eine Masseabnahme bei gleichzeitiger Strahlungsemission.[15]

Wenn aber gemäß Modellvorstellung $m_o = m_{Dipol} = 4,1356 \cdot 10^{-15} eV/c^2$ sehr klein, aber $\neq 0$ ist, dann würde das ebenso zu einem unendlichen Ergebnis führen. Das wäre gemäß (Anhang 15) $m_{Dipol} = 0$ ebenso $\Rightarrow \infty$.

Das eine Ergebnis schließt das andere aus.

Auch hier befindet sich Albert Einstein selbst im Widerspruch.

Die Konstanz der Lichtgeschwindigkeit kann nach der Modellvorstellung als die spezifische Ablöse-Geschwindigkeit der postulierten Elementardipole interpretiert werden. Die abgelösten Elementardipole bilden in Mehrzahl als losgelöstes, polarisiertes Kondensat-Cluster das Photon, wie auch alle anderen elektromagnetischen Quanten.

D.h., die Geschwindigkeit **c** ist keine von vornherein gegebene Konstante, sondern die spezifische Endgeschwindigkeit der korpuskularen Masse eines Elementardipols (nach erfolgter Ablösung vom elektronischen Kondensat-Cluster) gemäß der Energie $= h \cdot s^{-1} = m_{Dipol} \cdot c^2$, was auch für das n-fache gilt (der Ablösevorgang ist im Kapitel 6.3. nachgewiesen).

Für makroskopische Problemstellungen, wie die Auslegung und den Betrieb von Beschleunigern, ist die Masse der Elementardipole quasi angenähert als $\Rightarrow 0$ anzunehmen. Sie sind im Bezug zur aufgewendeten Beschleunigerenergie sehr klein.

Hingegen ist anzumerken, dass in modernen Beschleunigeranlagen Teilchen-geschwindigkeiten in der Nähe der Lichtgeschwindigkeit erzielt werden. Die Teilchenmassen werden, bezogen auf deren Ausgangsmasse, zwar sehr groß, jedoch nicht unendlich. Sie strahlen allerdings bei jeder Richtungsänderung Energie und damit Masse wieder ab.

Für das niederenergetische, räumlich nahe 2-Körperproblem Elektron-Positron ist diese Betrachtung nicht anwendbar, da es sich um ein energetisch abgeschlossenes System handelt und es keine Energiezufuhr von außen erfährt. Das trifft auch für alle Rekombinationen im Atom zu.

Die universelle Gültigkeit des Energieerhaltungssatzes ist auch durch die veränderte relativistische Masseinterpretation nicht eingeschränkt, wenn man das kausal an der jeweiligen Energieumsetzung beteiligte Gesamtsystem Elektron und Beschleuniger betrachtet (Anhang 15).

D.h., das Elektron gewinnt (im Beschleuniger) Fremdenergie und damit – gemäß der Energie-Masse-Äquivalenz – zusätzliche (Fremd-) Masse. Dass ein solches abge-schlossenes Gesamtsystem, bezogen auf ein Elementarteilchen einschließlich des Wirkungsgrades des Beschleunigers, bei der Energieumsetzung in der Realität und Praxis schwer zu separieren ist, liegt hierbei nicht am Energieerhaltungssatz.

Im Falle des Elektrons im Grundzustand des H-Atoms ist eine (effektive) Elektronengeschwindigkeit[6] von $v_H = \alpha \cdot c = c/137$ vorhanden.
In der Realität [7] ist die Masse $m = m_0 \cdot (1 - \alpha^2/2)$, d.h. genau um $2\alpha^2/2 = \alpha^2$ zu groß, d.h. $m < m_0$.
Das ist ein scharfer Widerspruch zur SRT, wo alles, was sich mit höherer Geschwindigkeit bewegt, eine zunehmend größere Masse erhalten muss. Hier ist aber das Gegenteil der Fall.

Dieses ist die bekannte Energiedifferenz = Massendifferenz des gebundenen Zustandes im Atom. Die Masse des Elektrons ist somit kleiner $<"m_0"$, obwohl dessen Geschwindigkeit immerhin $\alpha \cdot c$ beträgt. Zudem ist das Elektron noch (wie auch immer kreisförmig) beschleunigt, und es ist auch keinerlei Abstrahlung feststellbar.

Daraus ist ersichtlich, dass eine relativistische Massezunahme auch bei erheblich größeren Translationsgeschwindigkeiten in energetisch abgeschlossenen Systemen, wie im Atom, nicht erfolgt.

Kausal ist hier die überlagerte Bahnbewegung im Atom zur Eigenrotation (Spin), die nur mit einer reduzierten Masse physikalisch möglich ist. Die Umfangsgeschwindigkeit **c** des elektronischen Clusters würde überschritten, sodass ein "Masseabwurf" um $\alpha^2/_2$ unumgänglich wird. Wenn auch diese rein korpuskulare Interpretation strittig sein sollte, das Ergebnis ist es sicher nicht.

Hinzu kommt die um den Faktor $\alpha^2/_2$ reduzierte Masse, die zur Kompensation der im Atom vorhandenen Zentrifugalkraft aufgebracht werden muss. Diese Zentrifugalkraft benötigt eine potenzielle Energie (als Zentrifugalpotenzial), die durch eine adäquat reduzierte Masse "erkauft" werden muss. Das wurde bereits bei der Behandlung der elektronischen Selbstenergie im Kapitel 5 deutlich.

U.a. wird die hier dargestellte Massereduzierung in der Literatur auch mit einer Vorstufe zur Annihilationbezeichnet[11], was jedoch an den eigentlichen physikalischen Ursachen vorbei geht. Hier zeigt es sich bereits klar, dass auch bei diesem (abgeschlossenen 2-Teilchenproblem des H-Atoms) die Relativitätstheorie nicht zu konsistenten Resultaten führt, was für das o.g. Elektron-Positron-Problem analog zutrifft.

Diese Beispiele zeigen, dass unter den spezifischen Verhältnissen abgeschlossener energetischer Systeme der relativistische Sachverhalt nicht "unterschlagen wird". Er ist nicht vorhanden.

Relativistische Geschwindigkeits-Massezunahme gilt nicht
in energetisch abgeschlossenen Systemen.

Im Umkehrschluss zeigt die Synchrotronstrahlung – infolge magnetischer Richtungsänderung (im Bereich der Ablenkmagnete oder Undulatoren) – wie hoch aufgeladene, d.h. hochenergetische Elektronen im Teilchenbeschleuniger diese gerade akkumulierte (Feld-) Masse als Synchrotronstrahlung wieder verlieren.

10.3. Der Poynting-Vektor als Strahlungs-Masse-Strom

Wie ist eine ponderable Masse der elektromagnetischen Strahlung mit den bisherigen, anerkannten Theorien und Gesetzmäßigkeiten vereinbar?

Der bekannte Poynting-Vektor **S** geht aus den Maxwellschen Gleichungen hervor. Er ist sozusagen mit den Maxwellschen Gleichungen identisch, die ja bekanntlich die Grundlage für die Wellenphysik der elektromagnetischen Erscheinungen sind.

Damit erhält man den Betrag und die Richtung des Energie-(dichte-)Transportes im elektromagnetischen Feld.[15,18]

Dass die Maxwellschen Gleichungen mit der ponderablen elektromagnetischen Strahlung verträglich sind, wird in[17] nachgewiesen.

Gleichfalls erfolgt ein solcher Nachweis für das Plancksche Strahlungsgesetz: Wenn man beide Seiten der Gleichung durch **c** dividiert, erhält man eine Masse, wie bereits dargelegt.

Der Poynting-Vektor $\vec{S} = \vec{E} \times \vec{H}$

Die ponderable elektromagnetische Strahlung

$$\vec{S} = \vec{D}/\varepsilon_o \times \vec{B}/\mu_o$$

$$1/(\varepsilon_o \cdot \mu_o) \cdot {\textstyle\int_A} (\vec{D} \times \vec{B})\, dA = dW/dt$$

Das kann auch als Energiefluss mit (rückwärtigem) Grenzübergang dargestellt, $\Delta W / \Delta t \equiv h$ **und damit als** *kleinste "körnige" Massestruktur* **geschrieben werden.**

($\varepsilon_o \cdot \mu_o$ ergibt dann eine Division durch c^2):

$$\varepsilon_o \cdot \mu_o\, dW/dt = \varepsilon_o \cdot \mu_o \lim_{dw/dt \to \Delta W/\Delta t} dW/dt = \varepsilon_o \cdot \mu_o \cdot h\nu/\Delta t = h \cdot \nu/c^2\Delta t \quad \varepsilon_o \cdot \mu_o = 1/c^2$$

und analog als "körniger" Massestrom, bzw. Teilchenstrom m:

dieser beträgt für beliebige (n) = <u>ganzzahlig</u>:

$$(D \times B)\, \Delta x^2 = h \cdot \nu / c^2 \Delta t = (n) \cdot m_{Dipol}\, /\Delta t = \Delta m /\Delta t = \overset{\circ}{m}$$

oder als **Masseteilchen interpretiert** werden.

Bild 36: Der Energie-Massestrom im Poynting-Vektor

Der Poynting-Vektor ist eine Darstellung des fortschreitenden (Wellen- bzw.) Spannungszustandes ($E \perp H$). Er beschreibt den Durchgang von Energie pro Zeiteinheit durch eine Fläche.

Um einen Energietransport oder Energiefluss im Vakuum zu beschreiben, sollte anschaulicher D/ε_o und B/μ_o benutzt werden. Analog ist der "körnige" Massestrom bzw. Teilchenstrom **m** die n-fache Elementardipolmasse. Die Feldkonstanten des Vakuums bilden (gemäß $\mu_o\varepsilon_o = 1/c^2$) multipliziert mit $h \cdot s^{-1}$ die kleinste reale (Feld-) und freie Elementarmasse m_{Dipol} bzw. das Massequantum h/c^2.

Aus der Darstellung ist ersichtlich, dass die Maxwellschen Gleichungen durchaus nicht zwingend eine Welleninpretation mit Masselosigkeit erfordern (Bild 36).

Die quantenhaft "körnige" Energiestruktur sollte dann in konsequenter Anwendung der Energie-Masse-Äquivalenz in einer "körnigen" Massestruktur ihre Entsprechung finden. Daraus ist wiederum konsequent zu folgern:

Neben den Erhaltungssätzen von Energie, Impuls und Drehimpuls muss dies auch für die Masse gelten.

Die von Sallhofer[24] ausgewiesene Maxwell-Dirac-Isomorphie (MDI) zielt auf den gleichen Dipolmasse-Zusammenhang. Diesen Grundsatz haben bereits Lomonossow 1748 und Lavoisier 1789 festgestellt[3]:

"Masse kann weder aus dem Nichts entstehen, noch verschwinden".

Dies gilt insbesondere für ein energetisch abgeschlossenes System, in dem weder Masse- noch Energieumsatz bzw. -austausch mit der Außenwelt stattfindet.[11] Der mathematisch-physikalische Nachweis einer ponderablen elektromagnetischen Strahlung lässt folglich nachstehende Aussagen zu:

Lichtgeschwindigkeit c und unendliche Reichweite implizieren und begründen die Masselosigkeit der elektromagnetischen Strahlung gerade nicht.

10.4. Die Heisenbergsche Unschärfeproblematik in korpuskularer Betrachtung

Ein weiteres Resultat des feinstofflichen Konzeptes ist die Auflösung der Heisenbergschen Unschärfe-Problematik, die zu vielen z.T. absurden Erklärungen geführt hat.

Zu nennen ist hier beispielsweise der

"Kredit" beim Vakuum bei der (kurzfristigen) *Verletzung des Energieerhaltungssatzes und mögliche Verletzung des Kausalitätsprinzips.*

Die Unschärferelationen hatten und haben einen großen Einfluss auf die Weiterentwicklung der theoretischen Physik genommen. Besonders bei der starken Wechselwirkung kommt es zu Fehldeutungen. Werden nun die Heisenbergschen Unschärferelationen in einer Einheit zwischen dem "körnigen" Planckschen Wirkungsquantum **h** und der Wellendualität betrachtet, ergibt sich ein völlig verändertes Bild.

D.h., ist diese Unschärfe in seiner ursprünglichen Bedeutung aufrecht zu halten? Die eindeutige Antwort lautet:

Nein! Das ist in nachstehendem Bild 37 ersichtlich:

Die Heisenbergsche Unschärfe kann modellgemäß aufgelöst werden:

Die *Ortsunschärfe* Die *Energieunschärfe*

oder nach

$\Delta p_x \cdot \Delta x \geq h$ Umformung $\Delta E \cdot \Delta t \geq h$

Energie $\Delta E = (n) \cdot h/_\tau$; Impuls $\Delta p_x = \Delta E/_c = (n) \cdot h/_{c \cdot \tau}$; Masse $(n) \cdot m_8 = (n) \cdot h/_{\tau \cdot c^2}$

(wenn $\Delta x /_\tau \equiv c$ und $\tau \equiv t \, [s]$)

dann ist

$n \cdot h/_{c \cdot \tau} \cdot \Delta x > h$ $n \cdot h/_\tau \cdot \Delta t > h,$

bei $\Delta x / \tau \equiv c$ und $\tau \equiv \Delta t$, und n ganzzahlig und $n \geq 1$ ergibt sich:

$$n \cdot h \geq h \qquad\qquad n \cdot h \geq h$$

Voraussetzung: Das feinstoffliche Massequantum $h/_{c^2}$ gilt!

Bild 37: Auflösung der Heisenbergschen Unschärfe

Mit dem Massequantum h/c^2 bzw. $m_{Dipol} = h/(c^2 \cdot sek)$ gemäß den Modell-Gleichungen $\Delta x/\tau \equiv c$ und $\tau \equiv \Delta t$ und n ganzzahlig, löst sich die Unschärfe korpuskular auf. Das betrifft die Ortsunschärfe $n \cdot h \geq h$, ebenso die Energie-unschärfe $n \, h \geq h$, wobei n immer ganzzahlig ist (Bild 37).

So zeigt sich die Unschärfeproblematik mit der korpuskularen Interpretation der Elementardipole, wie auch vergleichbar mit Photonen und des Elektrons als korpuskular. D.h. somit klar, bei der Formulierung der Unschärfe durch Heisenberg hat jener die ubiquitäre Feinstofflichkeit des Äthers und deren Kopplung an die Ladungsträger nicht gewusst / nicht erkannt.

Folglich spiegelt sich auch hier der Doppelcharakter Welle-Korpuskel bzw. die vorgenannte Doppeläquivalenz in der Quantenwelt wider.

Der Doppelcharakter wird verständlich, da sich die Heisenbergschen Beziehungen aus dem Wellenzahlvektor **k** [2] ergeben. Mit der (beidseitigen) Multiplikaton $\Delta k_x \cdot \Delta x \geq 2\pi$ von $\hbar$ (aus dem Postulat von de Broglie $\hbar \cdot k_x = p_x$), resutiert es primär aus einer Welleninterpretation.

Heisenberg selbst wies auf das in diesem Zusammenhang entstandene Problem des Kausalitätsverlustes hin.

Ein Kausalitätsverlust erfolgt jedoch in keinem Fall.

Scholski.[2)] bemerkt in diesem Zusammenhang, daß der

"Zustand des Systems in der Quantenmechanik anders als in der klassischen Mechanik formuliert werden muss".

Ja, wie anders?

Auch in den 70-ger Jahren und fast bis in die Gegenwart wird die sogenannte "Sonder-Rolle" der Quantenmechanik "gepflegt".

Das Hauptproblem ist hierbei der (Wellenlängen-abhängige) Messprozess. Dieser ist objektiv vorhanden, aber hat nichts mit Unschärfe zu tun, nur mit der Teilchen-Welle-Dualität. Eine weitere fragwürdige Interpretation ist der *"Kredit beim Vakuum"*, wie es vielfach in der Literatur zu finden ist:

"Wenn der Zeitraum kurz ist $\Delta E \cdot \Delta t \leq h$, dann wird eine Verletzung des Energie-erhaltungssatzes toleriert. Mit anderen Worten, je größer die Störung der Energiebalance, um so kürzer die erlaubte Störung."

Um es auch erneut klar zu wiederholen:

Eine Verletzung des Energieerhaltungssatzes existiert sowohl kurzzeitig nicht und ein Kausalitätsverlust tritt nicht ein.

Das Vakuum ist kein leerer Raum, was die Wechselwirkung mit der Feinstofflichkeit betrifft. Jedoch ist die Folgerung,

"je schwerer das Austauschteilchen, umso kürzer die Verletzung des Energieerhaltungssatzes" eine Fehlfolgerung.

Es soll jedoch nicht ausgeschlossen werden, dass es temporäre und gleichzeitig lokale, feinstoffliche Zusammenballungen geben kann, die in Wechselwirkung mit instabilen Elementarteilchen-Resonanzen treten können. Wie bei der ("virtuellen") Vakuumpolarisation der QED könnte dies eine Realitätsbrücke bedeuten?

Die geringe Trefferrate der Elektronen, z.B. auch bei den atomaren Streu-experimenten ist hingegen kein Indikator für Unschärfe und vieles andere mehr, sondern hat einen anderen physikalischen Grund. Hier wird das elektronische Cluster nach dem Modell des Vielfachpendels weggestrahlt (wie bereits unter Kapitel 10.3. erörtert). Der Prozess des Wegstrahlens ist jedoch keine Unschärfe, sondern eine physikalisch bedingte Ursache. Überhaupt wird vieles – und nicht alles zu Recht – den Heisenbergschen Unschärferelationen und dem Quanten-Sonderstatus zugeschrieben.

Es ist doch recht einfach, auf die Unschärfe auszuweichen, ersetzt das doch vorhandene Erklärungsnot. Mit der feinstofflich-polarisierten Struktur lässt sich die Unschärfe korpuskular auflösen. Die Wellendualität bleibt hingegen nach wie vor bestehen. Das ist bei der gesamten elektromagnetischen Strahlung bis zu größeren Molekülen durch Zeilinger nachgewiesen.[27]

Unschärfe gemäß den Heisenbergschen Beziehungen existiert ebenso wenig wie die Verletzung des Energieerhaltungssatzes.

Richtig ist hingegen, dass es Wechselwirkungen mit der Raumenergie / dem Äther gibt. Das kann man durchaus als (kurzfristigen) "Kredit" beim Vakuum interpretieren. Aber dass ein Teilchen dadurch dauerhaft schwerer bzw. massereicher wird, dürfte so nicht zutreffen. Hier wäre unter dem Aspekt noch Forschungsbedarf angezeigt.

Der Begriff der Verschränkung statt der Unbestimmtheit ist ein neueres Ergebnis aus den Untersuchungen zur Wellendualität. An dieser Stelle seien Walborn, Terra-Cunha, Padua und Monken mit ihrer Publikation "Quantenradierer"[30] zitiert:

"Es ... vermögen Physiker noch immer nicht zu erklären, warum der Welle-Teilchen-Dualismus existiert".

Diesbezüglich sind wir nicht weiter als Richard Feynman, der in den 60er Jahren schrieb:

"Wir können das Rätsel nicht zum Verschwinden bringen, indem wir erklären, wie es funktioniert. Wir werden Ihnen nur sagen, dass es funktioniert".

"Dennoch machen wir Fortschritte. Wir verstehen jetzt, dass für die Komplementarität im Doppelspaltversuch nicht etwa eine durch die Messung verursachte quantenmechanische Unbestimmtheit verantwortlich ist, sondern die Quantenverschränkung als notwendiger Teil des Messvorganges selbst ist. Das mag auf den ersten Blick aussehen wie ein Nebenaspekt, aber für das – nach all den Jahren noch immer offene – Problem, wie die Quantentheorie zu interpretieren sei, bedeutet es eine wichtige Einsicht."

Dem kann man nur zustimmen.

Kurz-Zusammenfassung Kapitel 10.

- Der "Zerstrahlungsvorgang" $e^- p^+$ bedarf keiner relativistischen Betrachtung. Das trifft auch für alle Wechselwirkungen in abgeschlossenen energetischen Systemen inclusiv der Schrödinger-Gleichung zu.

- Die Ergebnisse der vier relativistischen Diracschen Gleichungen sind ebenso über nicht relativistische klassische Ansätze erhältlich.

- Ein Lichtquantenimpuls, wie alle elektromagnetischen Impulse sind ohne eine Masse = 0 nicht existent.

- Eine Ruhemasse im Wortsinn existiert in der gesamten Mikrowelt nicht.

- Die Plancksche Strahlungsgleichung kann ebenso als Massebeziehung gelten, wenn beide Seiten der Gleichung durch c^2 dividiert werden.

- Die universelle Gültigkeit des Energie-Erhaltungssatzes ist durch die veränderte relativistische Masse nicht eingeschränkt, wenn das an der jeweiligen Energieumsetzung beteiligte Gesamtsystem Elektron und Beschleuniger betrachtet wird.

- Das beschleunigte Elektron bzw. Teichen gewinnt Fremdenergie und damit, gemäß Energie-Masse-Äquivalenz, zusätzliche (Fremd-)Masse.

- Im Grundzustand des H-Atoms ist eine (effektive) Elektronen-Geschwindigkeit von $c/137$ vorhanden, dennoch ist die Elektronenmasse kleiner. Das ist ein scharfer Widerspruch zur SRT.

- Die Maxwellschen Gleichungen fordern keine Masselosigkeit der elektromagnetischen Strahlung, wie am Poynting-Vektor gezeigt wird.

- Lichtgeschwindigkeit c und unendliche Reichweite implizieren die Masselosigkeit der elektromagnetischen Strahlung.

- Unschärfe gemäß den Heisenbergschen Beziehungen existiert ebenso wenig wie die Verletzung des Energiesatzes, incl. "Kredit" beim Vakuum.

- Mit dem Massequantum h/c^2 bzw. $m_{Dipol} = h/(c^2 s)$ lässt sich Unschärfe $\Delta x / \tau = c$ und $\tau = \Delta t$ beseitigen. Es betrifft die Ortsunschärfe $n \cdot h \geq h$, ebenso die Energieunschärfe $n \cdot h \geq h$.; h ist dabei immer ganzzahlig.

11. Der Äther, das äußere elektrische und magnetische Feld und Antigravitation

11.1. Die Wiedergeburt des Äthers

Seit über 120 Jahren ist der Äther in der wissenschaftlichen Diskussion. Dabei gab es sogar Zeiten, in denen das Vorhandensein des Äthers komplett abgestritten wurde. Inzwischen gewinnt er wieder an Aktualität.

Das liegt vor allem an überzeugenden praktischen Beispielen, in denen nachgewiesen werden konnte, dass mehr Energie erzeugt werden kann als hineingesteckt wurde. Es ist ein so genannter over unity Effekt (o-u-Effekt). Auch die Beobachtungen von UFOs (Flugscheiben) gehen von der Tatsache aus, dass es ohne bordeigene Energiequelle nicht funktionieren kann. Doch davon später mehr.

Neu ist nun, dass der

Äther unter Ladungsträger-Einfluss zu elektromagnetischer Feldenergie wird.

Nicht nur – man muss es hier wiederholen – dass sowohl das elektromagnetische Feld **nicht** zum Elektron wie auch das elektronische Cluster-Kondensat **nicht** zu diesem gehören. Es ist kondensierte Raumenergie bzw. kondensierter Äther. Der kondensierte Äther wird nicht wieder frei. Er ist auch als Kondensatteil "zusammengebacken". Dies betrifft die Photonen mit unterschiedlicher Energie.

D.h., der zu Beginn des 20. Jahrhunderts totgesagte Äther existiert. Er ist nur viel feiner im Bezug auf Licht-Photonen und basiert auf den Planckschen Quanten.

Er tritt gemäß nachstehendem Bild 38 in drei Aggregatzuständen auf:

1. Als neutralisierter Äther, der aus zusammengelagerten Elementardipole besteht,

2. als polarisierter Äther im Bereich der Ladungsträger als elektromagnetisches Feld

3. und als kondensierter Äther um die nackten Ladungsträger.

Nachstehendes Bild 38 und auch das Buch-Coverbild zeigen schematisch die drei Aggregatzustände des Äthers in einem Sektorausschnitt:

kondensiert – polarisiert – neutralisiert.

Der Äther wird unter dem Einfluss freier Ladungsträger sowohl zu polarisierter Feldenergie als auch zu kondensierter Materie als Ladungsträger-Bestandteil!

Das ist eine neue Sichtweise.

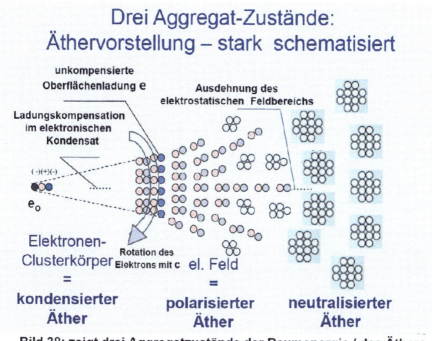

Drei Aggregat-Zustände: Äthervorstellung – stark schematisiert

unkompensierte Oberflächenladung e

Ausdehnung des elektrostatischen Feldbereichs

Ladungskompensation im elektronischen Kondensat

(-)(+)(-)

e_0

Elektronen-Clusterkörper

Rotation des Elektrons mit c

el. Feld

=
kondensierter Äther

=
polarisierter Äther

neutralisierter Äther

Bild 38: zeigt drei Aggregatzustände der Raumenergie / des Äthers

Die neutralen, feinstofflichen Ätheronen werden unter dem Ladungseinfluss der freien Ladungsträger aufgebrochen und bilden das äußere elektrostatische Feld. Bei Ladungsträgerbewegung entsteht das magnetische Feld. Das erfolgt so weit in den umgebenden Raum hinein, bis die Feldstärke der freien Ladung dazu nicht mehr ausreicht. Die Elementardipole verbleiben dann als gegenseitig, vollständig neutralisierte, Ätheronen gemäß vorstehendem Sektorbild.

An dieser Stelle muss betont werden, dass der Begriff "Raumenergie" für (neutrale) Ätheronen gemäß Bild 38 zunächst nur eine potenzielle Energie ist, die nicht energetisch nutzbar ist (außer im Schwerkraftfeld). Äther besteht aus dieser Sicht aus neutralisierten Elementardipolen, die sich jedoch zusammenlagern.

Das ist vergleichbar mit strukturiertem, hexagonalem Wasser.
Wie bekannt, besitzt das (freie) H_2O-Molekül Dipolcharakter. Diesen versucht es auszugleichen, indem es mit den Nachbarmolekülen Komplexionen bildet, wohlgemerkt Ionen.

Die Ionen verbinden sich quasi "kristallin" mit den Nachbaratomen. D.h., ein H-Atom wird verdrängt und das strukturierte Wasser wird zu H_3O_2, wie es der Amerikaner Gerald H. Pollack in seinem schönen Buch "Wasser mehr als H_2O"[32] beschreibt.

Dieser kleine Vergleichsexkurs soll – ohne näher auf diese interessante Thematik einzugehen – nur auf die Analogie der neutralisierten Elementardipole im Äther hindeuten.

Zu einer – wie auch immer – nutzbaren Energie kommt es erst im polarisierten Zustand in der Nähe von freien Ladungsträgern als elektrostatisches und magnetisches Feld. Wie beim kondensierten Äther um die Ladungsträger wird der polarisierte ("Feld")-Äther ebenso mitgeführt. Er folgt den Ladungsträger-bewegungen fortwallend (siehe Hertzsche Wellen, Kapitel 11.3.).

Ein weiterer "Ätheronen"-Baustein könnten die Neutrinos sein? Sie sind allerdings nicht zu elektromagnetischen Wechselwirkungen und nicht zu elektromagnetischer Strahlung fähig und besitzen keinerlei magnetisches Moment (siehe auch übernächstes Kapitel 13.).

Im Unterschied zu den v.g. neutralen Elementardipol-Ätheronen sind diese auch nicht polarisierbar und damit nur – wenn überhaupt – eingeschränkt wirksam, bestenfalls gravitativ.

11.2. Das äußere elektrische und magnetische Feld

Ein makroskopisches elektromagnetisches Feld ohne freie Ladungsträger ist nicht existent. Dabei verfügt ein Elektron, ohne einen Ladungsträger-Strom, über sein eigenes elektrisches und magnetisches Feld, selbst wenn es am Ort verharrt, d.h. dessen Translationsgschwindigkeit Null ist. Bei atomgebundenen Elektronen ist ebenso ein magnetisches Moment vorhanden, aber nicht immer messbar, da es hauptsächlich im Orbit mit der längsten Aufenthaltsdauer auftritt.

Die Frage lautet nun:

Wo verbleibt die äußere elektromagnetische Feldenergie bei der Rekombination? Oder besser: Gehört das elektrische und magnetische Feld sowohl zum Elektron als auch zum Proton/Ion als freie Ladungsträger?
Zwei Fragen – eine Antwort: Nein.

Aus den Widersprüchen im Eingangskapitel ist bereits erkennbar:

Was gehört zum Elektron, wo fängt es an und wo hört es auf?

Gemäß dem Kondensat-Cluster-Modell gehört beides – Feld und Kondensat – nicht zum (nackten) Elektron. Wie bereits unter Bezug auf J. J. Thomsen zitiert, wurde von ihm erstmalig die magnetische Feldmasse nachgewiesen[11]. Das muss auch für das elektrostatische Feld gelten, obwohl es experimentell schwieriger messbar ist. Das elektrostatische und magnetische Feld ist folglich materiell. D.h., es besitzt ebenfalls ponderable Masse. Diese Masse ist jedoch noch keinem Kondensationsprozess unterworfen. Das Koppelglied zwischen freien Ladungsträgern und dem Äther bildet das elektromagnetische Feld. Es sind die zwar polarisiert angeordneten, aber freien Elementardipole, die (noch) keinem Kondensationsprozess unterworfen wurden. Diese "verflüchtigen" und "depolarisieren" das elektromagnetische Feld bei Wegfall freier Ladungsträger (d.h. nach Abschalten der Spannungs- bzw. Stromquelle). Das bedeutet jedoch nicht, dass sie danach – zwar depolarisiert – masselos sind, aber dennoch existieren.

Das Plancksche Wirkungsquantum in dessen Dreifach-Eigenschaft von Energie, Masse (Korpuskel) und Dipolarität (Elementardipol) ist ebenso um das (nicht kondensierte) äußere Feld zu erweitern. Es müssen sich folglich auch im Äther Elementardipole als sich gegenseitig neutralisierte Oligopole als Komplex-Dipole bilden, um bei dem v.g. Wasservergleich zu bleiben. Über deren Dichte im feldfreien Raum ist allerdings nichts bekannt.

Bei Ladungsträgerbewegungen rotieren die polarisierten Elementardipole in Vielzahl als "Kraftröhren" – ein Ausdruck von Faraday. Diese rotierenden Röhren bilden dann eine Magnetfluss-Strömung vom Nordpol zum Südpol eines Permanentmagneten. Diese Magnetfluss-Strömung ist für alle nicht ferromagnetischen Materialien "durchsichtig", d.h. wenig abschirmbar.

Bei jeder Ionisation werden freie Ladungsträger "geboren", die sofort ihr eigenes Feld generieren.

Als Ion gewinnt das (ionisiert-befreite) Elektron sowohl zusätzliche Energie und Feld-Masse, als auch geringes, zusätzliches, elektronisches Kondensat.

Die Energie und Masse ist beim im Atom gebundenen Elektron geringfügig kleiner.

Eingangs wurde bereits die Frage gestellt:

Was wird dann aus dem Energieüberschuss bei der Rekombination?
Ist damit eine Raumenergie-Nutzung möglich?

Die Nutzung bezieht sich besonders auf das **strahlungslose** Grenzkontinuum, d.h. nach der Depolarisierung und "Verflüchtigung" des elektromagnetischen Feldes. Das wurde bisher bei allen Berechnungen zur Energiebilanz der elektromagnetischen Wechselwirkung, bei der Rekombination nicht berücksichtigt. Selbst bei dessen relativ geringem Anteil ist das unvollständig. Bei jeder Rekombination entfällt sowohl das äußere Feld als auch ein Teil der elektronischen Kondensat-Energie und -Masse des Elektrons und Ions, wie zuvor erwähnt. Diese wird dann als Emission von Photonen abgetrahlt. Die Elementardipole[17] des Feldes verbleiben dann als sich gegenseitig vollständig neutralisierte Komplex-Ätheronen. Wäre das Vakuum völlig leer, wären dessen Vakuum-Feldkonstanten nicht existent, d.h. $\mu_0 \cdot \varepsilon_0 = 0$.

Folglich wäre $c^2 = 1/\mu_0 \cdot \varepsilon_0 = \infty$. Stattdessen ergibt $h' \cdot \mu_0 \cdot \varepsilon_0 = h'/c^2$ (h' bedeutet [Ws] ohne s^{-2}, d.h. ohne Frequenzbezug).

Das kleinste feinstoffliche, korpuskulare Masse-Teilchen bildet die unvorstellbar kleine, ubiquitäre, unmessbare Feinstofflichkeit. Im Vergleich dazu ist das Elektron $\approx 10^{20}$-fach! größer (massiver). Das bereits zitierte, bisher ungelöste Feld- und Ladungsquellen-Energie-Problem greift Tom Beardenauf.[5]

Seine zuvor gestellte Grundfrage lautet sinngemäß mit anderen Worten:

"Was ist die Quelle der Energie, die ein freies Elektron stets und ständig in seine Umgebung emittiert bzw. mit dieser austauscht? Ist es deshalb ein echtes Perpetuum mobile?"

Da ist US-Physiker Harold Puthoff bereits näher an der Realität[31]:

"...Ein (freies) Elektron strahlt deshalb ständig Energie ab und nimmt im Gegenzug (polarisierte Raum-) *Energie aus dem Vakuum auf, so dass sich ein stabiler Gleichgewichtszustand ergibt[31]..."* (nicht kursiv in Klammern: unsere Ergänzung).

Es ist die ständige Wechselwirkung des freien Elektrons mit der Raumenergie, die Harold Puthoff ebenso *als Gleichgewichtszustand* (mit der Raumenergie) bezeichnet. Das Aufbrechen neutralisierter Ätheronenbindungen in Elementardipole[17] in der Nähe der freien Ladungsträger bedingt danach das

ständige Anziehen und wieder Abstoßen vom
elektronischen Cluster-Kondensatkörper.

Was folgt aus dem Wechselwirkungsgleichgewicht?

(In gewisser Weise ist es ähnlich wie im Atom, aber die Physik ist eine Andere.)

Der Feldaufbau nach einer Ionisation erfolgt (fast) unverzüglich gemäß dem mittleren Teil im Bild 38. Das "fast" bezieht sich auf die Ausbreitung mit (wahrscheinlich?) Lichtgeschwindigkeit gemäß den Vakuumkonstanten auf kurze Distanz.

Wie kann man sich – nach dem primären Ionisationsakt – die weitere, permanente Wechselwirkung der (be-) freiten Ladungsträger bzw. des Elektrons mit der Raumenergie vorstellen?

Bereits Erwin Schrödinger nahm *eine Oszillation um den "Ladungsschwerpunkt" des Elektrons an, die er als Zitterbewegung*[11] deutete.

Warum sollte ein freies Elektron im idealen, völlig leeren Vakuum (ohne jeglichen Raumenergie-Einfluss) "zittern", vibrieren oder gar oszillieren?
(Es hat nichts mit dem zuvor zitierten Quantenoszillator zu tun.)

Sowohl die Rotation (Spin), als auch das *Schrödingersche Oszillieren um den Ladungsschwerpunkt* des freien Elektrons sind durch die Raumenergie-Wechselwirkung verursacht. Durch die Elementardipol-Polarisierungen (im Gleichgewichtszustand) entsteht das ständige *"Brodeln"* und *"Zittern"* des freien Elektrons, was gleichzeitig den **Rotationsantrieb** für das Elektron bildet.

Diese unglaubliche Rotation entsteht gerade aus diesem Wechselwirkungseffekt.
Dieser Rotationsantrieb führt sekundär zu dem Drehimpuls
und Elementarmagnetismus des Elektrons.

Dieses *"Brodeln"*: Die Literatur[5] (QED) bezeichnet es als *"kurzzeitiges Erscheinen und Vergehen von ('virtuellen'?) Elektron-Positron-Paaren"*.

Virtuelle Elektron-Positron-Paare existieren nicht. Stattdessen sind es **Elementardipole,** die im Ergebnis des Aufbrechens neutraler Ätheronenbindungen infolge der Raumenergie-Wechselwirkung polarisiert, d.h. angezogen und wieder abgestoßen werden.

In welcher Form Ist das nutzbar?

Jeder Ionisationsakt bedingt eine sprunghafte Feld-Polarisierung als aktivierte
bzw. polarisierte, feinstoffliche Raumenergie
als Grundlage für eine Nutzanwendung.

Der Effekt liegt in der Überlagerung von elektromagnetischen Feldern, die ohne Energiezusatz in der Feldamplitude addiert werden. Das entspricht einer punktuellen Energiedichte-Erhöhung, um Ionisationen zu ermöglichen. Es übersteigt eine lineare Addition der Energiefelder des Gesamtfeldes um ein Vielfaches. Es ist somit größer als die Energie der getrennten Ausgangsfelder. Da die Energie quadratisch eingeht, erhöht sich beispielsweise bei einem Stapel von drei flachen (runden) Permanentmagneten die Energie des gesamten Magnetfeldes quadratisch. Das trifft auch zusätzlich für die elektromagnetischen Wellen in den Zuleitungen und Resonanzsystemen zu.

Die Gesamtenergie einer stehenden elektromagnetischen Welle kann um ein Vielfaches größer sein, als die Energie der Wellen und der elektromagnetischen Felder durch lineare Addition. Als Ergebnis erhöht sich die Gesamtenergie des Systems. Das ist auch verständlich, denn die einfache Beziehung der Energiefelder ist:

$$W_{Ges} = \tfrac{1}{2} \cdot V_m \cdot \omega_0 = \tfrac{1}{2} \cdot V_m \cdot \varepsilon_0 \cdot E^2 = \tfrac{1}{2} \cdot V_m \cdot \mu_0 \cdot H^2 \qquad V_m = \text{Feld-Volumen}$$

Infolgedessen ist die Energie eines Gesamtfeldes am Beispiel dreier Magnete dreimal höher als die der drei getrennten Magnete. Dadurch wird auch die Energiedichte (pro Volumen) dreimal größer.

Der Energieerhaltungssatz, einschließlich des Feldes, ist nicht verletzt. Das elektromagnetische Feld weist auf die Möglichkeit hin, Energie als Übertragung mit der Summierung von elektromagnetischen Wellen und Feldern zu erzeugen.[43] Der polarisierte Raum, der magnetische Wirbel-Energie besitzt, ist übertragbar und damit nutzbar. Die nichtlineare Additivität elektromagnetischer Felder zeigt, dass für das Gesamtfeld eine quadratische Zunahme der Feldenergie erfolgt.

Das ist als komprimierte elektromagnetische Energie zu bezeichnen.

Das elektromagnetische Feld bietet weiterhin die Möglichkeit, Energie aus der Übertragung als Summation von elektromagnetischen Wellen und Feldern zu erzeugen, wie es Tesla erfolgreich bewerkstelligt hat.[43] Dies wird in den folgenden Abschnitten ausführlicher dargestellt.

11.3. Die elektrostatischen Antigravitations-Effekte

Im direkten Zusammenhang mit dem Äther steht die Antigravitation. Sie ist von der elektroenergetischen Ionisations- und Feldgenerierung und Rekombination nicht zu trennen. In diesem Beitrag soll und kann keineswegs die Gesamtproblematik der Gravitation behandelt werden.

Von den vier Elementarkräften ist die Gravitationskraft, da sie unser alltägliches Sein bestimmt, noch immer nicht erschöpfend erklärt und erforscht.

Deshalb wollen wir uns auf die Antigravitations-Effekte beschränken.

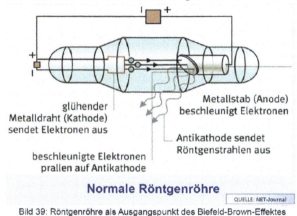

glühender Metalldraht (Kathode) sendet Elektronen aus

Metallstab (Anode) beschleunigt Elektronen

beschleunigte Elektronen prallen auf Antikathode

Antikathode sendet Röntgenstrahlen aus

Normale Röntgenröhre

QUELLE: NET-Journal

Bild 39: Röntgenröhre als Ausgangspunkt des Biefeld-Brown-Effektes

Antigravitations-Effekte wurden mehrfach nachgewiesen und sind besonders mit einem Namen verbunden, dem des US-Amerikaners Thomas Townsend Brown. Durch seine ersten Versuche zum Nachweis eines Antigravitations-Effektes fand er jedoch in der damaligen wissenschaftlichen Welt keiner-lei Anerkennung – im Gegenteil. Nur der damalige Professor Biefeld war bereit, ihn zumindest anzuhören und befürwortete seine Versuche in den 20-er Jahren des vorigen Jahrhunderts.

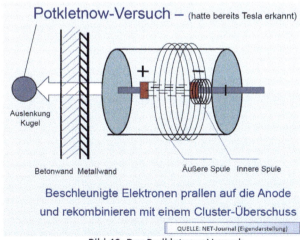

Potkletnow-Versuch – (hatte bereits Tesla erkannt)

Auslenkung Kugel

Betonwand   Metallwand

Äußere Spule   Innere Spule

Beschleunigte Elektronen prallen auf die Anode und rekombinieren mit einem Cluster-Überschuss

QUELLE. NET-Journal (Eigendarstellung)

Bild 40: Der Podkletnow-Versuch

Das führte dazu, dass die Versuche unter der Bezeichnung Biefeld-Brown-Effekt[22] in die Technik-Geschichte eingingen.

(Auch hier ist bemerkenswert, dass der Name des Professors **B**iefeld noch immer vor dem Experimentator und Erfinder **B**rown genannt wird,

nächst keinen Beitrag dazu geleistet hat.)

obwohl ersterer zu-

Ein wichtiges Kriterium ist hierbei die positive Oberflächen-Hochspannungs-Aufladung einer überwölbenden Anode gemäß Biefeld-Brown-Effekt (si. Bild 41) und ein nichtlineares Dielektrikum (Kegel) dazwischen.

Bei Anlegung einer Hochspannung bildet sich im Dielektrikum (mit einer Permittivität ε_{rel} bis zu 10.000) eine Ionisationslawine zur Anode aus.

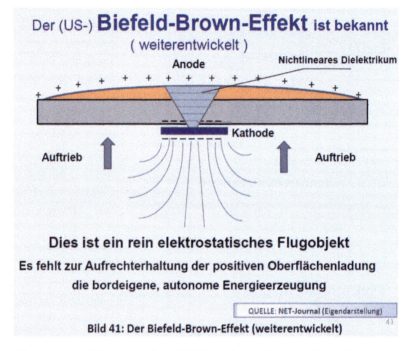

Bild 41: Der Biefeld-Brown-Effekt (weiterentwickelt)

Das bedingt einen elektrostatischen Feldüberschuss, der sich oberhalb der Anode wieder depolarisiert und den nach oben gerichteten Antigravitationseffekt erzeugt.

Dieses führt u.a. zur Verringerung des Luftwiderstandes durch positive Aufladung der Flügelvorderseiten als Anwendungsbeispiel beim US-Tarnkappenbomber.[22]

Bei Umpolung wird durch die negative Oberflächenladung die Gravitation verstärkt und die Anordnung wird deutlich schwerer oder der Tarnkappenbomber würde abgebremst. Die beschleunigten Elektronen prallen unter teilweisem Strahlungsverlust ihres Kondensat-Clusters auf die plane Anode. Der elektronische Clusterüberschuss wird im Metall gestreut ("zerschreddert") und depolarisiert sich hinter der Anode hindurch als kleiner Antigravitationsschub.

Die Anfänge zur Antigravitationswirkung werden am vorstehenden Bild 39 einer Röntgenröhre deutlich.

Thomas Townsend Brown unternahm seine ersten Versuche mit einer abgewandelten Röntgenröhre (Bild 39 Coolidge-Röhre[22]), was prinzipiell auch dem analogen Podkletnow-Versuch Bild 40 entspricht. Statt der abgeschrägten Anode enthalten beide eine plane Anode. Dieser Antigravitationsschub ist

nicht mit dem klassischen Newtonschen Prinzip vereinbar, da "actio ≠ reactio".
Es entsteht keinerlei Rückstoß! Das ist bereits ein "Perpetuum mobile!".

Es besteht jedoch ein physikalischer Grund, wie im nachstehenden Kapitel gezeigt werden kann. Das war auch ein Grund, weshalb die Brownschen Versuchsergebnisse von der damaligen etablierten Wissenschaft der USA strikt abgelehnt wurden.

Die Energie dazu liefern die beschleunigten Elektronen, die von einer stärkeren Stromquelle nachgeliefert werden müssen (Bild 42).

Positive elektrostatische Oberflächen-Hochspannungs-Aufladungen über einen Van-de-Graaf-Generator liefern ebenso Hochspannungs-Antigravitations-Energie. Die positive elektrostatische Aufladung nimmt jedoch infolge von Isolationsverlusten langsam wieder ab.

Elektrostatische Van-de-Graaf-Aufladungen waren auch vor 1945 in Deutschland bekannt und wurden zur Luftabwehr genutzt. Das waren sogenannte Foofigter, die positiv aufgeladen, Verwirrung in den Bomberverbänden stifteten.

Bild 42: Flugscheiben in der Anfangsphase   Bild 43: Modernere kleine Flugscheibe von Cerkurkow

Eine dauerhafte Leviation bedarf jedoch einer ständigen Nachspeisung. Deshalb konnte in der Anfangsphase auf ein (Nachspeise-) Verbindungskabel nicht verzichtet werden. Im Bild 43 rechts ist die bei russischen Leviationsversuchen ebenso die unvermeidliche Hochspannungs-Kabel-Verbindung zu sehen. Der russische Experimentator Alexej Cerkurkow hat diese kleine, funktionsfähige Flugscheibe gebaut, die vom Boden aus gesteuert und versorgt wird.

Allein die Hochspannung ergibt noch keinen ausreichenden Leviationseffekt. Beides entspricht weitgehend dem Biefeld-Brown-Effekt.

Hier war jedoch zur Aufrechterhaltung der Hochspannung für die Antigravitation ein Nachspeisekabel erforderlich. Auch der Searl-Effekt-Generator ist ein Antigravitations-Fluggerät, das jedoch bereits über die bordeigene o.u-Elektroenergieerzeugung verfügt. Das wird nachstehend im Rahmen der magnetischen Antigravitationsmechanismen als o.u.-Beispiel erläutert. Die Physik der Flugscheiben war jedoch eine andere gemäß den uralten historischen Überlieferungen (siehe Kapitel 15.4.und Bild 62).

11.4. Magnetische Antigravitationsmechanismen

Antigravitation ist auch mittels starker magnetischer Felder zu erzeugen. Wie oben angedeutet gibt es hierbei Möglichkeiten, wie das schöne Beispiel des Searl-Effekt-Generators (SEG) zeigt (Bild 45 und 46). Die Rollenmagnet-Anordnung kann bei hohen Drehzahlen sowohl zur over-unity-Elektroenergieerzeugung als auch zur Antigravitation genutzt werden. Dabei muss zwischen Antigravitationseffekt und (ableitbarer) Elektroenergieerzeugung getrennt werden. Antigravitation erfolgt bereits bei außerordentlich schneller Rotation der gegenläufigen Magnet-Rollen. Dabei entstehen Ionisationen als sogenannte Sekundärionisationen, zusätzlich zu den im metallischen Leitungsband ohnehin vorhandenen quasifreien Elektronen. Dadurch erhält die o.u.-Elektroenergieerzeugung als auch die Antigravitation ihre (zusätzliche) nichtlineare Charkteristik.

In seinem schönen und umfassenden Buch "Verschlusssache Antigravitationsantrieb"[22] beschreibt Paul La Violette mittels der Subquanten-Kinetik die Antigraitation. Dies erläutert er an zahlreichen Beispielen, u.a. besonders anhand des Biefeld-Brown-Effektes und Searl-Effekt-Generators (SEG). Dabei verwendet er Differentialgleichungen mit Napla- und Delta-Operatoren. Diese mathematisch-physikalisch schöne und mathematisch korrekte Darstellung täuscht allerdings darüber hinweg, dass zwar die nichtlinearen Abhängigkeiten mathematisch beschrieben werden, aber tiefere Einsichten über die sich z.T. überlagernden physikalischen Wirkprinzipien gewinnt man dadurch nicht.

In den nachstehenden Bildern 44 und 45 ist der Searl-Generator in seiner Ausführung und im Funktionsprinzip dargestellt. Die mehrlagige Rollenmagnetanordnung ist hier zu sehen.

Diese wird zunächst von außen angetrieben gestartet, um danach mit zunehmender Drehzahl von selbst abgekoppelt zu werden. Bei weiterer selbstständiger Drehzahlerhöhung wird sowohl eine o.u.-Elektroenergie-Abgabe als auch eine erhebliche Antigravitationswirkung erzielt. Der Experimentator und Erfinder John Searl berichtet, dass ihm mehrere seiner Flugscheiben mit diesem Antrieb in den Weltraum entwichen bzw. verlustig gegangen sind.

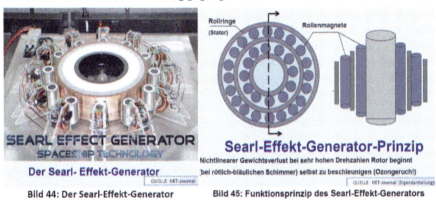

Bild 44: Der Searl-Effekt-Generator   **Bild 45: Funktionsprinzip des Searl-Effekt-Generators**

Mit dem Searl-Effekt-Generator haben wir ein Beispiel bei gleichzeitiger bordeigener o.u.-Elektroenergieerzeugung, gekoppelt mit kräftiger Antigravitation. Er benötigte für seine Antigravitationsversuche kein Nachspeisekabel, im Gegensatz zu den zuvor dargestellten Beispielen im Bild 44 und 45.

Interessant ist zudem, wie Paul La Violette in seinem Buch[22] die erhebliche Antigravitationswirkung mit einer Searl-Flugscheibe beschreibt. Hierbei reißt die Flugscheibe ca. 1m^3 zusammenhängendes Erdreich mit in die Höhe. Daraus ist erkennbar, dass damit durchaus perspektivisch Hebezeugleistungen möglich wären.

Ebenfalls nach diesem Magnetrollen-Prinzip waren die Anlagen des Magnet-Elektrogenerators (MEG) der russischen Experimentatoren Godin und Roschtschin ausgestattet. Bei bei den Rollen-Magnet-Anlagen (SEG und MEG) wurden im Betrieb Temperaturabkühlungen in den Anlagen selbst und in der Umgebung registriert. (Näheres siehe auch Kapitel 13.)

11.5. Die Wanderschaft der positiven Ionen

An den v.g. Beispielen und Zusammenhängen zeigt sich in der Natur, warum immer nur die Protonen bzw. positiven Ionen "auf Wanderschaft" gehen:

- Elektrolyse;
- Thyratron (Anodenstrom);
- Kavitations-Material-Abtrag;
- Opferanoden als Korrosionsschutz;
- Masse/Karosserie bei Kraftfahrzeugen darf keine Anode sein;
- Biefeld-Brown-Effekt;
- Positive Hauptblitzentladung geht immer von unten nach oben;
- Haare oder positiv aufgeladene Fransen recken sich der Kathode entgegen.

Der antigravitative Biefeld-Brown-Effekt ist – wie zuvor angedeutet – von der Hochspannungspolarität abhängig. Die in der Literatur oft geäußerte überwiegend positive Ladungstönung ist bei den Atomen fragwürdig. Das wird gestützt, da bereits leichte Atome, wie das H-Atom, im zunehmenden Abstand vom Kern zunächst eine negative Potenzialmulde durchlaufen.[11] Im größeren Abstand verringert sich die Potenzialmulde wieder, bleibt aber negativ. Weiterhin werden die Spins vorwiegend bei Mehr- und Vielelektronen-Systemen von den Valenzelektronen bestimmt. D.h., die äußeren (negativen) Valenzelektronen übertönen die Kernladung.

Aus der Hochspannungstechnik ist der Begriff "Raumladung" bekannt. Hier sind nach Lehrmeinung Feldemissions-Elektronen gemeint. Aber sind es nur Elektronen? Oder sind es auch das elektrostatische Feld bildende, polarisierte Elementardipole? Wahrscheinlich beides, da die elektrostatische Feldstärke – abhängig von der geometrischen Anordnung (Extremfall: Spitze-Platte) – partiell überschritten werden kann.

Bei der Blitzentladung erfolgt zunächst eine negative Fangladung in Ruckstufen von oben. Am Ende jeder Ruckstufe bahnen rechtwinklig emittierte Röntgenstrahlen den ionisierten (zackigen) Blitzkanal, der dann den Weg der positiven Hauptladung vom Boden aus ebnet. (Auch hier zeigt eine UV-Bestrahlung einer Funkenstrecke, dass sich die Durchschlagspannung bei gleichbleibender Feldstärke erniedrigt.)
Die emittierten Röntgenstrahlen am Ende einer Ruckstufe reduzieren die Durch- und Überschlagsspannung. So können im Gewitter weite Strecken durch Blitze

überbrückt werden. Der Wirkmechanismus der positiven Hauptladung ist der gleiche, wie bei den v.g. Beispielsvorgängen, nur dass es nicht als Antigravitation wahrgenommen wird. Das wurde bereits gemäß Kapitel 8 und am abgewandelten, nachstehenden Bild 46 deutlich:

Bild 46: Rekombination und dessen strahlungloser (gravitativer) Übergang

Grund ist der überschüssige, größere Kondensat-Clusterkörper des Elektrons gegenüber dem geringeren Kondensatkörper des Protons. Nach der Rekombination, d.h. dem Auftreffen beschleunigter Elektronen auf die Anode entsteht der feinstoffliche Überschuss. D.h., je größer die Differenzenergie und Geschwindigkeit der Elektronen und Protonen (Ionen) vor der Rekombination ist, umso mehr Cluster-Überschuss entsteht bei der Rekombination der Photonen. Der Clusterkörper-Überschuss wird im Anodenmetall bei der Rekombination (ggf. lawinenartig) gestreut. Bei einer plan-ausgebildeten Anode, wie beim T. Brown und Podletnow-Versuch, entsteht zwar große Rekombinationshitze, aber der (Röntgen-) Strahlungslungsanteil ist geringer als bei einer abgeschrägten Anode.

Dieser Überschuss wird erst beim Auftreffen auf die Anode frei und depolarisiert sich danach sofort, da die Ladungsträger bereits wieder gebunden (rekombiniert)

sind. Daraus ist ersichtlich, dass der **Cluster-Überschuss** des Elektrons den geringeren Clusterkörper des Protons/Ions nach der Rekombination übertrifft und danach als überbordender Teil wieder depolarisiert. Das führt zu einem geringen Antigravitationsschub in der Fortsetzungsrichtung (Bild 46) der auftreffenden Elektronen.

Dadurch "zieht" der <u>depolarisierte</u> Cluster-Überschuss als Gravitationsimpuls das Proton bzw. Ion mit" auf die Wanderschaft".

Hieraus ist ersichtlich, dass der **Cluster-Überschuss** des Elektrons nach der Rekombination als strahlenloser Übergang verbleibt und wieder depolarisiert. Das betrifft Clusterteile innerhalb des Ladungsradius (Bild 46).

Diese Neutalisierung ist nicht gesundheitsschädlich, im Gegensatz zu jeder ioninisierender (Ab-)Strahlung.

Offenbar ist dieses "Wander"-Phänomen unter diesem feinstofflichen Aspekt kaum bekannt.

Nikola Tesla bemerkte – wenn er hinter der Anode bei einem Hochspannungsversuch stand – einen deutlichen Impulsschub, der weder durch Stahl- oder Betonwände abschirmbar war. Ein Luftdruckschub war deshalb nicht messbar.

Grundsätzlich besteht der Unterschied zwischen der Elektroenergieerzeugung, insbesondere der o.u.-Überschuss-Generierung (aus Ionisation) und Antigravitation (aus Rekombination). Ionisation und Rekombination sind bereits bestens bekannt.

Neu ist hingegen das Funktionsprinzip nach dem feinstofflichen Clusterkörper-Modell.

Es muss unter Einbeziehung der Raumenergie/des Äthers sowohl in der einen Richtung (Ionisation) mit deren akkumulierter und komprimierter Raumenergie (durch Energieaufnahme) und in der gegenteiligen Richtung (Rekombination durch Energieabgabe) deren physikalische Situation näher betrachtet werden. Die Energieabgabe erfolgt meist durch elektromagnetische Strahlung (Kondensat-Strahlung).

Das ist aber in Bezug auf Antigravitation absolut unerwünscht.

Es kommt darauf an, – ohne Strahlungsabgabe – einen (gerichteten) Urzustand der Raumenergie bzw. des Äthers herzustellen. Die dabei immer entstehende Kondensatstrahlung muss in gewisser Weise "zerschreddert" werden oder darf nicht erst kondensiert entstehen. Wie kann das erfolgen?

Dazu gibt es prinzipiell zwei Wege:

- Den Hochspannungsweg über lawinenartige Energieminderung, besonders über ein nichtlinares Dielektrikum (wie z.b. beim Biefeld-Brown Effekt über einer kleinen (überdeckten) Kathode (Bild 41 und 44).
- Den Magnetweg über Rotation mit starker radialer Abdrift, ohne wesentliche Kondensatstrahlung (wie beim Searl-Effekt über Magnetrollen Bild 45 und 46).

Beide ermöglichen, einen – zum Erdgravitationsfeld konträr gerichteten – Urzustand des Äthers bzw. der Raumenergie. Das "Gerichtet" entspricht dem Antigravitations-schub und der "Urzustand" ergibt sich ebenso aus vorstehenden Bild 46.

Im Kapitel 8.4. wurde bereits kurz auf die Rolle der Neutrinos eingegangen. Es könnte sich um völlig abgeschlossene Kondensate handeln, die keiner elektro-magnetischen Wechselwirkung unterliegen, aber schwach gravitativ wirken. Einen Antigravitationsschub könnten sie durchaus verstärken. Paul La Violette unter-scheidet fünf verschiedene Ätheronen.[22] Das sind nach seiner Auffassung "X"-Ätheronen (Elektrostatische), "Y"- (Magnetische), "G"-, aber auch "A"- und "B"-Ätheroen (nicht bezeichnet). Von all denen ist jedoch bisher kein Nachweis bekannt. In seinem Buch[22] könnten zur extremen Antigravitations-Nichtlinearität ("A"+"B") - wenn es denn Neutrinos betreffend sind - infolge ihrer (größeren Masse vom $\approx 10^{15}$-fachen gegenüber dem Planckschen-Massequantum beitragen.

Bereits 1976 charakteresierte W.I. Rydnik in seinem Büchlein "Vom Äther zum Feld" die Situation in der theoretischen Physik[10], die auch heute noch gültig ist:

"In den klassischen Theorien konnte man die Frage 'Warum' bis zur Lösung der mikroskopischen Theorie aufschieben. In der relativistischen Quantentheorie kann man die Frage 'Warum' nirgendwohin aufschieben. Es hängt die Antwort des 'Wie' davon ab, welche Antwort man auf das 'Warum' erhalten hat. Hierin besteht die Hauptschwierigkeit der jetzigen Etappe der Teilchenphysik, die seit einigen Jahren erreicht ist. Das ist nicht eine physikalische Schwierigkeit, sondern eine erkenntnis-theoretische."

Das – wohlgemerkt *"seit eingen Jahren"* dato 1976 – beschreibt es Rydnik. Und heute nach nunmehr 44 Jahren ist die Situation unverändert, wie Sabine Hossenfelder in ihrem Buch "Das hässliche Universum"[8] den erstarrten Status der gegenwärtigen theoretischen Physik beschreibt.

Kurz-Zusammenfassung Kapitel 11

- Wäre das Vakuum völlig leer, wären dessen Vakuum-Feldkonstanten nicht existent, d.h. $\mu_o \cdot \varepsilon_o = 0$. Folglich wäre $c^2 = 1/\mu_o \cdot \varepsilon_o = \infty$. Stattdessen ergibt $h \cdot \mu_o \cdot \varepsilon_o = h'/c^2 \cdot s$.

- Der Äther als Raumenergie tritt in drei Aggregatzuständen auf:
  kondensiert – polarisiert – neutralisiert,
  1. als kondensierter Äther um die nackten Ladungsträger;
  2. als polarisierter Äther im Bereich der Ladungsträger als el.-mg. Feld;
  3. als neutralisierter Äther als Konglomerat von Elementardipolen.

- Bei Ladungsträgerbewegung entsteht das elektostatische und magnetische Feld. Das erfolgt so weit in den umgebenden Raum hinein, bis die Feldstärke der freien Ladung nicht mehr ausreicht.

- Der Begriff "Raumenergie" für (neutrale) Ätheronen ist zunächst eine nicht nutzbare potenzielle Energie, (außer im Schwerkraftfeld).

- Das ist vergleichbar mit strukturiertem, hexagonalem Wasser.
  Wie bekannt, besitzt das (freie) H_2O-Molekül Dipolcharakter.
  Dieses versucht es auszugleichen, indem es Komplexionen bildet.

- Sowohl der kondensierte Äther um die Ladungsträger wie der polarisierte ("Feld")-Äther wird mitgeführt, während freier Äther am Ort verbleibt.

- Die magnetische Feldenergie ergibt sich quadratisch Das ist als komprimierte elektromagnetische Energie zu bezeichnen.

- Ein (freies) Elektron strahlt deshalb ständig Energie (Elementardipole) ab und nimmt im Gegenzug (polarisierte Raum-) Energie aus dem Äther auf, sodass sich ein Gleichgewichtszustand ergibt. Dadurch entsteht die immense Rotation, vergleibar dem Anziehen und Abstoßen im Atom.

- Ein Antigravitationsschub ist <u>nicht</u> mit dem klassischen Newtonschen Prinzip vereinbar, da actio≠reactio. Es entsteht keinerlei Rückstoß!

- Dadurch "zieht" der depolarisierte Clusterüberschuss als Gravitationsimpuls das Proton bzw. das Ion mit "auf die Wanderschaft".

12. Möglichkeiten für eine elektroenergetische over-unity-Nutzung

12.1. Grundlagen der Elektroenergie-Generation

Es stellt sich die Frage, wie zusätzlich freie Ladungsträger generiert werden können, die für eine Elektroenergiegewinnung einzig voraussetzend sind. Es ist der Vorteil eines (leitfähigen) Metalls, dass im Leitungsband quasifreie Elektronen existieren. Hier ist die klassische Elektroenergieerzeugung über die quasifreien Elektronen durch magnetische Separation möglich. Das betrifft alle klassischen, rotierenden, elektromagnetischen Generatoren mit ihrem hohen Wirkungsgrad, der aber immer kleiner als 100 Prozent ist. Eine Ladungsträger-Gewinnung, d.h. Aufspaltung neutraler Atome, kann auch durch verschiedene elektrische, chemische und thermische Verfahren durch Ionisationen realisiert werden. Ebenso existiert die atmosphärische Elektrizität durch großräumige Ladungstrennung (Gewitter).

Bei Einwirkung von Lichtphotonen (Photosynthese über Chlorophyll als Katalysator und Photovoltaik) sowie durch Einstrahlung ionisierender, höherenergetischer Photonen entstehen freie Ladungsträger. So sind auch Paarbildungen in Elektronen und Positronen unter Einwirkung hochenergetischer Strahlung (als sekundäre Höhenstrahlung) Im Coulombfeld schwerer Kerne können Paarbildungen entstehen, das ist bekannt. Auch hier werden freie Ladungsträger erzeugt, dennoch scheidet es technisch und aus Strahlenschutzgründen aus.

Alle diese Verfahren benötigen Eingangs- bzw. Anschubenergie, die anderweitig zur Verfügung gestellt werden muss. Eine selbstständige Möglichkeit zur Erzeugung freier Elektroenergie-Ladungsträger gibt es z.B. beim Kontaktpotenzial unterschiedlicher chemischer Materialien, aber mit endlicher Lebens- und Nutzungsdauer. Das trifft ebenso für Korrosionsschutz-Opferanoden zu. Auch die o.u-Elektroenergiegewinnung bedarf Anschubenergien in einem sich selbst verstärkenden System. Die bekannten zahlreichen Verfahren, ob im Experimentalstadium oder bereits angewendet, sind unter den Kapiteln Elektromagnetisches Feld, o.u-Generierung und Antigravitation einzeln dargestellt. Wie man es auch bezeichnet, ob als parametrisches Resonanz-Verstärkersystem oder piezo-elektronisch-hydraulische "Auspressung" – immer entstehen nicht-sinusförmige Strom- und Spannungsverläufe (aufgesattelte Leistungsspitzen bis zu Rechteck-Verläufen, z.B. beim Marukhin-Widder; Beispielsverläufe sind im Kapitel 13.6.4. dargestellt).

Die bereits im NET Jahrg. 24 H. 3/4[17)] dargelegten Verfahrensbeispiele und Vorschläge werden erweitert und ausführlich als Experimentalanleitung begründet. Ebenso wird ausführlicher auf die Antigravitationsverfahren – im Kontext der Verkettung mit der o.u.-Energie-Generierung – eingegangen. Nachstehend ist eine Zusammenstellung der wichtigsten Ionisationsenergien (ebenfalls als Tabelle) enthalten. Es bestehen grundsätzliche Analogien bezüglich des entscheidenden Ionisationsursprungs. Ionisation als Ladungsträger-Generierung und feinstoffliche Antigravitation sind verwandt bzw. Schwestern. Das ist durch das zeitgleich-verbundene, neu entstehende Ionisierungs-Feld bedingt. Dadurch können auch unter bestimmten Bedingungen Ionisations-Rückkopplungen ermöglicht werden.

Immer wieder faszinierend ist der Faradaysche Scheibengenerator (Bild 47).

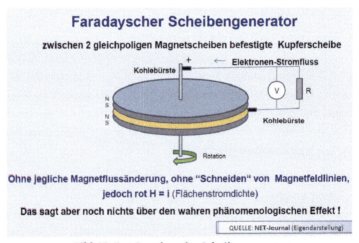

Bild 47: Der Faradaysche Scheibengenrator

So kann man nach diesem Prinzip auch im Selbstbau den kleinsten und einfachsten Elektromotor herstellen. Es ist ein Scheibenmagnet (oben), der an einem Batteriepol angeschlossen wird. Der andere Pol wird als Kontaktbürste am Schraubenkopf befestigt und schon rotiert dieser rasend schnell (Bild 48).

Das entspricht auch dem sogenannten Barlow-Rad. Während das Barlow-Rad mit Quecksilber betrieben wird, ist der "Schrauben-Motor"[50)] noch einfacher. Er ist natürlich nicht als Generator zu gebrauchen, aber das physikalische Funktionprinzip ist das gleiche.

Das Wesentliche an diesen einfachen physikalischen Beispielen sind ein Magnetfeld und eine rotierende Metallscheibe bzw. ein metallischer Rotationszylinder mit übergestülptem blankem Schrauben-Kopf.

Das Magnetfeld kann dabei statisch feststehend sein oder mitrotieren. Das Magnetfeld ist wie "im Raum verankert".

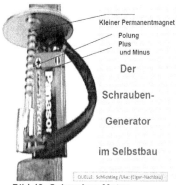

Kleiner Permanentmagnet

Polung
Plus
und Minus

Der

Schrauben-

Generator

im Selbstbau

Das zeigt auch hier, dass das Magnetfeld, wie auch der elektronische Clusterkörper, nicht zum Elektron gehören. Der Clusterkörper rotiert mit dem Elektron, aber beide stehen in enger Wechselwirkung mit diesem. Beide Fälle sind jedoch kein o.-u.-Fall. Dieser wird erst möglich, wie nebenstehend (Bild 48) erläutert.

Bild 48: Schrauben-Motor

12.2. Die Feldenergie-Generierung

Diese andere Seite der "Medaille" der Ionisationsphysik ist die Feldphysik, d.h. die magnetische und elektrostatische Feld-Intensivierung, die – gemäß dem v.g. Äther-. Polarisierungs- und Kondensatbild (Kapitel 11, Bild 38) – die Möglichkeit der Zusatzionisierung anzeigt. Zahlreiche dargestellte Beispiele zielen in die Antigravitationsrichtung, die bereits tangiert wurden.

Zwischen Antigravitationseffekt und (ableitbarer)
Elektroenergieerzeugung ist deshalb zu trennen.

Im Vorfeld wurden die Zusammenhänge zwischen (neutralisiertem) Äther, dem polarisierten, elektrischen und magnetischen Feld mit dessen Ionisationsfolgen als Ladungsträgergenerierung dargelegt.

Wesentlich ist hierbei der gleichzeitige (äußere) Feldzuwachs bei einem Ionisationsakt. Das bedeutet einen spontanen, zusätzlichen Feldenergiegewinn, der vor der Ionisation nicht vorhanden war.

Der Feldenergiegewinn wurde – im Bezug auf Ionisationen – bisher
nie und nirgends beachtet.

Die Feldenergie wird dabei immer aus dem umgebenden Raum gewonnen (generiert). D.h., die technische o.u.-Stromerzeugung erfolgt aus einem offenen, makroskopischen Prozess. Auf mikroskopischer Ebene ist es zwar ein sehr kleiner Ionisations-Feld-Beitrag, der sich aber quadratisch summieren kann.

12.3. Zusatz-Ionisationen als Grundlage der o.u.-Energieerzeugung

Die komprimierte, elektromagnetische Energie kann Ausgangsbasis für Ionisationen und weitere notwendige (Sekundär-) Ionisationen bilden. Dies wurde besonders durch die beschriebene Feldenergiedichte-Erhöhung möglich. Das Atom oder Molekül ist nach außen weitgehend feldfrei. Vor einem Ionisationsakt ist die äußere Feldpolarisierung nicht vorhanden. Sie entsteht erst mit dem Ionisationsakt.

Umgekehrt wird nach einer Rekombination die Energie (als Photon) wieder frei. Auch der anteilig geringe Feldteil gehört dazu, aber er depolarisiert strahlungsfrei, ist aber damit noch nicht nutzbar.

Nach einem einzelnen Ionisationsakt ist die entstehende Feld-Energiedichte jedoch zu gering, um andere weitere (Sekundär-) Ionisationen zu erzeugen. Bei größeren Strömen kann jedoch eine Magnet-Impuls-Verwirbelung zu den örtlichen und temporäreren Feld- und Energiedichte-Erhöhungen führen, was die wichtigen Sekundär-Ionisationen zur Folge hat.

Solche örtlichen und temporärern Feld- und Energiedichte-Erhöhungen können sodann auch fortwallend als longitudinale Skalarwelle[43] weggetragen werden. Das erfolgt als reine Magnetwellen, die sich longitudional wellenförmig überlagernd verstärkend oder abschwächend im Raum ausbreiten. Diese Magnet-Skalarwellen sind durchdringend und nicht abschirmbar. Hier wird auf die v.g. Experimente von Nikola Tesla bei seinen Hochspannungsversuchen verwiesen.

Der Sachverhalt der örtlichen und temporäreren Feld- und Energiedichte-Erhöhungen ermöglicht durch Sekundärionisationen eine aktive elektroenergetische Nutzung. Das trifft sowohl auf die Ionisationsbedingungen (hohe spezifische Ionisations-Stoß-Spannung inkl. nutzbarer Sekundärionisation) als auch durch (sprunghafte) einhergehende Feldverstärkung zu.

Dieser sich gegenseitig aufschaukelnde Wechselwirkungsprozess ist eine der Voraussetzungen im Resonanzprozess. Hierzu ist es nötig, zusätzliche Stirnsteilheiten (durch Zerhacker oder Funkenstrecken) zu erzeugen, die

Stoßionisationen ermöglichen. Es ist auch verständlich, dass der Nutzungsprozess dadurch äußerst nichtlinear sein muss.

Der o.u-Prozess beginnt erst mit den Zusatz- bzw. Sekundär-Ionisationen.

Ionisationen können erreicht werden durch:

- Elektrostatische Feld-Ionisation (kurz Spannungs-Ionisation);
- Ionisation durch Strahlung (ab UV-Srahlung und höherenergetisch);
- Thermische Ionisation (bei höheren Temperaturen);
- Chemische Ionisation (meist im Wechsel mit thermischen Ionisationen);
- Druckionisation (nutzbar z.B. als piezo-elektrische Ionisation);
- Ionisation durch exteme Rotation.

Wichtige Ionisierungsenergien (als Photoemission $h \cdot \nu$ = $e \cdot V$) der wichtigsten Leitermetalle:

Cu:	7,7 eV	Li :	5,4 eV
Al:	5,9 eV	Ba:	5,2 eV
Hg:	10,3 eV	Fe:	7,9 eV
Au:	9,2 eV	Ni:	7,6 eV
Ag:	7,6 eV	Mn:	7,4 eV
Pt:	8,9 eV	Pb:	7,4 eV

(Ionisierungsenergien der wichtigsten Metalle, Wasserstoff und Sauerstoff gemäß Stöcker Taschenbuch Physik))

Die Leitermetalle bewegen sich alle im einstelligen eV-Bereich (nicht berücksichtigt sind dabei die quasifreien Leiterbandelektronen). Höhere Ionisierungsenergien weisen Wasserstoff und Sauerstoff auf. Die einstellgen Ionisierunsenergien täuschen allerdings darüber, dass sich erst nach der Ionisation das äußere Feld aus der Raumenergie generiert, das – wie bereits mehrfach erwähnt – zuvor nicht existierte. Das bedingt einen **erheblichen** (makroskopischen) Energiezuwachs bei gleichzeitig vielfacher Ionisation.

Das blieb bisher bei allen physikalischen Energiebilanzen außer Betracht. Für die Nutzung der elektroenergetischen Energiegewinnung ist dieses Verständnis der physikalischen Zusammenhänge essentiell.

D.h. zu nutzbarer Raumenergie wird das neutrale Äther- bzw. Ätheronen-Feld erst im aktiviert-polarisierten Zustand nach einer Ionisation. Diese Zusatzenergie steht z.B. in einer Schwingkreis- oder QEG-Anordnung zur Verfügung. Hier werden gleichermaßen durch zusätzliche Ionisationen freie Ladungsträger generiert. Das erfolgt über die quasifreien Elektronen des metallischen Leitungsbandes hinaus. Sie werden somit dem Prozess aufgesattelt bzw. zusätzlich in die Anordnung eingespeist. Im Resonanzfall sind bei genügend hohen Spannungsspitzen sind Sekundär-Ionisationen möglich (eine Mindestgröße der Anordnung ist erforderlich!). Kleine Niederspannungsanlagen ohne zusätzliche Resonanz-Elemente und magnetfluss-verstärkende Funkenstrecken vermögen diese Bedingungen nicht zu erfüllen. Wesentlich steigerungsfähig ist es, wenn ein permanenter Wechselprozess zwischen

Ionisation und Rekombination innerhalb leitfähiger Medien

von Metallen, Festkörpern, Flüssigkeiten oder Plasmen erfolgt.

Bei schweren Atomen ist bei höherenergetischer (d.h. tiefer) Ionisation, inkl. der kernnahen Elektronen) ist der Effekt größer. Kernnahe Elektronen besitzen wesentlich stärkere Bindungsenergien. Das bedarf zunächst einer größeren Energiezufuhr, die sich als Feldenergiegewinn mit größerem Raumenergienachschub ergibt.

Vermehrte Sekundär-Ionisationen bilden neue Ladungsträger. Das ermöglicht (die konstruktiv) abzuleitende o.u.-Elektroenergie-Erzeugung. Der Start und die Aufrechterhaltung solcher Sekundär-Ionisationen im direkt gekoppelten Rekombinations-o-u-Prozess ist dabei das A und O.

Tiefe Ionisation bei Festkörpern bedingt den Verlust ihres Aggregatzustandes bei gleichzeitig sehr hohen Temperaturen. Bei Festkörpern mit hohen Schmelztemperaturen ist dies kaum zu beherrschen, obwohl im o-u-Fall eine geringe Temperaturerniedrigung eintritt (siehe nachstehendes Kapitel 18.2.).

12.4. Grundsätze für konstruktive Auslegungen der Elektroenergie-Gewinnung

Nachstehend sind einige grundlegende Voraussetzungen und Prinzipien, die für konstruktive Auslegungen dienen können, aufgeführt. Diese sind unterschiedlich in ihrer physikalischen Kopplung. Die notwendigen Zusatz- oder Sekundärionisationen sind von partiellen Hochspannungs- bzw. Druck- und Rotationsdifferenzen abhängig.

Das ist nicht einfach zu erreichen. Zur autonomen o-u-Elektroenergie-Erzeugung ist dies jedoch unabdingbar. Da die Feldenergiedichten zu gering sind, basieren die Grundprinzipien im Wechselspiel von Feldenergiedichte-Erhöhungen bei gleichzeitiger Ionisationsspannungs-Generierung, die es zu erfüllen gilt:

1. Das ist von punktuellen Energiedichte-Erhöhungen der (nicht kondensierten) Feldenergie und vom Nutzungskonstrukt abhängig. Es kommt auf hohe Intensität und sich selbst verstärkende magnetische Druckwellen mit zielgerichteter Ionistion an. Die zu ionisierenden Elektronen sind zur Elektro-energiegewinnung (konstruktiv abhängig) abzuleiten.

2. Bei rotierenden Permanentmagnet-Generatoren ist der auf- und abschwellende Wechsel bei den Polschuhen entscheidend, aber nicht ausreichend. Hier ist ein zusätzlicher Unterbrechervorgang (ggf. Funkenstrecke) zur Stoßspannungsionisation und Resonanzerzeugung über angepasste Kondensatoren erforderlich (Beispiel siehe unten).

3. Aber auch bei schnell rotierenden gegenläufigen Magnetrollen-Anordnungen, wie z.B. beim Searl-Effekt-Generator (SEG), dem Magnetischen Energiekonverter (MEG) von Godin und Roschtschin oder dem Kugellagermotor von Gubrud entsteht eine Ladungstrennung[22]. Dadurch erfolgt die technische Stromrichtung im Generatorbetrieb von den Magnetrollen in Richtung Stator und umgekehrt beim Motorbetrieb vom Stator in Richtung Magnetrollen

4. Bei Spulen-Kondensator-Schaltungen, beim Hendershot-Generator u.a.m., kommt es auf die Resonanzerzeugung und deren stabile Aufrechterhaltung an. Das ist z.T. schwierig, da äußere und innere Einflüsse (Temperaturschwankungen) die Resonanz "außer Tritt" bringen können.

5. Beim Marukhin-Widder[37] erfolgt eine (kurzzeitige, ionisierende) Piezo-Elektronen-Freisetzung. Das dürfte rückgekoppelt-stützend auf die verlustfreien, adiabatischen Hochdruckschwingungen über den äußeren Stromkreis wirken. Folglich ist es als elektro-hydraulische Resonanzkopplung analog dem elektro-magnetisch-mechanischen Tesla'schen Oszillatorsystem [33].

6. Wesentlich steigerungsfähig ist es für Vielelektronenatome in eingeschlossenen Medien, wenn Kondensat-Strahlung innerhalb der Atomverbände sekundär ionisierbar genutzt wird. Passende höherenergetische Photonen rekombinieren wieder innerhalb des Mediums und ionisieren damit sekundär.

7. Hochspannungs-Unterbrecherschalter werden zur Erzeugung von Stoßionisationen genutzt. Die Auslegung hoher Arbeitsspannungen ist bei Resonanzanlagen hilfreich, um die Lenzsche Regel zu reduzieren. Dies ist konstruktiv von der (natürlichen) Spannungsinduktion und ebenso vom Isolierstoff abhängig.

Nach außen tretende (höherenergetische) Strahlung bedeutet Verlust.
Zudem ist ionisierende Strahlung gesundheitsschädlich.

Obwohl der Kondensat-Übergang gering fließend ist, sind im o.u.-Fall geringe Leuchterscheinungen nicht auszuschließen (das wird u.a. am Searl-Effekt-Generator[22], aber auch bei der "Glocke", Kap. 18., deutlich). Da alle nach außen abgestrahlten Photonen, Röntgen- und γ-Quanten-Strahlungen sind wegen ihres Kondensat-Zusammenhaltes für eine over-unity-Energieerzeugung verloren. Sie entfallen – ohne Kenntnis dieser Zusammenhänge – für alle hochenergetischen und höchstfrequenten Ansätze.

12.5.Ausführungsbeispiele

12.5.1. Das Tesla-Automobil

Stellvertretend seien nachfolgend nur einige typische Beispiele der erfolgreichen o.u.-Nutzung angeführt, um die grundlegenden Wirkprinzipien zu erkennen. In dem schönen Buch von Adolf und Inge Schneider: "Auf dem Weg in das Raumenergie-Zeitalter"[56] kann man eine aktuelle Zusammenfassung darüber nachlesen. Es werden zahlreiche, erfolgreiche Erfinder portraitiert, die sich mit ihrem Herzblut den neuen o.u.- Techniken und -verfahren verschrieben haben.

1932 fuhr Nikola Tesla ca 400 km rein autonom elektrisch
Zeuge: Mitfahrer der Deutsche Heinrich Jebens

1937 erhielt der ehem. Student der Grazer Universität deren Ehren-Doktorwürde.

Nikola Teslas legendärer Pierce Arrow 8 mit Raumenergie-Antrieb

Adolf Schneider

Wäre es nicht angemessen diesen hervorragenden Experimentator, Wissenschaftler und Erfinder in Graz ein Denkmal zu errichten?

Diesen Forschungsbericht erstellte der Autor für die Deutsche Vereinigung für Raumenergie DVR
ISBN 978-3-9816619-4-1
66 S., Format A4, viele farb. und s/w-Abbild., 19.80 Euro/Fr. 24.-
www.jupiter-verlag.ch
www.dvr-raumenergie.de

QUELLE: NET-Journal (incl. Eigendarstellung)

Bild 49: Erste bordeigene autonom-elektro-automobile Anwendung
Beispiel einer frühen Anwendungskonstruktion von Nikola Tesla mit seinem "Pierce Arrow"(vorstehendes Bild 49) aus dem Jahr 1932 ist bis heute im Wirkprinzip unbe-

kannt. Das könnte auf Raumenergie-Sekundärionisationen bei Magnetfeld-Resonanz eines Hochspannungs- bzw. Hochfrequenz-Tesla-Transformators basieren?

Leider ist es bis heute nicht überliefert, wie es dieser hervorragende Erfinder damals bewerkstelligt hat.

Das kann man als fortschrittsfeindlich ansehen. War das auch der Grund für die Sperrung der Forschungsgelder für Tesla? Das Problem war offenbar der fehlende Stromzähler und damit die kommerzielle Abrechenbarkeit. Dadurch hat er sodann verarmt und überschuldet die USA verlassen. Der Schatten, der auf Teslas Pierce Arrow fiel, verdeutlicht das vom US-Patentamt erlassene Memorandum an alle Patentprüfer.[22] Dessen Inhalt ist so reaktionär, dass man Teslas Pierce Arrow nachträglich wahrscheinlich verboten hätte, wie der US-Amerikaner Paul La Violette dies zudem in seinem Buch[22] "Verschlusssache Antigravitationsantrieb" zitiert: Dass folgende Bereiche aller technischen Erfindungen verboten werden sollen.
(Es ist der Fall von Verhinderung technischen Fortschritts unter primäres Ökonomiestreben.)

Das betrifft:

> "Perpetuum Mobile (over-unity-Energiegeneratoren); Antigravitationsgeräte; Raumtemperatur-Supraleitfähigkeit; freie Energie; Tachyonen; Ausbreitung des Lichts mit Überlichtgeschwindigkeit; andere Technologien usw., die gegen die allgemeinen Gesetze der Physik verstoßen."

Dieses Vorgehen scheint, als ob die (bekannten) physikalischen Gesetze ein festgegossenes Dogma wären und man resistent gegenüber neuen Erkenntnissen ist. Weiter zitiert er in seinem Buch[22] einen geheimen US-Militärforscher:

> "...die Relativitätstheorie, die derzeitige Quantenphysik und besonders die Quantenelektrodynamik (QED) seien ... hoffnungslos veraltet und teilweise sogar falsch..."

Dem kann man sich nur anschließen.

Allerdings stellt sich die Frage: Was ist gemäß dem Buch-Titel unter "Verschluss"?
Es wäre heute beim der Klima-Thema für eine bordeigene, automobile Energie-erzeugung hilfreich, wenn es diese national-staatlichen Einschränkungen nicht gäbe. Stattdessen wäre eine fruchtbringende internationale Zusammenarbeit sinnvoll.

12.5.2. Der Quantum-Energie-Generator (QEG)

Die zahlreichen Literaturangaben ersetzen das Grundverständnis nicht, da die etablierte Physik hierzu nicht hilfreich ist[17], solange u.a. unklar bleibt, was ein "Feld" de facto materiell ist – aber nicht nur das.

Es sollen nun einige erfolgreiche praktische Anwendungen vorgestellt werden:

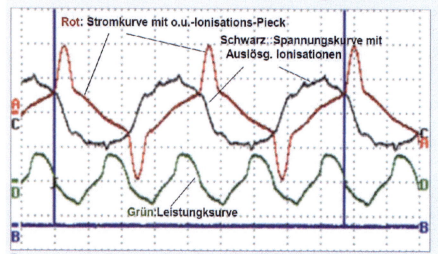

Bild 50: Reale Spannungs-, Strom- und Leistungskurven einer o.-u.-Anordnung

Beispiel dazu ist der Vierpol-Quantum-Energie-Generator (QED), den der Experimentator Hans-Jürgen Brachmann mit einem Team erfolgreich nachgebaut hat[34]. Hier sieht man deutlich, dass die Spannungskurve im Maximum gezackt ist. Das resultiert aus den beschriebenen Zusatz- bzw. Sekundärionisationen, die sich dann in einem deutlichen Peak der Stromkurve repräsentieren. Die Zusatz- oder Sekundärionisationen sind ausschließlich Spannungsionisationen (siehe Kapitel 13.).

Bild 51: Die QEG-Ausführung

Im Unterschied zur Orginalversion wurde der Stator viereckig ausgeführt, um mehr Platz für die Hochspannungswicklungen zu erhalten (Bild 51 rechts).

Im vorstehenden Bildteil (Bild 50) sind die Spannungs-, Strom- und Leistungskurven im o.u.-Fall dar-gestellt.

Diese Zusatzionisationen werden der magnetischen Separation der Leitungsband-Elektronen im normalen Generatorprozess aufgesattelt und stehen als o.u.-Effekt zur Verfügung. Das macht sich dann auch in der darüber oszillogravierten Leistungkurve mit deren erhöhtem Maxima bemerkbar. Auch wenn die Strom-Spannungskurven – bedingt durch das Resonanzverhalten der Anordnung – phasen-verschoben sind, zeigt es doch klar und deutlich den o.u.-Fall an[34]. Im o.g. Beispiel ist der Strom kapazitiv vorauseilend phasenverschoben.

Durch Nachschaltung einer Induktivität oder von zwei Stromtoren (Thyratrons oder Thyristoren) zur zweiseitigen Gleichrichtung bzw. Nachschaltung von Wechsel-richtern, wäre transformatorisch eine verbrauchsgerechte Spannung zu erhalten.

Die konstruktive Ableitung der freien bzw. befreiten Elektronen ist in einem äußeren, geschlossenen Arbeitsstromkreis mit deren abschließender Rekombination (Verbraucher), wie üblich zu gewährleisten.

Eine verbesserte Form von John W. Ecklin[35] mit vier Statorpolen und sechs Läuferpolen ermöglicht keine Hemmung des Antriebsmomentes und gewährleistet dadurch einen o.u.-Effekt von 9:1 (Bild 53).

Es zeigte sich sowohl beim QEG von H.J. Brachmann als auch beim Ecklin-Reluktanz-Generator (Bild 52), dass sich die elektrische Belastung – und sogar bei einem direkten Kurzschluss – kaum oder nicht auf den Antrieb auswirkt. Je höher die Drehzahl, umso geringer die Rückwirkung.

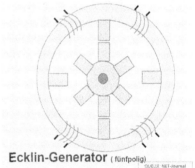

Ecklin-Generator (fünfpolig)

Bild 53: Der Ecklin-Generator

Zudem wurde trotz hoher Belastung der Generator überhaupt nicht warm, sondern es erfolgte eine Abkühlung (siehe Kapitel 18.).

Das ist ein wesentliches und untrügliches Kriterium zur Erreichung des o.u.-Zustandes bzw. des Zustandes kurz vor diesem. Die Abkühlung (trotz unverminderter ohmscher Wärmeverluste), die bereits mehrere Experimentatoren festgestellt und gemessen haben (wie u.a. Searl, Godin und Roschtschin), muss die ohmschen Verluste sogar mehr als kompensieren.

Erwähnenswert ist auch der Tewari-Generator. Der Inder Paramahamsa Tewari hat einen o.u.-Generator konstruiert und gebaut, der bis zu 250 bis 300 Prozent o.u.-Leistung genereriert. Das – wohlgemerkt – in dem er die Lenzsche Regel zumindest teilreduziert. (Dazu hat er ein Buch verfasst, worin er die Wirkungsweise beschreibt.) Es sollen hierzu auch der Lüling-Motor, der Slobodin-Generator, der Yildiz-Generator und zahlreiche andere mehr zumindest Erwähnung finden. Aber alle sind rotierende Generatoren mit unterschiedlichen Wirkprinzipien und Wirkungsgraden.

Tom Bearden[7] beschreibt ein Japanisches Patent, dessen Wirkprinzip eine sanfte Manetfeldänderung am Umfang zur max. Flussänderung – wie gewünscht – führt. Dieser rotierende Generator hat eine einzige Spule, wovon ein Wechselstrom abnehmbar (mit zusätzlichen Trigger) ist. Der sich am Umfang sanft erweiternde Luftspalt des geblechten Stators ermöglicht bis zur stufenförmigen Einengung an der Spule die Maximale Flussänderung. Das ist es, worauf es ankommt. Unklar ist die Unwucht, aber da gibt es sicher Ausgleichgewichte.

12.5.3. Elektromagnetische, nichtrotierende Anwendungen

Hingegen sind stationäre elektromagnetische Generatoren (analog einem Transformator) in neuerer Zeit aktuell. Diese haben den Vorteil geringeren Verschleißes, geringeren Geräuschpegels und sind wartungsarm. Sie basieren zum Teil auf dem bekannten Magnetverstärker-Prinzip als Sperrdrossel.

Ein Beispiel ist ein kleiner elektromagnetischer Generator ohne mechanisch bewegliche Teile gemäß der Patentschrift des russischen Erfinders Andrej Meschelnikow.[38]

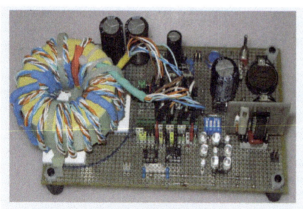

Trifilarer Magnetgenerator

von H.J. Brachmann

QUELLE: Nachbau H.J. Brachmann

Bild 53: nichtrotierender kleiner Magnetgenerator

Ein kleines Modell (Bild 53 und das Schaltbild 54) wurde gemäß Kapitel 13.2. durch H.J. Brachmann und R.G. Hauk experimentell erfolgreich nachgebaut.

Die Schalter beim Nachbau wurden durch Feldeffekt-Transistoren realisiert. Die ständige Leistung – bei Tag und Nacht - wurde mit Leuchtdioden angezeigt (Bild 53). Das Hauptelement des Generators ist die Hauptspule / Spulen mit drei Wicklungen. Auf dieser Spule wird zusätzliche Energie durch die Steuerung der Induktivität der Spule in den Induktionsphasen mittels einer variablen trifilaren Spule erzeugt. Alle drei trifilaren Spulenwicklungen sind um den gleichen Kern gewickelt (Bild 54). Zwei Wicklungen gleicher Richtung sind in Phase und die dritte in Gegenphase gelegt. Wenn alle Wicklungen der Spule mit Strom beaufschlagt werden, entstehen drei magnetische Flüsse – zwei in der gleichen und einer in der entgegengesetzten Richtung. Sie ergeben die Summe: $\Phi 1 = \Phi 2 - \Phi 3 = \Phi$.

Infolgedessen ist der gesamte Magnetfluss aller Spulenwicklungen gleich dem Fluss einer Wicklung, da die Flüsse aller Wicklungen gleich groß und die Windungszahlen ebenfalls gleich sind. Der Kondensator wird zunächst zu Beginn von einer externen Quelle geladen und ist am elektronisch gesteuerten **Unterbrecher**-Schalter im aufgeladenen Zustand zu halten. Die Funktionsweise des trifilaren Spulen-**Mechelnikow**-Generators ist durch dessen Schalter-Wechsel-Spiele gewährleistet. Das ist jedoch kompliziert und durch die trifilare Wicklung für höhere Spannungen wenig geeignet. Die Schalter und deren Ansteuerung dürften für den Dauerbetrieb wahrscheinlich eine Schwachstelle bilden.

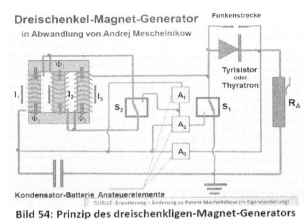

Dreischenkel-Magnet-Generator
in Abwandlung von Andrej Meschelnikow

Kondensator-Batterie Ansteuerelemente
QUELLE: Erweiterung - Änderung zu Patent Mechelnikow (in Eigendarstellung)

Bild 54: Prinzip des dreischenkligen-Magnet-Generators

Wenn der Kondensator entladen wird, ist die Induktivität durch Kompensation der Felder in den getrennten Wicklungen reduziert.

Dadurch wird beim Laden des **Kondensators** ein Wicklungsteil abgeschaltet und die beiden anderen werden in der gleichen Richtung in

Reihe geschaltet, wodurch die Induktivität und die **EMK** erhöht sind. Im Betrieb des

Kondensators und der Spulen wird die Energie in den geraden und ungeraden Induktionszyklen erhalten. Das vorstehende Schaltbild 54 ist als größere, weiterentwickelte Ausführung eines viereckigen Magnet-Eisenkerns dargestellt. Die trifilare Wicklung ist stattdessen schematisch in drei Wicklungen dargestellt. Ähnliche Patente weisen ebenso einen zweischenkligen Weicheisenkern mit zwei Wicklungen und einer darüber liegenden Erregerwicklung auf.

Diese – ebenfalls nicht-rotierenden elektrischen Generatoren – sind zum Teil noch einfacher aufgebaut. Ohne Kondensatoren – wie auch immer angeordnet – funktioniert es nicht. Ein solcher Generator bezieht auch die Sättigung des Weicheisenkerns und die bekannte Steuerungsdrossel (Sättigungsdrossel) als Stand der Technik mit ein. Es basiert auf den, gemäß Stand der Technik bekannten Magnetvestärkern, die allerdings nicht für eine Generator-Funktion vorgesehen sind. Wichtig sind auch hier maximale Magnetflussänderungen zu erzeugen Bezüglich einer maximalen Magnet-Flussänderung ist der entstehende Peak am Neutralpunkt der gegenpolig wirkenden Magnete als abgedrängte Feldlinien wirksam. Das ist vergleichbar mit einer Sättigungsdrossel, die als Sättigungsfunktion gewünscht wird. Zudem wird ein unerwünschter Aufschaukelprozess begrenzt, d.h. ein Durchgehen bzw. -brennen verhindert die Anlage.

Bei allen Magnetwirkungen ist jedoch ausschließlich der Strom ursächlich, unabhängig wie dieser (in welcher Phasenlage) zustande kommt. Man muss sich hier vor Augen halten, dass ein (wechselndes) Magnetfeld im Weicheisen vom primären (Erreger-) Strom durch Ausrichtung der atomaren Elementar-Magnete erzeugt wird.

Dabei wird das Magnetfeld – in Abhängigkeit von dessen Änderungsgeschwindigkeit – in jeder Halbperiode des oszillierenden Stromes der Erregerspule gegensätzlich gepolt. D.h., es wird kurzzeitig neutralisiert bzw. teilausgelöscht, was so offenbar zu einer (gewünschten) großen Änderungsgeschwindigkeit führen kann.

Wie bereits unter Kapitel 11.2. ausgeführt, erfolgt die Addition der Energie eines Gesamtfeldes quadratisch. (Drei zusammengefügte Magnete haben dadurch eine neunmal größere Energiedichte.) Durch Berücksichtigung von zusätzlichen Ionisationen (bei größeren Anlagen und Spannungen) erhöht sich der Feldanteil weiter. Das heißt, wie bereits ausgeführt:

Quadratische Magnetfeldsummierung der Spulen + Zusatzionisatonen ergeben das Gesamtfeld.

Durch verbesserte Versuche ist es gelungen, eine zumindest kleine, Starteranlage für größere Anlagen als

Selbsterregung einer stationären ferromagnetischen Anordnung herzustellen.
Dadurch ist jederzeit an jedem Ort eine größere o.u.-Elektroenergie-Dauerbetriebsanlage zu starten.

Das ist vergleichbar mit dem Herangehen von Werner Siemens im Jahr 1866 durch die Erfindung seiner Dynamo-Maschine, die den Beginn der Starkstromtechnik begründete und damit das Fundament für den heutigen Weltkonzern legte.
Er hat mit seiner Selbsterregungsschaltung für Gleichstrom-Reihenschlussmotoren die Basis für die großtechnische Elektroenergieerzeugung mit Synchron-Generatoren geschaffen. Dieser Gleichstrom-Reihenschlussmotor fungiert als angekoppelte Erregermaschine, die aus dem "Nichts" (verschwindender Restmagnetismus) die Erregermaschine hochzufahren gestattet, die dann den Induktor-Strom für den großen Synchron-Generator liefert.
Die großen Kraftwerks-Synchron-Generatoren sind für die Aufrechterhaltung der Grundlast und Netzstabilität (Frequenz- und Spannungsstabilität) unverzichtbar.

Damit ist die Erregermaschine im Prinzip eine Starter- und Verstärkeranordnung.
Analog wäre - bezogen auf das Beispiel der Selbsterregung - eine autonome Starteinrichtung für eine stationäre ferromagnetische Anordnung.
Damit könnte als Nutzung einer Verstärkeranordnung für eine wesentlich größere Wicklungsanordnung eines elektrischen Generators gestartet werden. Über Steuerungen, gemäß dem Patent von A. Mechelnikow mit Thyristoren oder Thyratons (Hg-Tore für Zusatzionisationen) und adaptierte Kondensatoren zur o.u.-Erzeugung wäre dies möglich.
Dadurch wäre es möglich, sowohl einen bordeigenen o.u.-Elektroantrieb für Kraftfahrzeuge als auch Strom für den Hausgebrauch zu generieren.

12.5.4. Der Marukhin-Widder

Ein weiteres, sehr eindrucksvolles Beispiel ist der Marukhin-Widder[37].
Der russische Wissenschaftler und Erfinder hat ein altes Widder-Prinzip mit hohem hydraulichen Wasserdruck als groß-technische piezo-elektrischen Anwendung kombiniert. Im nachstehenden Bild ist der Hydraulik-Zylinder von nur **ca. 80 cm Höhe und 20 cm Durchmesser** dargestellt. Das bedingt eine hohe Energie- und Leistungsdichte, die damit Kernenergie adäquat ist (si. Kap. 1).

Es kann damit eine Leistung von

einem Megawatt Elektroenergie.

generiert werden.

Im 3.000 Hz-Takt werden die Elektronen aus einem Piezo-Liner herausgepresst. Die entstehende Hochspannung mit einem rechteck-förmigen Spannungsverlauf muss noch netztransformiert werden (gemäß nachstehender Bilder 55 und 56).

Der rechteckförmige Druckverlauf entspricht dem Leistungsverlauf, Strom und Spannung sind adäquat. Durch das schlagartige Herausdrücken der Elektronen aus dem Piezo-Kristall-Verband entsteht die o.u.-Generierung. Die Elektronen werden sodann über einen äußeren Stromkreis (Bild 56) zu den angeschlossenen Verbrauchern und dann wieder zu dem Piezo-Liner im Widder zurückgeführt. Das wird über das vereinfachte vorstehende Prinzipschaltbild mittels Herunter-transformieren, Gleichrichten und Glätten gewährleistet. Die Wirkungsweise wird durch eine hydraulisch-elektrische Kopplung durch angepasste Schwingungen ermöglicht.

Bild 55: Der Marukhin-Widder   **Bild 56: Spannungsverlauf und Prinzipschaltbild**

Diese

unglaubliche Leistungsdichte erreicht kein anderer o.u.-Stromerzeuger.

All das erfolgt auf Basis von Sekundärionisationen und Raumenergie ohne Energie-nachschub (außer einem Explosiv-Start). Danach beginnt ein ständiger Dauerbetrieb. Das bedurfte sicher einer erheblichen Entwicklungs- und Versuchsserienarbeit, um die nötige hohe Wasserdruck-Resonanz zu erhalten.

Dazu mussten die Widder-Abmessungen (d.h. das Verhältnis großer Zylinder zu kleiner Zylinder) offenbar durch zahlreiche Versuchsreihen optimiert werden.

Dass keine Druck-Widerstands-Verluste entstehen und dadurch eine konstante Dauerleistung ermöglicht wird, liegt sowohl an adiabatischen Schwingungen, die durch die (abgestimmte) elektrische Rückkopplung einschwing-gekoppelt aufrecht erhalten werden. Die Druck-Stoß-Ionisationen der Elektronenfreisetzung (Feldgenerierung aus dem Raum) und deren Rekombination wirken damit klar stützend auf die adiabatische Aufrechterhaltung des kontinuierlichen Betriebes.

Der Marukhin-Widder ist zwar wegen seiner Ausführung als massive hochfeste Stahlhülle recht schwer. Er ist als E-Lokomotiv-Antrieb (ohne Oberleitung) oder als Schiffs- und U-Boot-Antrieb (das ohne Aufzutauchen um die ganze Welt fahren könnte) bestens geeignet. Für Letzteres wurde er wahrscheinlich entwickelt.
Im Folgekapitel zum Wasser-Diesel wird dies ebenfalls relevant.

Näheres ist in dem interessanten und schönen Buch von Inge und Adolf Schneider "Die Heureka-Maschine"[37] nachzulesen.

2.5.5. Wassersubstitutionen bei Verbrennungsmotoren

Man könnte meinen, dass Verbrennungsmotoren nicht zu den o.u.-Beispielen gehören. Aber es gibt auch hier physikalische Gemeinsamkeiten, insbesondere bei den Ionisationen. Darauf soll kurz eingegangen werden.

An Verfahren zur Wasser- und Wasserstoff-Linie wird derzeit weltweit gearbeitet. Man kann gem.[34] sogar einen Otto- und Dieselmotor als parametrische Verstärkung sehen. Dabei fungiert die Kraftstoffzufuhr als (fossile) Energieverstärkung des hin- und hergehenden Kolbens.
Bei konventionellen Verbrennungsmotoren, insbesondere bei Dieselmotoren, können unterschiedliche Wasserzusätze zum Kraftstoff beigemischt werden. Erfolgreiche Versuche gibt es dazu bereits.[39]
Mehrere Experimentatoren haben mit sehr wenig Kraftstoffzusatz Motoren für Kraftfahrzeuge und insbesondere für Blockheizkraftwerke (BHKW) erfolgreich getestet, so u.a. José Vaesken Guillen, die Mayer-Werft Papenburg und das Erfinder-Team um Horst Kirsten.
Es handelt sich hier um keine "Perpetua mobilia", obwohl die Erfinder als Betrüger beschuldigt und mit hohen Haftstrafen belegt wurden.[39] Viele Erfinder werden nicht

nur lächerlich gemacht, gekauft und wenn das nicht möglich ist, mit dem Tode bedroht und auch unter mysteriösen Umständen umgebracht. [41]

Zunächst besteht kein Zusammenhang zu einer o.u.-Elektroenergie-Generierung mit Dieselmotoren.

Die "Wasser-/Wasserstoff"-Protagonisten haben anlässlich der Zusammenkunft im Rahmen des Tesla-Forums in Thüringen Resultate und Kurven zu einem reinen Wasser-Dieselmotor vorgestellt.

Wie ist das möglich? Wie hoch kann man die Wasser-Substitution treiben?

Wasser mit Kraftstoffanteilen ja – aber wie weit ist der Kraftstoffanteil dann zu reduzieren?

Eine interessante Frage. Vielfach entdecken Erfinder neue Wirkprinzipien – wenn auch mit empirisch-unterschiedlichen Wirkungsgraden.

Die etablierte Wissenschaft und Lehrmeinung akzeptiert dies oft erst später. Was hat aber ein Dieselmotor zunächst mit Elektrotechnik und Ladungstrennung zu tun?

Ladungsträger-Trennungen können auch durch thermische Ionisationen ausgelöst werden.

Die Verdichtungsarbeit leistet die nötige Temperaturerhöhung. Das ist alles bekannt (nur die elektrische Ableitung ohne metallische Leiter entfällt).

Die verschiedenen Möglichkeiten zu Ionisationen wurden bereits unter Kapitel 12.3. dargestellt. In diesem Fall ineressiert besonders die **Thermische Ionisation.**

Beim Verdichtungshub entstehen, gekoppelt die Trennung von Wasserstoff und Sauerstoff sowie Ionisation des Wasserstoff- und des Sauerstoffmoleküls selbst. Jede Ionisation generiert mit ihrer Entstehung sofort — wie bereits dargelegt – aus dem Raum (Äther) ihr eigenes kleines elektrisches und magnetisches Feld, was zu einer kleinen, partiellen Abkühlung führt.

Jede Ionisation bedarf Energie (siehe auch Kapitel 17.1.), die als Temperaturerniedrigung aus der Umgebung durch Polarisierung des Äthers entnommen wird. Bei der Verdichtungstemperatur ist der Effekt unbemerkt, aber ohne dies wäre die Temperatur noch höher. Im Arbeitstakt rekombinieren die ionisierten Elektronen wieder zu Wassermolekülen. Dadurch wird die Rekombinations- und (geringere) Feldenergie als zusätzliche Nutzwärme (Rekombinationswärme) wieder frei und unterstützt den Arbeitstakt.

Ohne die thermischen Ionisationen ergäbe sich ein Nullsummenspiel. Zudem bleiben die Kolben-Zylinder-Reibungsverluste bestehen, sodass der Wirkungsgrad ansonsten < 1 bleiben würde. Dass sich dennoch Nutzarbeit im Arbeitstakt gewinnen lässt, zeigt sich in einer adiabatisch-energetisch positiven Energiebilanz. Ein normaler Dieselmotor im Wasserbetrieb könnte zwar im Leerlauf selbsterhaltend zu betreiben sein. Höhere Leistungen sind jedoch kaum möglich. Vielleicht reicht es zum konstanten Antrieb eines kleinen Stromerzeugers? Eine Steigerungsmöglichkeit wäre nur eine Erhöhung der Verdichtung mit dem Ziel von Zusatzionisationen.

Ebenso könnte eine zusätzlich getriggerte Mikrowellenzündung einen weiteren Ionisatonseffekt liefern. (Vor einigen Jahren wurde in einem Fernsehvideo wirksam eine Mikrowellenzündung für KFZ-Motoren vorgestellt.)

Inwieweit ein dauerhafter Wasserbetrieb sich negativ auf eine beschleunigte Korrosion der Zylinderflächen auswirkt, ist eine weitere Frage.
(Dsgl. erfolgte vor längerer Zeit ein Artikel von VW mit Korrosionswarnung vor hohen Wasserzusätzen im Kraftstoff.)

Nicht unerwähnt sollte in diesem Zusammenhang bleiben, dass die H_2O-Elektrolyse mit ihrem (schlechten) Wirkungsgrad durchaus Verbesserungspotenzial besitzt.
Dies zeigt der russische Wissenschaftler und Experimentator Kanarev, der eine gepulste Gleichspannung mit höheren Spannungsspitzen dem Elektrolyse-Gleichstrom überlagert[40], um dadurch einen besseren Wirkungsgrad zu erzielen.
Das Problem dabei ist, dass die dem Gleichstrom überlagerte Impulsfolge und Spannungshöhe genau kalibriert werden muss. Das bedarf längerer Versuchsan-passungen. Das ist auch für die H_2-Erzeugung bei Windstromüberschuss relevant, eine derzeit von den Medien favorisierte Stromspeichermöglichkeit, die bislang wegen des schlechten Wirkungsgrades uneffektiv ist.
Auch hier können Stoßionisationen den Wirkungsgrad verbessern. D.h., die Wasserstoff-Sauerstoff-Elektrolyse birgt noch erhebliches Potenzial in sich.
In China und Fernost wird der Wasserstofftechnologie über Brennstoffzellen derzeit mehr Zukunftsperspektive als den reinen Akkumulatoren-E-Antrieb für Kraftfahr-zeuge beigemessen. Dabei kann das Prinzip des Verbrennungsmotors beibehalten und von einer Brennstoffzelle gespeist werden.

Es wäre wünschenswert, dass die deutsche Automobilindustrie mit ihren jahr-zehntelangen Brennstoffzellen-Erfahrungen diese Entwicklung zweigleisig verfolgt.

Kurz-Zusammenfassung Kapitel 12.

- Der Ionisations-Feldenergiegewinn wurde bisher nicht beachtet.
  Mit jedem Ionisationsakt werden freie Ladungsträger geboren.
  Das bedingt eine sprunghafte Feld-Polarisierung aus der Raumenergie,
  die zuvor nicht vorhanden war.

- Durch punktuelle Energiedichte-Erhöhungen der Feldenergie kann
  eine zielgerichtete Ionisation erreicht werden.
  Zusatzionisationen sind Grundlage der o.u.-Energieerzeugung.
  Das ist die Basis für eine Nutzanwendung.

- Eine wesentliche o.u.-Steigerung ist auch für Vielelektronenatome
  in geschlossenen Medien möglich, wenn Kondensat-Strahlung
  innerhalb der Atomverbände nutzbar verbleibt.

- Nach außen tretende (höherenergetische) Strahlung bedeutet Verlust.
  Zudem ist ionisierende Strahlung gesundheitsschädlich.

- Zwischen Antigravitationseffekt und (ableitbarer) Elektroenergie-
  Erzeugung ist zu trennen, obwohl beides zusammenhängt.

- Rotierende Generatoren benötigen einen zusätzlichen Unterbrechervorgang (ggf. Funkenstrecke) zur Stoßspannungs-Ionisation und
  Resonanzerzeugung über angepasste Kondensatoren.

- Nichtrotierende, elektromagnetische Resonanzlösungen benötigen
  eine stabile Aufrechterhaltung der Resonanz. Die nötigen Magnetflussänderungen können über eine Sperrdrossel (anlog Magnetverstärker) oder umschaltbare trifilare Wicklungen erzeugt werden.

- Es ist gelungen eine kleine Starteranlage als Selbsterregung einer
  stationären Anordnung herzustellen

- Der Marukhin-Widder ist eine großtechnische Anwendung der Piezo-
  technik. Dadurch werden größte Energiedichten erreicht. Es basiert auf
  elektro-hydralischer Resonanz bei Drücken von 3000 bar und 3 kHz.

- Durch thermische Ionisationen können Wassersubstitutionen des
  Kraftstoffs genutzt werden.

13. Zusatzbedingungen und Erkenntnisse

13.1. Temperaturerniedrigung im o.u.-Fall

Es geht hierbei um die Verallgemeinerungen der Temperaturerniedrigung im o.u.-Fall bei der Elektroenergie-Generierung. Ein Effekt, der mehrfach bei o.u.-Elektroenergieerzeugung als auch bei der Antigravitation festgestellt und gemessen wurde, ebenso auch beim Searl-Effekt-Generator (gemäß Kapitel 11.3.). Im normalen Generator-Motorbetrieb, wie auch bei elektrischen Leitungen, Transformatoren und Verbrauchern sowie magnetischen Schwingkreisen führen die ohmschen Widerstandsverluste zu den bekannten, unliebsamen Temperatur-erhöhungen des Leitermaterials. Bei dem geringen Verschiebewiderstand der quasifreien Leiterband-Elektronen entstehen bei unvermeidlichen Stößen der Ladungsträger an den Atomen und Gittermolekülen die ohmschen Verluste. Die bereits gestellte Frage lautet:

Wie kann es dennoch zu weniger Erwärmung oder sogar zu Abkühlung der strom-führenden Leiter kommen?

Die ohmschen Verluste verbleiben – abhängig von der Strombelastung – immer erhalten. Nur die Erhöhung der Spannung ermöglicht dabei eine Reduzierung der Strombelastung. In allen zuvor beschriebenen o.-u.-Konstrukten sind dennoch Abkühlungen gemessen wurden.

Was bewirkt die Temperaturerniedrigung bzw. Kühlung im o.u.-Fall?

Im Fall des o.u.-Effektes sind Zusatz- bzw. Sekundärionisationen die Ursache. Es ist hier klar zu wiederholen, dass sowohl das elektromagnetische Feld **nicht** zu den (freien) Ladungsträgern gehört, wie auch das Cluster-Kondensat nicht dazugehört. D.h., zusätzliche Ionisationen (im o.-u.-Fall) benötigen Austrittsenergie. Die liefert (z.B. im Resonanzfall) die hohe Spannung bzw. elektrostatische Feldstärke als Ionisierungsenergie. Die Ionisierungen erfolgen auch im Leitermetall. Das führt wiederum spontan zu einem Polarisierungszuwachs innerhalb und außerhalb der metallischen Leiter. Die zusätzliche Feldgenerierung erfolgt aus der umgebenden Äther-Polarisierung. Das Ionisationsenergie-Erfordernis bei gleichzeitig spontaner Zunahme der Feld-Polarisierung ist der eindeutige **Grund** für die partielle Abkühlung im Metall als auch außerhalb.

Die Folge sind dadurch auch gleichfalls etwas beruhigtere thermische Schwingungen in der metallischen Struktur. Das trägt damit zur erniedrigten Temperatur innerhalb und außerhalb des metallischen Leiters bei.

Es entsteht somit eine Wärme- und negative Strahlungssenke bei jeglicher Ionisation.

Das ist die neue Sichtweise, die eigentlich logisch sein müsste.

D.h., das Temperatur-Kriterium ist der eindeutige Indikator dafür, in wieweit Zusatz- und Sekundärionisationen erfolgen und ob ein o.u.-Fall dabei entsteht oder ob der Zustand kurz vor diesem ist. Bei der Rekombination verflüchtigt und depolarisiert jedoch ein geringer Teil der Feldenergie strahlenlos. (Das ist natürlich viel geringer als bei der e-p-Zerstrahlung gemäß den Kapiteln 4. und 15.1.).

Das Gegenteil ist bei der Rekombination der Fall. Bei jeder Rekombination – auch bei Molekülen – entsteht eine Strahlungs- und Wärmeemission, die z.B. bei allen fossilen Brennstoffen genutzt wird. Das kann im Gegensatz zum makroskopischen Energiebedarf bei der Ionisation leicht gemessen werden.

Beim Searl-Effekt-Generator (SEG) wird – obwohl kein Plasmazustand der ferromagnetischen Rollen zu erwarten ist – von erheblichen Temperatur-abkühlungen gesprochen. Ebenfalls vermerkten Godin und Roschtschin bei ihrem Versuch (MEG) eine Temperaturerniedrigung.[22]

Weitere Beispiele der Temperaturerniedrigung im o.u.-Fall sind:

Im (Resonanz-) Fall des o.u.-Effektes einer rotierenden Magnet-Konverter-Anord-nung (z.B. eines QEG) oder einer statischen Resonanzanordnung (Coler-Apperat) sind Zusatz- bzw. Sekundärionisationen das Hauptkriterium. So auch beim kleinen QEG-Nachbau (wie von Herda[36]), obwohl noch kein o.u.-Effekt erreicht wurde.

Zumindest sind keine ohmschen Erwärmungen festgestellt worden. Immer ist eine Vielzahl entstehender Ionisationsakte hierfür ursächlich.

Das wird u.a. auch an den beobachteten Glimmentladungen beim SEG deutlich. Es ist deshalb verständlich, dass ein Nutzungsprozess dadurch äußerst nichtlinear sein muss, denn der o.u.-Prozess beginnt erst mit der erheblichen Zunahme von Sekundärionisationen.

Das wird auch im Folgekapitel 14.2. bei den Versuchen zur "Glocke" deutlich. Hier wurden anfänglich sehr intensive Glimmentladungen mit biologischen Schäden sowohl an Pflanzen und auch Verstrahlungen bei den Menschen festgestellt. wie Farell in seinem Buch "Die Bruderschaft der Glocke" beschreibt[44]. Das ist bei allen künftigen o.u.-Erzeugungen dringlichst zu vermeiden.

13.2. Supraleitung und Tunneln im Bezug zur Feinstofflichkeit

Die Lenzsche Regel, die jedem Stromfluss entgegenwirkt und zur Stromverdrängung führt und damit auch zusätzliche ohmsche Verluste bedingt, spielt in der Starkstrom- und HF-Technik eine entscheidende Rolle. Mit steigender Frequenz ist die Lenzsche Regel bei der Stromverdrängung dafür verantwortlich, dass der Strom nur noch in den Außenbereichen des Leiters bzw. sogar zur Oberfläche hin verdrängt wird. Dadurch sind die Stromdichten dort erhöht und damit auch die ohmschen Verluste.

Letzteres ist nur beim Meißner-Ochsenfeld-Effekt der Supraleitung nicht der Fall, da im Hochtemperatur-Supraleitungsfall (HTSL) das Magnetfeld aus der Leiterbahn heraus- oder teil-herausgedrängt wird. Dadurch werden auch die Stöße der Elektronen mit den Gitteratomen minimiert. Das Herausdrängen des Magnetfeldes aus dem Supraleiter als das Ergebnis des Meißner-Ochsenfeld-Effektes (1933) im HTSL Typ I ist auch das Teil-Herausdrängen im HTSL Typ II.[18]

Das wird auch messtechnisch zur Unterscheidung zwischen den Hochtemperatur-Supraleitern (HTSL) I und HTSL II genutzt. Beim HTSL I wird das Magnetfeld komplett herausgedrängt. Hingegen beim geringeren HTSL II ergibt sich durch sogenannte Flussschläuche quer zur Leiterbahn eine geringere Supraleitfähigkeit.

Gemäß der Elektronen-Modell-Sichtweise könnte das Clusterkondensat (nicht nur beim äußeren Magnetfeld der Ladungsträger) zur Magnetfeldverdrängung bei tiefen Temperaturen beitragen, besonders im metallischen Leiter. Als teil-verdrängtes Ladungsträger-Kondensat könnte es diesen Effekt zumindest zusätzlich begünstigen.

Eine Messung von reduzierten Elektronen-Clusterkörpern (Radien) dürfte im Supraleitungsfall kaum möglich sein. Hier wäre unter diesem Aspekt noch Forschungsbedarf angezeigt.

Es ist zudem bekannt, dass die spezifische Wärmekapazität von Elektronen besonders im Supraleitungsfall wesentlich erhöht ist und sich damit dessen Wärmeleitfähigkeit deutlich verbessert. Das spricht wiederum dafür, dass der Magnetfeld-Verdrängungs-Effekt auch die thermischen Schwingungen reduzieren kann. In der Wechselwirkung kann damit die erhöhte Leitfähigkeit entstehen

Ein weiterer bekannter Effekt ist das Tunneln durch einen Potenzialwall, der ansonsten undurchlässig ist. Das wird in der Literatur mit gegengerichteter

Magnetpolung ("Spins") der Elektronen bezeichnet, die "in herzlicher Abneigung" tunneln – obwohl sie sich gegenseitig abstoßen.

Ursächlich sind nicht die Spins, sondern der elektronische Elementarmagnetismus. Damit ist die Tunnelung antiparalleler Flussquants nicht infrage gestellt, da die Magnetwirkungen stärker als die (abgeschirmten) Ladungen sind. Zum Drehimpuls (Spin) besteht jedoch keinerlei Bezug (si. Kapitel 3). Φ_q als kleinste Flussquant-Konstante ist jedoch nur für **ein Elektron** zutreffend und widerspricht damit der Literatur und auch der aktellen Lehrmeinung. (Beweis siehe Anhang 5).

Die Magnetfluss-Konstante Φ_q beträgt nach CODATA[42]:

$$\Phi_q = h/2e = \tfrac{1}{2} \cdot {}^h/e = 2{,}067833831 \text{ Vs}.$$

Die veränderte Schreibweise (statt Φ_q = "h/2e"), obwohl mathematisch das gleiche, entspricht nicht dem physikalischen Sachverhalt.

In verschiedenen Theorien[9,18], u.a. der London-Theorie (1935), der GLAG-Theorie (Ginsburg, Landau, Abrikosow, Gorkow 1950), der BCS-Theorie (Bardeen, Cooper, Schrieffer 1957) und beim Josephson-Effekt (1962) wird mehfach als Grundlage der Supraleitfähigkeit, wie auch der Tunnelung postuliert, dass jeweils zwei Elektronen ursächlich seien. Das ist

ein weiterer Trugschluss nach der "magneto-mechanischen Anomalie".

Dafür werden, wie bereits angedeutet, die zwei Elektronen "2e" im Nenner mit gegensätzlichen "Spins" herangezogen. Trotz dieser Theorien, u.a. zur Supraleitung[18], sind aus den vorgenannten Darlegungen deren Grundlagen widersprüchlich.

Bei ausschließlich mathematischer Herangehensweise kann man schnell entgleisen.

Zur magnetischen Energie gehört auch der Magnetanteil des freien Elektrons und Protons. Auf das Magnetfeld des Elektrons entfällt davon als dessen Flussquant bis zu ¼ der Elektronenenergie – eine beachtliche Größe. Das äußere Magnetfeld enthält dagegen nur den Anteil mit der geringeren, nach außen abnemenden, Energiedichte.

Das ist die Brücke zur (bisher unmessbaren) Feinstofflichkeit, die sich besonders im Magnetfeld manifestiert. Damit ergibt sich ein quantitativer Beweis für die prinzipielle o.u.-Nutzbarkeit der magnetischen Energie, die natürlich noch weiterer Voraussetzungen, u.a. Resonanz-Erzielung und deren Erhalt bedarf, wie bereits dargelegt.

13.3. Solare Ladungs-Separationen und geomagnetische Physik

Dass Ladungsträger-Trennungen auch über kosmische Distanzen im Raum beibehalten werden, scheint eine solare, aber auch stellare Funktionsweise zu sein. Das erfolgt über große Protuberanzen als Materieausbrüche.

Im engen Zusammenhang damit stehen die Sonnenflecken der aktiven Sonne, die magnetischen Ursprungs sind. Es ist ebenso bereits bekannt, dass in deren Bereich die Temperatur niedriger liegt. Das Heraus- und Zusammendängen der Magnetfeld-linien scheint auch hier dem Meißner-Ochsenfeld-Effekt Typ II (Flussschläuche) ähnlich zu sein.

Die Meinungen zum Erdmagnetfeld driften dennoch auseinander, obwohl, der solare Einfluss der Ladungsträgertrennung und deren Transport weitgehend ausgeblendet werden.

Das trifft insbesondere zur Polumkehr zu. Dass es in der Vergangenheit Erdmagnet-Polumkehr-Zeiträume gegeben haben muss, ist aus den Magnetisierungsrichtungen ausgedehnter Gesteinsformationen kaum anders erklärbar.

Das Geomagnetfeld entsteht – nach gängiger Meinung – aus Rotations-differenzen zwischen dem festen inneren Erd- und äußeren flüssigen Nickel-Eisen-Kern. Genauere Kenntnisse sind nicht vorhanden.
Nun fragt man sich dennoch, was der Antrieb einer solchen Rotationsdifferenz sei?

Sollten z.B. innere Ursachen, wie ein Selbsterregungseffekt zwischen flüssigem und festem Erdkern oder die geringe Corioliskraft zur Rotationsdifferenz oder ein Faradayscher Scheiben-Dynamo-Effekt beitragen, so wäre zur unveränderten Erdrotationsrichtung eine Polumkehr auszuschließen.
Fluktuationen, Brüche, Spalten und Schwächungen, die auftreten können, sind u.a. mit Unebenheiten und Verwerfungen im Grenzbereich zwischen innerem Erdkern, flüssigem Äußeren und dem Mantel begründbar. Sie schließen jedoch eine generelle Polumkehr ebenso aus.

Was kann dann eine Polumkehr bewirken?

Dazu sollte der Fokus auf solare Einflüsse gerichtet werden (nachstehendes Bild 57). Das Erdmagnetfeld hat eine wichtige Schutzfunktion vor schädlicher kosmischer Strahlung, indem diese um die Erde herum geleitet wird. Nur an den Polen gelangen geladene Teilchen (Elektronen) des Sonnenwindes entlang der Feldlinien in die Atmosphäre. Diese erzeugen die schönen vorhangartigen Polarlichter. Der normale Sonnenwind trifft mit einer Geschwindigkeit von ca. 500 km/h auf die Erdionosphäre. Das erfolgt im Winkel von ca. 30 bis 50° zur Lichtstrahlung und wird infolge der Sonnenrotation spiralig abgelenkt.

An dieser Stelle sollte zwischen **Sonnenwind** (reine Abdrift von Elektronen aus der heißen oberen Sonnenionosphäre) und **Solarstürmen** der aktiven Sonne unterschieden werden. Es ist bekannt, dass die Solarstürme das Erdmagnetfeld extrem zusammendrücken und erhebliche Störungen im Funkverkehr, in elektronischen Einrichtungen und Versorgungsnetzstörungen verursachen können.

Was ist der Unterschied zwischen normalem Sonnenwind und Solarsturm?

Normaler Sonnenwind erfolgt dieser von der Sonne weg in den Weltraum, ohne wesentliche Rückwirkung. Hingegen resultieren Solarstürme aus Ausbrüchen bzw. Auswürfen (Protuberanzen) aus dem Inneren der Sonne. Das tritt besonders bei aktiver Sonne im ca. 11-jährigen Sonnenfleckenzyklus auf.

Diese Ausbrüche sind meist bogenförmig magnetisch abgeschnürt und werden zur Sonnenoberfläche zurückgesogen Bild 57. Starke Ausbrüche "nabeln" bzw. schnüren sich jedoch bis weit in den Weltraum ab. Sie bilden dann riesige Ellipsoide mit vielen Erddurchmessern.

Bild 57: Solares und geomagnetisches Feld

Das Interessante dabei ist, dass an der Vorderseite der Protuberanz die Richtung des geladenen Partikelstromes (blaue Pfeile) von der Sonne weg und an der Rückseite zur Sonne hin gerichtet ist (schematisches Bild 57).

Dadurch entsteht ein sogenanntes "eingefrorenes "Magnetfeld. D.h., es ergibt sich die Magnetfeldrichtung dann ausgeprägt konträr für hin und zurück. Das Augenmerk ist hierbei auf die unterschiedlichen Strom- bzw. Magnetisierungs-richtungen zu konzentrieren.

Es ist deshalb von Belang, von welcher Seite eine riesige Sonnensturm-"Blase" (Ellipsoid) auf das Erdmagnetfeld trifft. So kann es sich beim Auftreffen von der Protuberanz-Vorderseite verstärken, aber auf der Rückseite schwächen, auslöschen oder gar umkehren. Das könnte in der Vergangenheit bei extremen Solarsturm-Ausbrüchen eingetreten sein. Einmal umgepolt bleibt es danach bis zu einem anders herum auftreffenden extremen Solarsturm erhalten.

Ein Turnus der Erdmagnetfeldumkehr ist daraus jedoch nicht ableitbar.

Könnten Messungen nach vergangenen starken Solarstürmen über eine nachhaltige Verstärkung oder Schwächung des Erdmagnetfeldes ein Prüfkriterium sein?

Kurz-Zusammenfassung Kapitel 13.

- Im Fall des o.u.-Effektes sind Zusatz- bzw. Sekundärionisationen das Hauptkriterium.

- Das führt zum spontan zu einem Polarisierungszuwachs innerhalb und außerhalb der metallischen Leiter. Da die zusätzliche Feldgenerierung aus dem Äther (Raumenergie) besteht ein Temperatur-Einfluss.

- Die spontane Zunahme der Feld-Polarisierung ist der eindeutige Grund für die partielle Abkühlung im Metall und auch außerhalb.

- Abkühlungen wurden beim o.u.-Eintritt auch unmittelbar davor vielfach experimentell nachgewiesen. Dabei bleiben die ohmschen- und Reibungs-Verluste in gleicher Weise erhalten. Sie werden nur überdeckt.

- Im Supraleitungsfall (Meißner-Ochsenfeld-Effekt) wird das Magnetfeld aus der Leiterbahn heraus- oder teil-herausgedrängt. Dadurch werden auch die Stöße mit den Atomen minimiert.

- Die spezifische Wärmekapazität von Elektronen ist im Supraleitungsfall erhöht und damit auch die Wärmeleitfähigkeit deutlich verbessert.

- Φ_q ist die kleinste Magnetflussquant-Konstante, jedoch nur _eines_ Elektrons. Das ist zutreffend und wurde im Rahmen der nicht existieren-den magneto-mechanischen Anomalie rechnerisch nachgewiesen.

- D.h. die Magnetfluss-Konstante ist $\Phi_q = h/2e = \frac{1}{2} \cdot h/e$, (statt $\Phi_q = h/2e$). Die veränderte Schreibweise ist physikalisch nicht identisch. Das ist ein weiterer Trugschluss im Bezug zur magneto-mech. Anomalie.

- Freie Ladungsträger bleiben über kosmische Distanzen erhalten. Das zeigen Solarstürme, die sich in großräumigen Protuberanzen, die sich in den Weltraum "abnabeln" und langgezogene Ellipsen bilden.

- Bei großer Stärke könnte es zur Magnetfeldumkehr der Erde führen. Eine mehrfache Umkehr in der Vergangenheit wurde nachgewiesen. Ein Turnus zur (überfälligen) Erdmagnetfeldumkehr ist nicht ableitbar.

14. Historische Überlieferungen

14.1. Experimente von Nikola Tesla

Bereits im Jahr 1900, zur gleichen Zeit als Max Planck aus seiner Strahlungsformel das fundamentale Wirkungsquantum ableitete, kommentierte der geniale Erfinder Nikola Tesla in seinen damaligen Patenten diesen nachstehenden Sachverhalt[33]:

"...Auswirkungen von Blitzentladungen...wie sie sich in natürlichen elektrischen Kräften manifestieren und die zunächst durch menschliche Mittel nicht reproduzierbar erschienen, habe ich dennoch durch graduelle und andauernde Verbesserungen,... wie in meinen Patenten 645.576 und 649.621 beschrieben,... die nicht nur annähernd die Stärke von Blitzentladungen übersteigen und mit Hilfe dieses Apparates habe ich – wann immer es gewünscht war – Phänomene reproduziert, die solchen Blitzentladungen entsprechen..."

Der "Herr der Blitze" hat dies hauptsächlich mit seiner Hochspannungs-Teslaspule bzw. -transformator inkl. Kondensatoren und Funkenstrecke zur Erzeugung hochfrequenter Wechselspannungen realisisiert.

Die uralte Armberge

Vielfältige Funktion: Als Schmuck, therapeutischer Heilwirkung, Breitbandantenne u.a. mehr

QUELLE: Eigenbau H.J. Brachmann

Bild 58: Historische Armberge aus der Bronzezeit

Seine diesbezüglichen Erfindungen der o.g. Patente 645.576 und 649.621 basieren auf der uralten historischen Armberge, einer Flachspulenanordnung aus der Bronzezeit. Damals wurde sie als Arm- oder Beinschmuck getragen.

Die nachgesagte Heilwirkung, wie nachstehend bemerkt,. stammt aus viel älteren physikalischen Erkenntnissen, die bereits damals nicht mehr verstanden wurden (s. auch Kapitel 19.3. Uralte Überlieferungen).

Die Armberge kann sowohl als Breitbandantenne, als auch zur Erzeugung von Hochspannungsanordnungen mit hoher Windungszahl, wie in v.g. Patenten beschrieben, verstanden werden. Dieser schöne Nachbau (Bild 58) von Hans-Jürgen

Brachmann zeigt die typische Wicklungsumkehr in der Verbindung beider Flachspulen. Das ist das entscheidende Funktionskriterium, das auch den v.g. Patenten von Tesla zugrunde liegt. Man muss nur die Windungszahl wesentlich erhöhen und mit den patentgemäßen Konden-satorschaltungen versehen. Daraus sind auch weitere Funktionsweisen aus der phy-sikalischen Grundstruktur abzuleiten. Das sind:

- Antennenfunktion für Energy-Harvesting

- Heilende therapeutische Eigenschaften, da ein breiteres (niederenergetisch-mildes) Frequenzspektrum entsteht u.a. mehr.
  (Die Flachspulen-Anordnung ist auch Merkmal des Lakowski-Gerätes.)

Die Armberge bewirkt gleichzeitig eine schwache Magnetfeldtrennung bzw. Umkehr. Dadurch entsteht eine geringe Ladungstrennung mit gleicher (physikalischer und technischer) Stromrichtung.

Es ist eine doppelte Verkopplung Ursache-Wirkung-Ursache-Wirkung (gemäß der Kurzform E x H x E x H) ergibt ein Doppel-Rechteck-Kreuz – die uralte Swastika. Je nachdem, ob man es von oben oder von unten betrachtet, ist es ein Rechts- oder Linkssystem. Die "Swastika" ist in asiatischen Kulturkreisen ein uraltes elektro-physikalisches Symbol. Eine nur zweidimensionale Darstellung – als physikalisches Funktionsprinzip der Armberge – sowohl in einer als auch in der Gegenrichtung, war den "Altvorderen" bereits bekannt.

Danach ging dieses physikalische Wissen – wie vieles andere – wieder verloren. Man kann es auch dreidimensional darstellen, wenn die Bewegungsrichtung einbezogen wird. Dann ist der waagerechte Balken schräg (aus der Ebene heraus) zu betrachten. (In diesem dreidimensionlen Kreuz bedeuten: Richung 1: Magnetfeld; Richtung 2: Bewegungsrichtung; Richung 3: Stromrichtung.)

14.2. Überlieferungen zur "Glocke"

Die dreidimensionale Darstellung spielt auch bei der Funktionsweise der Glocke eine entscheidende Rolle. Joseph Farrell[44] beschreibt in seinem Buch "Die Bruderschaft der Glocke" die Antigravitationsversuche in Deutschland im Zweiten Weltkriegs. Als "Waffe" schließt der Autor dies aus.

Was war es dann?
Die Entwicklung der "Glocke" erfolgte aus kompakten, niederenergetischen Intensiv-

beschleunigern[45)], weniger aus Hochenergiebeschleuniger-Versuchen.

Modell aus dem polnischen Mauermuseum in den Masuren

des deutschen Geheimprojektes"Glocke"

Die Glocke

Aus der Schautafel des Museums-Textes zitiert:
"Das militärische Geheimprojekt wurde im II. WK
entwickelt. Es besteht aus 2 gegenläufigen, sich
mit hoher Geschwindigkeit drehenden Metall-
zylindern, die eine Magnetfeldtrennung erzeugen.
In einem mittleren Kolben wird eine gallertartige
Substanz "Xerum 525" eingebracht, die vermutlich
eine Quecksilber-Isotopenmischung war.
Der Außenmantel bestand aus Keramik. Zum Start
wurde die Glocke mit Hochspannungs-Einspeisung
auf die notwendigen hohen Drehzahlen gebracht..."

**Die Glocke entstand aus der Beschleuniger-Forschung mittels
Magnetfeld- und Ladungstrennung als o.u.-Energie- und
Antigravitations-Anordnung**

Nobelpreisträger **Walter Gerlach** hat das Konzept (aus alten Schriften) entwickelt.

QUELLE: Poln. Mauermuseum, Photo Dr. Klingner

Bild 59: Modell der "Glocke"

Diese ähnelten entfernt dem Tokamak-Prinzip (russ.:"toroidale Kammer mit
magnetischer Wicklung") der sowjetisch-russischen Fusionsforschung. Bei der
Glocke sind es jene gegenläufig rotierende Stahlzylinder. Durch die sich gegenläufig
und gegenpoligen ineinander drehenden Stahlzylinder konnte eine wirksame
Magnetfeldtrennung erfolgen. Mittels eines Hg-Plasmas zwischen den Zylindern war
die Erzeugung einer intensiven Sekundärionisierung als äußerst leitfähige, wirksame
Ladungsträger-Trennung zu erzielen.

Es wurden mehrere derartige Beschleuniger zum Kriegsende in Deutschland gebaut.
Die kompakt-zylinderförmigen Beschleunigeranlagen von Rolf Wideröe, Walther
Gerlach und Walter Dallenbach[3)] dürften eine wichtige Vorstufe zur Glocke gewesen
sein. Diese Beschleunigeranlagen sind offenbar

das fehlende Bindeglied zur "Glocke".

Das Glocken-Modell ist im polnischen Museum in den Masuren ausgestellt (Bild 59).

Es ist eine der ersten Antigravitations-Flugmaschinen in der Neuzeit, d.h. nachdem es auf der Erde früher schon antigravitative Fluggeräte gegeben hatte (siehe unten).

Solch ein Fluggerät ist – wie die spätere Searl-Flugscheibe – ist jedoch nur mit bordeigener autonomer Stromerzeugung möglich. Es ist damit sowohl eine

Antigravitations- als auch eine o.u.-Generierungs-Anlage.

Dass die "Glocke" tatsächlich antigravitativ-autonom geflogen ist, ergibt sich aus zahlreichen Zeugenberichten.[45] Das ist insbesondere mit dem Namen von Nobel-preisträger Walther Gerlach verbunden, der sich besonders mit antiken vedischen Schriften beschäftigt hatte (si. Kap. 14.3.)

Zunächst sei die Funktionsweise der Glocke als o.u.-Maschine kurz erläutert:

Wie bereits am Biefeld-Brown-Effekt (B2)[22] dargestellt, ist der glockenförmige Überwurf (Mantel) erforderlich. Dies war dem Protagonisten offenbar bekannt.

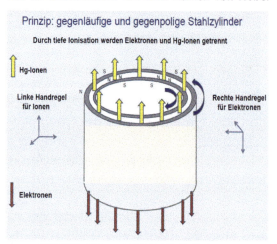

Bild 60: Funktion gegenläufiger Stahlzylinder

Was der B2-Effekt nicht enthält, ist die ständige, notwendige Elektroenergie-Versorgung bzw. Nachspeisung.

Diese Versorgung bewirken gegenläufige (permanent-magnetische) Stahlzylinder im Inneren. Stellen wir uns vor, die Faradaysche Scheibenanordnung wäre statt rund viereckig ausgeführt. Diese sei dann zu einem Hohlzylinder gebogen geformt und verschweißt (Bild 61).

Eine solche Zylinderanordnung ist natürlich viel effektiver als eine einfache Magnetscheibe des Faradayschen Scheibengenerators. Dessen größte Wirkung besteht radial am äußeren Radius.

Wenn nun die Nord-Süd-Polung nicht gleichsinnig, sondern gegenpolig zusammengefügt ist, entsteht statt Anziehung eine Abstoßung des inneren zum äußeren

Zylinder (Bild 60). Das entspricht einer Magnetfeldtrennung (Abstoßung).

Im Vergleich zur leitfähigen Kupfer-Zwischenscheibe des Faraday-Generators müsste diese allerdings entfallen. Man braucht nur die Zylinder entgegengesetzt zu drehen.

Der Stromfluss erfolgt dann für die Elektronen in der einen und die Ionen (Protonen) in der entgegengesetzten Richtung. Das resultiert aus der Rechte-Hand-Regel für die Elektronen = physikalische und der Linke-Hand-Regel für die Ionen/Protonen = technische Stromrichtung (gemäß Bild 60).

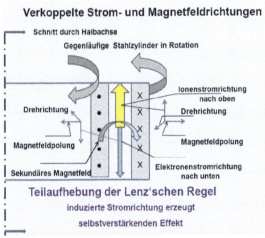

Die Stromrichtung ist dabei nicht geradlinig, sondern abgelenkt.

Wenn nun stattdessen die metallische Zwischenlage aus einem leitenden Plasma (z.B. Quecksilber) besteht, erfolgt eine starke Ionisierung.

D.h., die frei gewordenen Elektronen werden nach unten (Rechte-Hand-Regel) und die Quecksilberionen nach oben (Linke-Hand-Regel) beschleunigt. Das führt zur weiteren

Bild 61: Verkoppelte Strom- und Magnetfeldrichtungen

(tieferen bzw. vollständigen) Ionisierung des Hg-Plasmas dazwischen, (möglicherweise bis auf die nackten Quecksilberatomkerne).

Immerhin besitzt ein Quecksilberatom 80 Elektronen, die bei vollständiger Ionisation frei werden. Das Interessante dabei ist, dass sich infolge der Stromrichtung das induzierte magnetische Gegenfeld (nach Lenzscher Regel) kreisförmig auszubilden versucht (d.h. in Hin- und Rückrichtung in den Stahlzylindern).

Durch die bekannte Rechtsschraube (Elektronen) und Linksschraube (Ionen) kommt es dem gegensätzlichen Drehsinn der Zylinder entgegen. Dadurch wird die entgegengesetzte Drehrichtung verstärkt und beschleunigt (gemäß Bild 61).

Es handelt sich dabei um eine sich selbst erhaltende und verstärkende over-unity-Anordnung (ähnlich dem Searl-Effekt-Generator[22]).

Wie bereits darauf hingewiesen, basiert die Glocke auf einem kompakten Teilchen-beschleuniger[45], der die Grundlage für die wie v.g. beschriebenen gegenläufigen Stahlzylinder bildeten.

Die Ionisations-Ladungstrennungen bildeten die innovative Grundlage der o.u.-bordeigenen Stromerzeugung, die einen Antigravitationsflug ermöglichen. Dass dabei mehrere physikalische Effekte zusam-menwirken (u.a. der Hg-Sekundär-Ionisationseffekt, der Podkletnow-Effekt und der B2-Effekt mit Hochspannungs-Stoßionisationen), wurde im Vorfeld einzeln dargestellt.

Dadurch entsteht der over-unity- und Antigravitationseffekt gleichzeitig.

Es soll hierbei nicht unerwähnt bleiben, dass durchaus erhebliche gesundheitliche Risiken auch bei den Glocken-Versuchen entstanden. Das ist durch einen intensiven (Kondensat-) Strahlungsanteil, der zwar später verringert, aber nicht ausschließbar war, bedingt. Dies dürfte auf die Hochspannungsstoß-ionisationen des Unter-brechers zurückzuführen sein.

Die Parallel- und Weiterentwicklung erfolgte danach über die Flugscheiben UFOs, wie im russischen Video[49] dokumentiert. Ebenso existieren gem. angeblicher australischer und neuseeländischer Zeugenaussagen über ein riesengroßes UFO-Raumschiff, das eine 12m dicke antarktische Eisbedeckung durchbrach, um aufzu-steigen. Wie weit das wahrheitsgemäß ist, sei dahingestellt (Lit. u.a. UFO-Forscher Len Kasten: "Die geheime Reise zum Planeten Serpo" und mehrere NEXUS-Artikel).

Das Beispiel wird deshalb erwähnt, um die unglaubliche bordeigene Energie und Leistung hervorzuheben. Das dürfte den Marukhin-Widder (Kap. 12.5.4) sogar übertreffen. Will heißen, dass noch erhebliche Reserven bezüglich Raumenergie-Nutzung bestehen.

Dass es eine komplexe physikalische Anwendung ist, zeigt u.a. das Heisenberg-Zitat. Es lautet sinngemäß:

"Es sollte möglich sein, den Magnetismus als (o.u.-) Energiequelle zu nutzen. Aber wir Wissenschaftsidioten schaffen es nicht; das muss von Außenseitern kommen."

(Das war kein offizielles Statement, sondern mehr eine private Bemerkung gegenüber dem Erfinder Heinrich Kunel.)

14.3. Uralte Überlieferungen

Es ist damit nicht ausgeschlossen, dass es in der Vergangenheit durch eine technisch

höherstehende (nicht irdische) Zivilisation auf der Erde mit Antigravitationsflügen (UFOs) gegeben hat. Das ist aus verschiedenen unabhängigen Kulturkreisen überliefert und in spätere Sprachen übertragen wurden.

Diese Überlieferungen können nicht frei erfunden sein, dazu sind sie technisch-physikalisch zu detailliert, wenn auch in den überlieferten Beschreibungen naiv. Nach den bekannten ältesten (keil-) schriftlichen Überlieferungen, die aus dem Sumerischen übersetzt wurden[46], muss es noch viel frühere, umfassendere Kenntnisse dazu gegeben haben.

Aus einer über 2.000 Jahre (>12.000 Jahre Überlieferung) **Jahre alten Buches:**
Samarangana Sutrahara
darin wird beschrieben (Heinke Sudhoff: "Adams Ahnen", Universitas 2013)

„Durch die Kräfte, die dem Quecksilber innewohnen und die den treibenden "Wirbelwind" in Bewegung setzen, kann ein Mensch darin auf erstaunlichste Weise eine große Strecke am Himmel zurücklegen... Als "Rukma-Vimaana"...

An die "Nordseite" (außen?) sollte "Schlangenhaut" (Glimmer?) platziert und Kristalle sollten an den entsprechenden Zentren aufgestellt werden..."

Die merkwürdige Flüssigkeit: *Shaktipaniaraka mani*

eine Mixtur aus Magnetstein und Quecksilber ist als Quecksilberantrieb ins Innere zu platzieren und darunter den eisernen Heizapparat...

Vier starke Quecksilberbehälter, sind einzubauen...

*Wenn diese durch kontrolliertes Feuer aus Eisenbehältern erhitzt werden, entwickelt das **Vimana** Donnerkräfte aus dem Quecksilber...*

...und sofort wird es wie eine Perle am Himmel –"

Gibt es eine Erklärung für eine Technik, die weiter als heute war?

"Wirbelwind "?

Ägyptisches Museum:
Aus dem Grab des 1. Kronprinzen
der ersten Dynastie vor 5220 Jahren
(Schematische Darstellung)

Ist das eine Magnet-Wirbelscheibe?
Orginal-Schiefer-Nachbildung

Text-Quelle: Joesph Farell / Heinke Sudhoff | QUELLE: links Eigendarstellung, rechts Ägypt. Museum Kairo

Bild 62: Uralte technische Überlieferungen der Sabu-Scheibe des Äygptischen Museums

Die rechts dargestellte, zur Veröffentlichung freigegebene Sabu-Scheibe[53] im Ägyptischen Museum deckt sich nicht mit früheren Abbildungen (deshalb eigenes Bild). Die ca. ϕ-60cm-Scheibe wurde aus einem Schiefermonoblock unglaublich kunstvoll heraus gearbeitet. Die Frage dazu:

Wie kann man das rechte Modell aus einem Schiefermonoblock herstellen?

Wer hat heute ein Interesse an dieser realitätsfernen Darstellung?

Diese Überlieferungen und Erkenntnisse sind offenbar bereits im großen Zeitraum vor der Sintflut (> 250.000 Jahre) entstanden. Ob von Außerirdischen zur Erde gebracht oder von bereits höher stehenden menschlichen Intelligenzen übermittelt, sei dahingestellt. Es ist jedenfalls überaus erstaunlich, dass es auf der Erde in längst vergangenen Zeiten astronomische und physikalische Erkenntnisse gab, die heute erst wieder nach und nach entdeckt und verstanden werden. Die Überlieferungen, die immer wieder an die Folgegenerationen (oft wortgetreu) weitergegeben wurden, waren danach in der späteren Zeit weitgehend unverstanden. Sie wurden dann z.T. fehlerhaft in die wechselnden, jeweils dominierenden Weltsprachen übersetzt. Das führte – bis in die Gegenwart – oft zu Fehldeutungen und Mystifizierungen. Dabei sind – ausgehend vom Sumerischen[46] – insbesondere im weniger zitierten Schöpfungsepos "Enuma Elisch" über das Akkadische bis zur mosaischen AT-Bibel die primären Urtexte – als das primär Ursprüngliche viel detaillierter, klarer und präziser[46] – erhalten.

Dabei versuchen Vertreter der etablierten Naturwissenschaft engagierte Leute (wie E.v. Däniken, Thor Heyerdahl, Z. Sitchin, J.F. Blumrich) zu diffamieren. Das, obwohl sie nur alte Überlieferungen bildhafte Darstellungen und Schriftzeugnisse ernst genommen haben.

Der Ägyptologe Axel Klitzke beschreibt in seinem schönen Buch "Die kosmische Ordnung der Schöpfung"[52] die genialen mathematischen Fähigkeiten der alten Ägypter, die nicht von den Steinzeitmenschen erbracht und erdacht werden konnten, sondern uraltes Wissen offenbaren.

Auch hier ein passendes Planck-Zitat:

"Zuerst machen Ideen den Experimentator zum Physiker, den Chronisten zum Historiker, den Philologen zum Handschriften-Experten."

Wo die Naturwissenschaft bisher keine Fragen gestellt hat, präsentieren sie bereits Antworten. Ein Beispiel ist das in der vedischen Überlieferung "Samarangana Sutrahara" beschriebene Himmelsfahrzeug (Bild 62). In anderen Überlieferungen auch als "Thronwagen Merkaba[47]'" (gem. mosaisch-jüdischen Literatur) bezeichnet. Auch durch Aufheizung des Quecksilbers (mittels eisernem "Heizapparat", Bild 62) ermöglicht eine tiefe Ionisation des Quecksilbers in den Plasmazustand. Das verleiht dem "Vimana" Donnerkräfte für den Antigravitationsflug.

Die verflüssigte "Mixtur" dürfte ebenso "aus der Zeit gefallen" sein, wie der Eisen-behälter und das Quecksilber. Bei der (Glimmer-"Schlangenhaut") kann es sich um eine elektrisch hochhitzte-beständige Glimmerisolierung im Außenumfang handeln? Das passte keinesfalls zur Technik der stein- und bronzezeitlichen Menschen.

Im übrigen wird an anderer Stelle beschrieben, dass die damaligen "Außerirdischen" vor allem Lithium, Glimmer, Gold und Quecksilber auf der Erde suchten.

Das klingt jedenfalls sehr modern.

Gibt es eine Erklärung für eine Technik,

die damals weiter entwickelt war als heute?

Wenn wir auch glauben, unsere gegenwärtige Gesellschaft wäre der Historie sowohl technisch als auch geistig haushoch überlegen, so ist das ein Irrtum.

Es gab Kenntnisse und eine Technik, die in ferner Vergangenheit (z.T. vor der Sintflut) weiter war als heute. Das betrifft sowohl die bordeigene, autonome Elektroenergieerzeugung als auch die Antigravitation.

14.4. Parallelen der Vergangenheit – ein Katastrophenbericht

Obwohl es nicht direkt zum Thema des Buches gehört, soll auf ein prähistorisches Ereignis Bezug genommen werden Zeigt es doch den hohen Stand der Physik und Technik, der damals bereits auf der Erde vorhanden war.

Bild 63: Der Kernwaffenschlag bereits 2024 v.u.Z.

Wenn auch gerade das Negativ-Beispiel für unsere Zeit abscheulich ist, so können wir mit unserem Wissen über die Kernenergie nachvollziehen, dass ein Ereignis, das die Sumerische Hochkultur auslöschte, real überliefert ist (Bild 63).

Im Jahr **2024** v.u.Z. (wohl gemerkt) erfolgte ein Kernwaffenvernichtungsschlag gegen einen damaligen Raumflughafen auf dem Sinai im Machtkampf der "Götter" (Außerirdischen) untereinander.

Die Jahreszahl wurde in Keilschrifttafeln von Zecharia Sitchin eindeutig entziffert[46].

Der Atomschlag erfolgte 2024 v.u.Z. auf der Sinai-Halbinsel Eine NASA-Aufnahme zeigt noch heute deutliche Spuren davon auf der Erdoberflächen-Abbildung unter den Koordinaten +29.69799,+33.5952 (geografische Breite und Länge, auf dem Sinai für jedermann im Internet nachprüfbar).

Die Quelle berichtet sogar von mehreren Kernwaffen-Vernichtungsschlägen (Sieben), d.h., ob es daneben noch weitere Einschlagsspuren gibt, wäre zu prüfen.

Das Szenario beschreibt Zecharia Sitschin in seinem Buch "Als es auf der Erde noch Riesen gab".[46]

Dieser Kernwaffeneinsatz galt dem strittigen Raumflughafen, von dem aus die rivalisierenden "Götter" starten wollten. Das Resultat war eine mächtige todbringende, radioaktive Wolke, die ein unerwarteter Weststurm *"böser Wind"* nach Sumer in "God's own country" getragen hat.

Damit wurde die sumerische Hochkultur auf der "göttereigenen" Erdenbasis ausgelöscht – ein gewaltiger **Kollateralschaden**. Die "Götter" ergriffen danach die Flucht von der verstrahlten und verbrannten Erde. Sie waren keineswegs unfehlbar, nicht unsterblich, jedoch äußerst langlebig, aber auch gegen Krankheiten nicht immun und auch nicht gegen Radioaktivität. Zudem spielten meteorologische Vorhersagen offenbar keine Rolle. Auf die heutige Zeit übertragen heißt das:

"Haben wir aus der Vergangenheit gelernt?"

Diese unwiderlegbare Tatsache, die Sitchin aus den alten Keilschriften entziffert hat, belegt nicht nur den damaligen hohen wissenschaftlich-technischen Status und den hohen **Realitätsgehalt** – wenn auch hier im negativen Sinne.

Wie sich die Parallelen der Geschichte wiederholen und gleichen!

Vorausgegangen war – wie kann es anders sein – ein Machtkampf unter den Außerirdischen. Sie hatten vor Urzeiten das Königtum auf die Erde gebracht. Das wurde zunächst mit eigenen (göttlichen) Königen besetzt, um danach das Königtum auf Erden-Menschen zu übertragen. Woher kamen die "Götter" und kehrten sie regelmäßig alle 3.600 Jahre zur Erde zurück?

Bereits einmal, kurz vor der verheerenden Sintflut, haben die nicht "allmächtigen" Götter" die Flucht von der Erde ergriffen. Sie haben das Sintflut-Ereignis damals vor ≈ 13.000 Jahren zwar kommen sehen, konnten es aber nicht verhindern. Das gilt nun ebenso bei der eigenen, vorsätzlich ausgelösten Nuklear-Radioakivitäts-Katastrophe. Vom Aldebaran[49] (α-Tauri), dem hellsten rötlichen Stern im Sternbild des Stiers, kamen sie "angeblich". So zumindest lauten auch die Überlieferungen in den alten Keilschrift- bzw. Hieroglyphenzeugnissen.[46] Vom Aldebaran selbst, wie auf der ägyptischen Königskartusche dargestellt[48], konnte keinesfalls ihre Herkunft sein. Ein so heißer Stern (Roter Riese) ist extrem lebensfeindlich.

Sie müssen stattdessen aus der **Richtung** des Aldebarans vom Exoplaneten Nibiru gekommen sein, der einen 3.600-jährigen Umlauf auf einer weiträumigen Ellipsenbahn um die Sonne beschreibt. Dieser Exoplanet wird in den alten Keilschrifttafeln vielfach erwähnt.

In der Umlaufbahn kreuzt der Nibiru den Asteroidengürtel außerhalb des Mars in dessen sonnennächster Entfernung. Das dürfte u.a. für die Tiamat-Katastrophe ursächlich gewesen sein, wie in alten Keilschriften[46] berichtet.

Auch hieraus ersieht man den Wahrheitsgehalt dieser uralten (vormenschlichen) Überlieferungen. Aus Bild 64 wird die Tiamat Katastrophe vor Urzeiten plausibel.

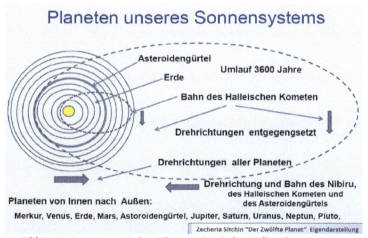

Planeten unseres Sonnensystems

Asteroidengürtel
Erde
Umlauf 3600 Jahre
Bahn des Halleischen Kometen
Drehrichtungen entgegengesetzt
Drehrichtungen aller Planeten
Drehrichtung und Bahn des Nibiru, des Halleischen Kometen und des Asteroidengürtels

Planeten von Innen nach Außen:
Merkur, Venus, Erde, Mars, Astoroidengürtel, Jupiter, Saturn, Uranus, Neptun, Pluto,

Zecheria Sitchin "Der Zwölfte Planet" Eigendarstellung

Bild 64: Sonnensystem mit dem Nibiru sowie mit dem Halleyschem Kometen

Es muss folglich zu einer Konfrontations-Katastrophe zwischen der Bahn des Exoplaneten (Nibiru) und einen Sonnenplaneten (Wasserplanet Tiamat) gekommen sein. Wie anders wäre der gegenläufige Asteroidengürtel erkärbar?

Die Historiker- und Physikerzunft negiert dies gegenwärtig, wie lange noch?

Der "Nibiru"[48] mit seiner Ellipsenbahn kann gegenwärtig nicht der von der Erde aus gesehen werden. Im sonnenfernsten, (langsamsten) Umlaufpunkt dem Apogeum ist die Richtung des Nibiru mit dem Aldebarn (α-Tauri) nahezu identisch.

Eine Stützung der Datums- und Lokalisierungsangabe geht aus[46] hervor:

> "In dem Jahr **2024** v.u.Z. endete das 'Macht'-Zeitalter des ANU (im Sternbild des Stier), so dass damit ein Wechsel (an der Spitze)überfällig war..."

Zu diesem Zeitpunkt stand Nibiru nur noch 84 Jahre vom Aphel, dem sonnen-fernstenWendepunkt nach 1.800 Jahren, entfernt "...im Sternbild des Widder".[46] Die Ellipsenbahn des Nibiru ist etwas geneigt nach Nord-Nord-Ost und die Rückkehr in das Sonnensystem erfolgt von Süd-Süd-Ost. Von einer weiteren planmäßigen Rückkehr um 160 v.u.Z. auf die Erde ist bisher nichts bekannt, ebenso, wie der Machtkampf danach auf dem Nibiru ausgegangen ist.

Schriftzeugnisse gibt es dazu nicht und die Völkerüberschichtungen der Geschichte sind darüber hinweggegangen. Zu dieser Zeit herrschte das Ptolemäisch-Seleukidische Weltreich der Diadochen. Einzig die AT-Bibel berichtet von *Sodom und Gomorra*, offenbar aus der Zeit des Nukleardesasters.

Der nächste zu erwartende Erdenbesuch wäre demnach erst nach dem erfolgten äußeren Wendepunkt im Aphel (dieser war 1640 u.Z.), sodass ein "Besuch" erst wieder heute nach ca. 1420 Jahren zu datieren wäre.

Die Überlieferungen aus dem Sumerischen, Akkadischen, insbesondere der Sprachwissenschaft (Sitschin u.a.) und die vielfältigen Bodendenkmale (v. Däniken u.a.) sind ernst zu nehmen.

Was soll mit v.g. historisch-literarischen Kurzfassung ausgesagt werden?

Die historischen Überlieferungen enthalten mehr Wahrheit, um sie gemeinhin nur als Mythen abzutun. Sie sind technisch z.T. äußerst detailliert, sodass sie nicht frei erfunden sein können.

Das bedeutet, dass in ferner Vergangenheit technisch hochstehende Zivilisationen-sationen auf der Erde gegeben haben muss, die gleichzeitig mit detaillierten techni-schen Beschreibungen einen unumstößlichen Beweis für den Realitätsgehalt der Überlieferungen liefern.

Für die Gegenwart sollten daraus die richtigen Schlussfolgerungen gezogen werden, um auch aus deren verheerenden Fehlern zu lernen.

14.5. Blick in die Zukunft – der auch gleichzeitig ein Blick in die Vergangenheit ist

Es lohnt sich also, wie aus den verschiedenen historisch-technischen Darstellungen hervorgeht, weitere Nachforschungen und Forschungen darauf – im Sinne einer Weiterentwicklung künftiger Elektro-Energieerzeugungs- und Antigravitations-forschungen – zu fokussieren.

Walther Gerlach hatte (zur "Glocke") als Fakt als wesentlich erkannt:

Es bedarf 1. der Rotation, 2. der Rotation und 3. der Rotation.

Was wollte er damit sagen?

Die klassischen elektro-magnetischen Stromerzeugungsanlagen funktionieren auf Basis der Rotation. Aber, wie unter Kapitel 12.5.3. dargestellt, haben stationäre elektromagnetische Anlagen ein derzeit nicht ausgeschöpftes Potenzial, insbesondere auf der Basis der Magnetverstärker.

Es gibt eine weitere Möglichkeit, ohne äußere Rotation Strom zu generieren. Das ermöglicht Quecksilber. Bild 65 ist praktisch-technische Anwendung des Bildes 62.

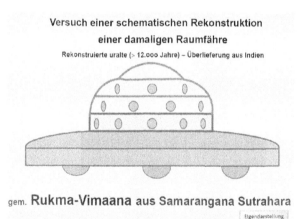

Versuch einer schematischen Rekonstruktion
einer damaligen Raumfähre

Rekonstruierte uralte (> 12.000 Jahre) – Überlieferung aus Indien

gem. **Rukma-Vimaana** aus Samarangana Sutrahara

Eigendarstellung

Bild 65: Darstellung eines uralten UFOs

Quecksilber über einen Dauermagneten angeordnet "kontrolliertes Feuer aus dem eisernen Heizapparat", erzeugt unter Stromzufuhr selbstständig eine starke Rotation bei gleichzeitiger weiterer und tiefer Ionisation.

Dabei ist dessen Drehrichtung von der Polarität des speisenden Gleichstromes abhängig. Obwohl die Ionisierungsspannung von Hg ≈ 10 eV im höheren Bereich der meisten Metalle liegt, ist dessen Aggregatzustand bei erhöhter Raumtemperatur flüssig.

Das ermöglicht einen Plasmazustand, und dadurch ist dessen Ionisation sehr schnell bei niedrigen Temperaturen zu erreichen. Man muss noch "das Feuer" kontrollieren, indem man eine Rückkopplungsschleife (z.B. Regeleinrichtung) installiert, die den o.u.-Strom begrenzt und gleichzeitig zurückspeist.

Der induzierte Überschussstrom kann dann über Wechselrichter transformierbar umgespannt werden.Interessant ist auch, dass sich bei einer rotierenden Wärmequelle über dem Quecksilber im Quecksilber eine gegenteilige Bewegungsrichtung einstellt.

Die steinzeitlichen "Altvorderen" hatten wohl in ihren Überlieferungen die magnetische Wirkung auf das (rotierende) Quecksilber nicht verstanden (Bild 65). Zudem sind die Überlieferungen zur damaligen Stein- und frühen Bronzezeit sozusagen "aus der Zeit gefallen". Die überlieferten Angaben vom *"Eisenbehälter und eisernen Heizapparat"* sowie *einer Mixtur von "Magnetstein..."* (gemäß Bild 62) und das prähistorisch überlieferte UFO (gemäß vorstehendem Bild 65) haben durchaus Realitätsgehalt. Nur war deren technisch-physikalischer Inhalt von den Menschen damals unbekannt bzw. unverstanden.

Der Wahrheitsgehalt der Überlieferungen wird auch durch die Tatsache eines vorantiken Atomschlages auf den Raumflughafen auf dem Sinai mit seiner katastrophalen radioaktiven Strahlung gestützt.
Wofür sollten die damaligen "Götter" einen Raumflughafen benötigen, wenn sie auf der Erde beheimatet gewesen wären?

Sie beherrschten sowohl die Kernenergie als schreckliche Waffe als auch die antigravitative Raumfahrt über den Erdorbit hinaus bis zu fernen Planeten. Und sie müssen unbeschadet den gefährlichen Van-Allen-Gürtel – als Zone stark erhöhter ionisierender Strahlung – durchquert haben.

Denn das Magnetfeld der Erde lenkt alle elektrisch geladenen Teilchen von der Sonne oder aus den Tiefen des Alls kommend an der Erde vorbei oder um sie herum. Teilchen, die dennoch durchkommen, werden größtenteils von der Atmosphäre absorbiert, wobei es zur Ionisation hoher Luftschichten und zu Leucht-erscheinungen, wie beim Polarlicht, kommt.

Im Van-Allen-Gürtel wurde eine stark erhöhte ionisierende Strahlung gemessen, die schwere, gesundheitliche Schäden beim Menschen hinterlassen würden. Folglich müssten die damaligen Erdenbesucher Schutzvorkehrungen dagegen besessen haben. Eine antigravitative Anwendung – für die Luft- und Raumfahrt – ist sicher zukunftsfähig, aber zunächst muss eine effektive, nichtfossile, bordeigene o.u.-Elektroenergieerzeugung realisiert werden.

Dennoch wäre dies

"eine Technologie, die die Welt verändern könnte",

wie Paul la Violette weiter in seinem Buch[22] beschreibt:

"...US-Wissenschaftler, die an geheimen Projekten mitgearbeitet hatten, sind Hüter dieser Technologie und nicht der Meinung, dass sich die Menschheit inzwischen soweit entwickelt hätte, dass sie mit diesem Wissen vernünftig umgehen könnte."

Dieses Argument hatten bereits die "Götter" im Zusammenhang mit dem Thronwagen Merkaba, wie es laut AT-Bibel (Bild 65; Hesekiel[46]) beschrieben ist:

*"als glänzendes Fluggerät ...und **dass es nur für die Eingeweihten** und nicht für das gemeine Volk bestimmt war."*[46,47]

Aber auch in der Neuzeit haben die entkommenen NS-Wissenschaftler die Technik der Flugscheiben (UFOs) beherrscht – und mitgenommen, wie das russische Video *"Mythos Neuschwabenland"*[49a] zeigt. Zudem wurden 140.000 Bibliotheksbücher - mit Inhalt zur Historie, Raumfahrt und Flugscheiben – aus Deutschland verbracht. Weiterentwicklungen sind danach erfolgreich fortgeführt wurden, was u.a. an der Vielzahl künstlerischer Kornkreise demonstriert wird. Sie sind zunehmend intelligent gesteuert, was Außerirdische in diesem kurzen Zeitraum als eine Ursache der Weiterentwicklung ausschließt.

Dies wird auch z.T. vom US-UFO-Forscher Len Kasten[49b] bestätigt. Neuseeländische und australische Zeugen berichten, dass ein riesiges UFO-Raumschiff in der Antarktis eine 12m! dicke Eisschicht von unten durchbrach, um aufzusteigen. Wenn auch der Wahrheitsgehalt nicht überprüfbar ist, muss man davon ausgehen, dass dies nur mit einer unglaublichen, bordeigenen Energie und Antriebsleistung erfolgte. Es übertrifft damit die Leistung des Marukhin-Widders (Kap.12.5.4.) noch erheblich.

D.h. die Möglichkeiten der Raumenergienutzung sind noch nicht ausgeschöpft.

Bereits vor Ende des Zweiten Weltkrieges gab und gibt es in Deutschland autonome Elektroenergieerzeugungs-Technologien, wie z.B. den Coler-Magnetstrom-Apperat.

Obwohl vieles von den Überlieferungen, einschließlich von Nikola Teslas "Pierce-Arrows" autonomen Elektroantrieb, seit spätestens 1932 bekannt war, gibt es in Deutschland keinen einzigen Lehrstuhl für autonome, fossilfreie Elektromobilltät. Insbesondere für autonome Elektroenergie-Erzeugungssysteme in kleinen Pkw Antrie-ben sollte es geeignet sein. Hierzu wird in Fernost intensiv daran gearbeitet, um z.B. Pkw-Antriebe kommerziell auszustatten.

Wie und durch wen soll ein Paradigmenwechsel hin zu grundlastfähiger, autonomer Elektroenergieerzeugung vollzogen werden?

Bei den Kern- und Kohleausstiegs-Szenarien in Deutschland spielen innovative Alternativen keine Rolle. Windstrom und Photovoltaik sind keine Innovationen nur Verbesserungen. Alles andere dürften z.Z. Tabuthemen sein.

Stattdessen werden in Deutschland mit unvertretbarem Aufwand Höchstspannungs-Gleichstromtrassen quer von Nord nach Süd gebaut, was dadurch kaum eine Senkung unserer derzeit weltweit höchsten Strompreise bewirkt.

Der Münchener Professor Sinn kritisiert zu Recht die deutsche Energiepolitik. Was ist die Alternative?

Hier bedarf es massiver staatlicher Unterstützung. Bei Umweltschutz und CO_2-Minderung sind hingegen keine neuen Denkansätze erkennbar. Auch der Vorschlag, eine Milliarde an Steuergeldern für eine verbesserte Ladeinfrastruktur vorzusehen, ist ein zunächst löblicher Ansatz. Er greift jedoch zu kurz.

Wie schreibt Paul La Violette in seinem Schlusswort zum Buch[22]:

" Die Verkehrsmöglichkeiten würden revolutioniert werden...Die Raumfahrt würde ungemein vereinfacht...Diese Reisen könnte man mit einem Minimum an Energie aufwand durchführen...Wenn die Nationen für ihre Raumfahrt einen Antigravitationsantrieb statt den Raketenantrieb einsetzen würden... Der Weltfrieden würde gefördert. Jedes Haus, jede Fabrik und jedes Fahrzeug hätte ihre eigene Energieversorgung..."

usw. usw.

Beim "Weltfrieden" wäre man sich – im Bezug auf die ferne Vergangenheit – weniger sicher. Aber für schwere Lasten wären Großkrane wahrscheinlich entbehrlich und vieles andere mehr.

Richtiger wäre es, diese und weitere Mittel in eine zielgerichtete Forschung und Entwicklung unter straffer Kontrolle bereit zu stellen. Dabei sollte der fossilfreie Auto- und Straßenverkehr, wie auch die Grundlast-Generierung zunächst priorisert werden. Erste vielversprechende Lösungen gibt es bereits.

Wie kommen wir da weiter?

Es ist überfällig, dass sich eloquente Politiker mit Weitblick und hinzugezogenem Sachverstand bei unserem erheblichen Anteil an der Automobil-Wertschöpfung an die Spitze stellen.

Welche Erwartungen wären nicht nur mit unserem Automobilstandort verbunden?

- Die deutschen Autokonzerne koordinierend-fordernd an den Tisch zu holen.
- Konkrete Forderungen und Termine zu Entwicklungen zu stellen.
- Danach Berichterstattung zu den erreichten Fortschritten einzufordern.
Der technische Part sollte bei der Automobilindustrie verbleiben.
- In jedem Fall sollten die besonderen fiskalischen Bedingungen rechtzeitig angeschoben werden, damit eine individuell-autonome Elektroenergie-erzeugung nicht daran scheitert.

So haben wir einen weiten Bogen von der fernsten Vergangenheit zur Gegenwart gespannt. Sicher wird nicht jeder Leser unseren Darlegungen folgen können und wollen – das sei jedem überlassen.

Man muss sich nur vor Augen halten, dass es in der Vergangenheit bereits einen technisch-physikalischen und medizinisch-genetischen Stand gegeben hat, den wir heute erst im Begriff sind, wieder zu erreichen.
Wollen wir das bezogen auf eine autarke, fossilfreie und nicht volatil-schwankende Elektroenergie-Erzeugung auch in der Zukunft?

Man kann gegenwärtig daran zweifeln, insbesondere, wenn man die Billionen-Kosten für die Energiewende und die noch viel höhere Kostenbelastung, die der Steuerzahler und Verbraucher in Deutschland aufgebürdet bekommt, sieht. Bei der gegenwärtig auf allen Ebenen geführten Klimadebatte zur CO_2-Reduzierung, wäre es da nicht sinnvoll, den Fokus nicht nur auf fossilfreie Techniken zu konzentrieren?
Die o.u.-Nutzung der Raumenergie scheint ein Fremdwort für die gegenwärtigen politischen Entscheider zu sein.
Bei allen fiskalischen Voraussetzungen – die dazu voraussetzend sind – ist ein Umdenken überfällig. Andernfalls bleiben es nur politische Lippenbekenntnisse.

Als Autoren wären wir nicht so sicher, wenn es in der Vergangenheit eine derartige Technik nicht bereits gegeben hätte.

Was haben die damaligen Außerirdischen vermerkt? Das ist ebenso in den Überlieferungen enthalten:

"Die (Menschen) *werden wie wir...!"*

Man kann nur hoffen, dass die Menschheit auch aus deren Fehlern gelernt hat.

Kurz-Zusammenfassung Kapitel 14

- Die uralte historische Armberge, eine Flachspulenanordnung aus der Bronzezeit wurde damals als Schmuck getragen. Sie ist ein Multifunktionsgerät, welches ein breiteres Frequenzspektrum abdeckt.

- Das sind: Antennenfunktion für Energy-Harvesting, heilende therapeutische Eigenschaften und, sowie auch Grundlage für Weiterentwicklungen.

- Das war u.a. Vorbild für Erfindungen der Hochspannungstechnik von Nikola Tesla, u.a. für eine Magnetfeldtrennung bzw. -umkehr und eine Ladungstrennung.

- Die Entwicklung der "Glocke" erfolgte auch aus kompakten, Intensiv-Beschleunigern, weniger Hochenergie-Beschleunigern. Diese ähnelten entfernt dem Tokamak-Prinzip (russ.: "toroidale Kammer mit magnetischer Wicklung") der sowjetischen Fusionsforschung.

- Die entgegengesetzte Drehrichtung der beiden Hohlzylinder bewirkt eine Magnetfeld- und damit eine Ladungstrennung.

- Gab es eine Technik, die in der Vergangenheit weiter war als heute? Das betrifft die bordeigene, autonome Elektroenergie-Erzeugung und auch die Antigravitation. Das ist aus technischen und waffentechnischen Überlieferungen eindeutig beweisbar.

- Ein Katastrophenbericht zeigt Parallelen zur Vergangenheit auf. In einem damaligen vernichtenden Kernwaffenschlag im Machtkampf der Außerirdischen untereinander folgte ein verheerender Kollateralschaden. D.h. haben wir aus der Vergangenheit gelernt?

- Die historischen Überlieferungen enthalten mehr Wahrheit, um sie nur als Mythen abzutun. Sie sind technisch z.T. äußerst detailliert, sodass sie keinesfalls frei erfunden sein können.

- Auf die heutige Zeit übertragen, bedeutet es, dass die Zeit für eine autonome, bordeigene Elektroenergie-Erzeugung nicht nur für Kraftfahrzeuge überreif ist. Es werden erste Hinweise dazu gegeben.

15. Diskussion der Ergebnisse und die Naturkonstanten des Elektrons

15.1. Ergebnisabweichungen insbesondere bei der Eigenenergie des Elektrons

Die Ermittlung der Selbst- bzw. Eigenenergie des freien, (translatorisch) ruhenden, aber rotierenden Elektrons gemäß dem Energieerhaltungssatz ist ein weiterer Beitrag zum widerspruchsfreien Elektron. Die Abweichung des ermittelten potenziellen, hälftigen Energieanteils ΔU (gemäß Kapitel 4.2.) beträgt:

$$\Delta U = +0{,}000176794 \cdot m_e c^2 = +{}^1/5656{,}300 \cdot m_e c^2$$

$$= (2\pi\alpha^2/2 - 9{,}494 \cdot 10^{-7}) \cdot m_e c^2$$

(Der Faktor $2\pi\alpha^2/2$ ist eine typische $\alpha^2/2$ –Abhängigkeit)

Der Energieerhaltungssatz steht hierbei keinesfalls zur Disposition.

Prinzipiell muss die Summe der γ-Quanten als Eigenenergie kleiner $\Sigma(h \cdot \nu_c) < \Sigma(m_e c^2)$ und als das Masseäquivalent sein (s.u.).

Das sagt zunächst nichts über die Größe der Differenz aus. Die Feinstrukturkonstante α wurde wurde von Arnold Sommerfeld aus der Feinstrukturformel im Abgleich mit den gemessenen Balmerschen Energieniveaus ermittelt. Diese Abgleich basiert – gemäß der Strukturformel – auf Korrekturgliedern aus den Linienspektren. Neu ist, dass die Feinstrukturkonstante α, (gemäß Kap, 5. u. 6.) neben

den drei Konstanten e, h, c, zusätzlich

m_e, λ_c und die Feinstoff-Konstanten m_{Dipol} und e_{Dipol} enthält.

Durch die strigente mathematisch-physikalische Herleitung wird deren Richtigkeit gestützt. Zudem wurde sie sich vielfach messtechnisch bestätigt.

D.h. an α ist die Differenz nicht festzumachen. Hier wäre dennoch Forschungsbedarf angezeigt, denn wie wirkt sich die etwas reduzierte, elektronische Kondensatmasse der atomar gebundenen Elektronen im Vergleich zu freien Elektronen auf die Linienspektren der Atome aus? Oder sind die Linienspektren dessen Resultat?

Damit ist auch sekundär und indirekt die positive Abweichung der magnetischen Energie in Form des bekannten (auch gemessenen) vergrößerten magnetischen Moments des Elektrons eine weitere Ursache. Eine Oszillation um den Ladungsschwerpunkt des Elektrons an einer Magnetfeldlinie – wie es Schrödinger mit seiner so bezeichneten Zitterbewegung deutete – kann hierfür eine Ursache sein. Wenn man versucht, das Elektron räumlich zu fixieren bzw. zu speichern, wie das z.B. in der Paul-Falle oder im Penning-Käfig[52] vorgenommen wird, tritt diesr Fall ein. Unter diesen Bedingungen eines elektrostatischen Quadropolfeldes und eines magnetischen Feldes in der Penning-Falle oder der zusätzlichen Überlagerung des elektrostatischen Quadropolfeldes mit einer Hochfrequenz in der Paul-Falle, muss es folglich zu Oszillationen des eingeschlossenen Elektrons kommen. Der Messvorgang wird damit energetisch beeinflusst.

Im Bezug auf das Bohrsche Magneton ergibt sich nach der QED

$$M_S = M_B \cdot (1 + \alpha/_{2\pi} - 0{,}328 \cdot \alpha^2/_{\pi^2}) = 1{,}00115965 \cdot M_B$$

als eines ihrer überragenden Ergebnisse. Das ist genauer als der Basiswert des Bohrschen Magnetons bzw. der Ausgangswerte von e, h und m. Es ergibt sich damit die Abweichung der magnetischen Energie von

$$W_m = +\tfrac{1}{4}\,\Delta M_S/(M_B) \cdot m_e c^2 = +0{,}000289912 \cdot m_e c^2 = +^1/_{3449.317} \cdot m_e c^2$$

Die ermittelte Abweichung des magnetischen Anteiles ist damit fast das

$$\approx \text{mehr als das } 1\,^1/_2 \text{ - fache} = 1{,}6398294\text{-fache}$$

des elektrostatischen Anteiles, der durch die äußere Feldenergie verursacht wird.

Unabhängig vom Zerstrahlungsenergie Σ (h·ν_c) die ausschließlich aus den Kondensatkörpern von Elektron und Positron, d.h. 2 x deren realer Einzelmasse, resultiert, geht – wie bereits erwähnt – geht deren Feldenergie und -äquivalentmasse nicht in den Strahlungsblitz ein. Dieser depolarisiert und verflüchtigt sich ohne Einfluss auf die emittierten γ-Quanten. Der Feldsummenanteil $\Sigma\ \Delta$ ($m_e c^2$) entfällt somit für (h·ν_c), die damit korrekt nur der kondensierten Elektronenmasse m_e (ohne äußeres Feld) entspricht. Bei der Energiebilanz wird deshalb nicht klar zwischen Kondensat und äußerem Feld unterschieden.

Der Kondensatkörper endet abrupt mit dem Gleichgewichtszustand der spezifischen Ablöse-/Wiederablöse-Geschwindigkeit der Elementardipole bei der Umfangsgeschwindigkeit c an der Abrisskante.

Die Oszillation beim Messvorgang eines eingeschlossen-fixierten Elektrons sowie die Schrödingersche Zitterbewegung des freien Elektrons ergibt den v.g. Überschussanteil, der sich aus dem elektrostatischen und magnetischen Feldanteil ergibt. D.h. der Überschussanteil des freien Elektrons resultiert aus zwei Quellen, dem Feldanteil incl. der Wechselwirkung mit der Raumenergie (ständiges Anziehen und Abweisen von Elementardipolen) und dem Messvorgang sowie beim atomar gebundenen Elektron (Oszillation um eine Feldlinie). Bei Letzteren ist es geringer.

15.2. Bewertung von Messergebnissen

Hervorzuheben ist die Übereinstimmung der erhaltenen Resultate mit den umfangreichen experimentellen Befunden insgesamt. So wurde im Zeitraum von mehr als 150 Jahren das Elektron häufig und exakt gemessen. Zu keinem anderen Elementarteilchen liegen mehr experimentelle Ergebnisse vor. Dennoch blieben die zahlreichen Widersprüche bis heute bestehen.

Beim Vergleich der Messdaten der Elementargrößen des Elektrons zeigte sich, dass trotz Genauigkeiten Unterschiede, d.h. systematische Abweichungen, feststellbar sind, die auch durch Angabe der äußerst kleinen relativen Unsicherheiten nicht "geheilt" werden konnten. Die empfohlenen Werte wichtiger Naturkonstanten des Elektrons und der elektromagnetischen Wechselwirkung nach Codata[13] weisen gegenwärtig relative Unsicherheiten von Null (**c**, ε_0 und μ_0) und bis zu 0,30·ppm (parts per million) für

$$h, |e|, m_e, m_e/e, \lambda_c, M_B, \Phi_q \text{ und } \alpha \text{ aus.}$$

Wenn man jedoch historische Einzelmessungen[2] vergleicht, u.a. λ_c, m_e, **h**, **e** und **e/m**, so sind im Röntgenbereich durchgeführte Messungen mit bester Genauigkeit angegeben.

Das wäre aber für die v.g. exakte Verknüpfung der Konstanten **e, c, h** und zusätzlich m_e und λ_c der Sommerfeldschen Feinstrukturkonstanten α auszuschließen. Zum Thema der o.u.-Generierung wurde bereits ausgeführt, dass der äußere, durch Raumenergie-Polarisierung entstehende Feldanteil, nicht berücksichtigt wurde.

Nachfolgend sind beispielhaft einige solche abweichenden Werte in der Tabelle 2 (Bild 68) dargestellt. Aus dieser kurzen Darstellung, die nicht unbedingt repräsentativ ist, kann dennoch eine Tendenz abgelesen werden (die Ermittlung von **h** ist hier möglicherweise auszuklammern).

1. Trotz oder wegen der geringen relativen Unsicherheiten sind systematische Abweichungen unverkennbar. Es soll bewusst nicht von systematischen Fehlern gesprochen werden.

2. Die im höherenergetischen Röntgenbereich erhaltenen Werte sind genauer, d.h., die relativen Unsicherheiten sind geringer. Es sind zudem die moderneren, neuen Messungen.

3. Tendenziell ist bei den systematischen Abweichungen die Clusterrelevanz der durch die Messung beeinflussten Werten erkennbar. Es sind die zwar genaueren Werte, die im Röntgenbereich erzielt werden, aber es sind nicht automatisch die

Richtigeren. Es kommt darauf an, was ausgesagt oder verglichen werden soll. Grundsätzlich ist jede Messung richtig[18], nur die Interpretation trifft zuweilen nicht das Messziel. Es zeigt sich hier wiederum deutlich, dass die Messung selbst das Messobjekt beeinflusst bzw. verändert.

Tabelle 2
Elementargröße Niederenerget. Messg. Messung i. Röntgenbereich

Elementarladung:	$1,6020 \cdot 10^{-19}$As	$1,60217733 \cdot 10^{-19}$As
e	$\pm 0,00004$	$\pm 0,0000030$
Masse d. E	$9,109558 \cdot 10^{-31}$kg	$9,1093897 \cdot 10^{-31}$kg
m_e	$\pm 0,000054$	$\pm 0,0000059$
Spez. Ladung d. E.	$1,7586 \cdot 10^{11}$As/kg	$1,7588028 \cdot 10^{11}$As/kg
e/m_e	$\pm 0,0023$	$\pm 0,0000054$
Planck.-Wirk.quant.	$6,547 \cdot 10^{-34}$Ws	$6,6260755 \cdot 10^{-34}$Ws
h	$\pm 0,00050$	$\pm 0,0000060$
Compton-WL.	$2,42421 \cdot 10^{-12}$m	$2,4263 1058 \cdot 10^{-12}$m
λ_c	$\pm 0,0005$	$\pm 0,00000089$
Atomare Masseeinh.	$1,660277 \cdot 10^{-27}$kg	$1,6605402 \cdot 10^{-27}$kg
1mu $=^1/_{12}m(^{12}C)$	$\pm 0,00011$	$\pm 0,0000059$

QUELLE: Schpolski-Atomphysik

Bild 66: Tabelle der Messwerte[2]

Es muss an dieser Stelle wiederholt werden, dass durch Messungen im höherenergetischen Niveu der Clusterkörper geringfügig weggestrahlt werden kann.

15.3. Bezug zu den Konstanten

Zu den Konstanten führt u.a. P. La Violette die bisher als offenen bzw. nicht aus sich heraus untereinander herleitbaren Elementarkonstanten auf.[22] Dazu bezieht er sich auf die fundamentalen Teilchen, die bereits Eddington wie folgt aufgelistet hatte:

- **e** Die Ladung eines Elektrons.
- **m** Die Masse des Elektrons.
- **M** Die Masse eines Protons.
- **h** Die Plancksche Konstante.
- **c** Die Lichtgeschwindigkeit.
- **G** Die Gravitationskonstante.
- **Λ** Die kosmische Konstante.

Bis auf **M, G, und** Λ sind alle anderen untereinander herleitbar.

Neu hinzu kommen die als gekoppelte Konstanten mit feinstofflichem Bezug:

- λ_c bzw. λ Die Comptonwellenlänge und nunmehr
- m_e Die Elektronenmasse sowie die feinstofflichen Konstanten
- m_{Dipol}
- e_{Dipol}

Ein weiteres Ergebnis ist, dass sich gemäß Modellvorschlag die Anzahl der wahren elementaren Konstanten des Elektrons verringern, da sich die vorgenannten Konstanten untereinander herleiten lassen.

Es verbleiben:

- **h** Das Plancksche Wirkungsquantum (damit im Zusammenhang $\hbar$ und Spin $\hbar/2$, das Massequant des Elementardipols h/c^2 oder $m_{Dipol} = h/c^2 \cdot s^{-1}$ = $\varepsilon_0\mu_0 h \cdot s^{-1}$);
- **c** Die Lichtgeschwindigkeit (damit im Zusammenhang ε_0 und μ_0);
- e_{Dipol} Die feinstoffliche, kaum neutralisierte Elementardipol-Ladung.
- e_0 Die nackte Elementarladung (z.Z. messtechnisch unzugänglich) und die bekannte "Elementarladung" e und α als Kondensatkonstante.
- m_{Dipol} Die kleinste Masse des Elementardipols (hier wiederum $h/c^2 \cdot s$).

Die weiteren Naturkonstanten des Elektrons Clusterkonstanten, d.h. zusammengesetzte Konstanten.
Zumindest Vergleichsrechnungen über bewiesene Zusammenhänge könnten, trotz z.Z. noch nicht befriedigender Genauigkeit bzw. Unzugänglichkeit (e_0), die nachfolgenden physikalischen Größen in ihrer Genauigkeit (unter definierten Bedingungen) weiter erhöhen.

Das betrifft

- Sommerfeldsche Feinstrukturkonstante α
- "Elementarladung" $|e|$,
- Elektronenmasse m_e,
- Spezifische Elektronenladung e/m_e
- Elektronenclusterradius r_0
- Comtonfrequenz ν_c bzw. -wellenlänge λ_c
- Magnetisches Moment M_B und M_S

- Flussquant Φ_q,
- K.v. Klitzing-Konst. h/e_o^2

Die Sommerfeldsche Feinstrukturkonstante α (Kopplungskonstante$_{em}$) hat in den letzten 30 Jahren den Status einer der bedeutendsten universellen Naturkonstanten angenommen. Es wurde sogar vermutet, dass sie eine universelle Zahlenkonstante wie π oder e ist. Letzteres hat sich nicht bestätigt.

So ist das Photon kein elementares Teilchen, ebenso wie das Elektron – wie es vielfach gemessen wurde – kein elementares Teilchen ist. Aber auch der bipolare Elementardipol wäre modellgemäß ein Doppelteilchen, mit denen es uns jedoch so ergeht, wie mit den elementaren Mesonen. Beim Versuch diese mit hoher Energie zu separieren, erhält man stattdessen andere (zusammengesetzte) Teilchen.

Der strahlungslose Felddifferenzbetrag im Bezug auf notwendige Ionisations-Ladungstrennungen wurde eingehend erläutert, um Grundlagen für eine Raumenergie-Nutzungsmöglichkeit aufzuzeigen.

Kurz-Zusammenfassung Kapitel 15

- Die positiven Abweichungen der Eigenenergie des Elektrons der potenziellen Energie (elektrostatisch) stellen die Energieerhaltungs-Sätze nicht infrage. Sie können derzeit nicht vollständig geklärt werden.

- Auf die Magnetfeldenergie trifft das auch zu. Allerdings wird dies bei der Messung des magnetischen Moments des Elektrons überdeckt.

- Wenn das Elektron räumlich fixiert bzw. gespeichert wird, z.B. in der Paul-Falle oder im Penning-Käfig, ist eine Energiezuführung von außen auf das fixierte Elektron nötig, was den Messvorgang beeinfusst.

- Bei der Zerstrahlung $e^- - p^+$ geht die Feldenergie geht in die γ-Strahlung nicht ein. Deshalb ist $m_e\,c^2 \geq h \cdot v_c$ geringfügig größer.

- Die Bewertung von Messergebnissen im höherenergetischen Niveau (im Röntgenbereich) sind genauer. Es redutziert den Clusterkörper.

- Das das konsistent hergeleitete, feinstoffliche Konzept führt zu einem WIDERSPRUCHSFREIEN ELEKTRON, sodass auf die bisher ausschließlich gemessenen Konstanten verzichtet werden kann.

- So kann die Sommerfeldsche Feinstrukturkonstante α, die "Elementarladung" e, die Elektronenmasse m_e, der Spin als realen Drehimpuls die Comtonfrequenz v_c bzw. -wellenlänge λ_c, $\bar{\lambda}_c$, das magnetische Moment M_B und M_S. und das Flussquant Φ_q.für ein Elektron stringent zu erhalten.

- Die Sommerfeldsche Feinstrukturkonstante α verbindet satt bisher drei e, h, und c, sieben elementare Konstanten mit m_e, λ_c bzw.$\bar{\lambda}_c$.m_{Dipol} u. e_{Dipol}.

- Dadurch verringern sich die Elementarkonstanten. Es verbleiben:

- Das Plancksche Wirkungsquantum h (damit im Zusammenhang $\hbar$ und Spin $\hbar/2$ und das Massequant des Elementardipols h/c^2 oder $m_{Dipol} = h/c^2 \cdot s^{-1} = \varepsilon_0\mu_0 h \cdot s^{-1}$);

- die Lichtgeschwindigkeit c (damit im Zusammenhang ε_0 und μ_0);

- die nackte Elementarladung e_0 (z.Z. messtechnisch unzugänglich) und e_{Dipol}, da die "Elementarladung" e (als Kondensatkonstante) und α als zusammengesetzte Konstanten sind.

16. Zusammenfassende Aus- und Vorhersagen

16.1. Zusammenstellung der Einzelergebnisse und -aussagen

Rückbesinnend auf eine klassisch-korpuskulare Herangehensweise kann man mit ebenso einfachen und logischen Schritten nicht nur die elektronischen Elementarkonstanten konsistent und widerspruchsfrei erhalten, sondern auch viel mehr. Das trifft auf nachstehende vielfältige Zusammenhänge, deren Herleitung und physikalische Deutung zu, die vom aktuellen Status der Physik und der Lehrmeinung nicht geleistet wurden:

Kurz-Übersicht aus den Zusammenfassungen nach den einzelnen Kapiteln:

- Es existiert kein Perpetuum mobile, das Energie aus dem Nichts generiert.

- Die Ladungsträger-Trenung ist Grundlage aller o.u.-Elektroenergie-Gewinnung.

- Die feinstoffliche Ebene (Äther) in der Physik blieb bisher außer Betracht.

- Wie sind die elektromagnetischen Felder im Nahbereich freier Ladungsträger begründbar?

- Die Feinstrukturkontante α ist die Abschirm- bzw. Energiedefizitkonstante des Elektrons.

- Das ist der Grund für die elektromagnetische Asymmetrie des Elektrons im Bezug zum symmetrischen Feldwellenwiderstand Z und mithin zu den Feldkonstanten ε_0 und μ_0.

- Die Selbstenergie des Elektrons resultiert aus 5 arithmetischen Anteilen des Energieerhaltungssatzes.

- Es existiert in der Mikrowelt keine Ruhemasse im Wortsinn.

- Die Entstehung der Masse m_e des Elektrons mittels Massequanten unter Bezug auf die Energie-Masse-Äquivalenz des Planckschen Wirkungsquantums.

- Das Plancksche Wirkungsquantum h bzw. die Plancksche Konstante $\hbar = h/2\pi$ ist der Elementardipol.

- Die Lichtgeschwindigkeit c ist die typische Ablösekonstante vom Kondensat-Cluster.

- Die Rotationsgeschwindigkeit von c resultiert aus den ständigen Zu- und Abweisungen von Elementar-Dipolen.

- Der Elektronen-Spin ist ein realer klassisch-mechanischer Drehimpuls einer Vollkörperrotation.

- Das magnetische Moment M_e ist die Oberflächenladungsrotation ohne magneto-mechanische Anomalie.

- Die Elektronenabmessungen sind Resultat des elektronischen Clusterkörpers und nackten Ladungsmonopol.

- Das spezifische Gewicht des Clusterkörpers entspricht dem $\approx$ 200-fachen der mittleren Atomgewichte.

- Die Massezunahme und der Masseabtrag ist beim Elektron zu unterscheiden, ob im energetisch offenen(Relativitätstheorie) oder geschlossenen System.

- Die Plancksche Strahlungsgleichung bildet den Übergang in eine andere Physik. Erstmalig tritt dadurch die Feinstofflichkeit der Raumenergie zutage.

- Die geringe elektrische Feldstärke des Elektrons an den separaten Enden des Kondensats ist zu unterscheiden von deren Summenfeldstärke.

- Das Proton besitzt ebenso ein Kondensatcluster, nur ist es kleiner.

- Deshalb ist die (gleiche) "Elementarladung" nicht elementar, sondern eine Kondensatkonstante.

- Der strahlungslose Feldanteil-Verbleib bei der Rekombination blieb bislang unbeachtet.

- Die Ionisation erzeugt eine Feldpolarisierung bei gleichzeitiger Kondensat- und Massezunahme.

- Das führt zur Umgebungsabkühlung, was bei Einzel-Ionisationsakten kaum messbar ist.

- Die Atome sind nicht so leer wie angenommen. Sie sind angefüllt mit polarisiert vorhandenen Elementardipolen.

- Ein Kollaps der Welle bzw, Wellenfunktion erfolgt bei den Streuungen nicht.

- Der Poynting-Vektor kennzeichnet einen Energie- und ponderablen Massestrom.

- Die Heisenbergsche Unschärfe ist auf feinstofflicher Basis zu beseitigen.

Obwohl fast alle Einzelergebnisse bewiesen und nachgewiesen wurden, kann man insgesamt von einer kumulativen Evidenz sprechen.

16.2. Bewertung der Einzelergebnisse im Gesamtüberblick

Es sei gestattet, zu den überaus zahlreichen neuen Aus- und Vorhersagen allgemeine Schussfolgerungen zu ziehen. Daraus ist ersichtlich, dass es noch erhebliche Lücken in der aktuellen Physik gibt. Im Einzelnen sind es mehr als 60 neue Sachverhalte, die bisher zu Unverstandenem und Fehldeutungen zum Elektron, zu deren o.u.-Elektroenergie-Generierung und dessen Interaktionen geführt haben. Sie sind nachstehend zu den Kapiteln aufgelistet. Die teils über unterschiedliche, alternative Wege erhaltenen Ergebnisse stützen sich gegenseitig wie ein Gewölbe.

Dazu seien einige, wesentliche Ergebnisse nochmals herausgehoben dargestellt:

- Das vorgeschlagene Festgekoppelte Elektronische Kondensat-Cluster ist Bestandteil des Elektrons bzw. der Ladungsträger, obwohl sie nicht zu jenen gehören. Gleiches gilt für das äußere elektrostatische und magnetische Feld.

- Beides korrespondiert mit dem alles durchdringenden feinstofflichen Äther.

- Grundlage jeder over-unity-Elektroenergie-Erzeugung ist das Wechselspiel zwischen Ionisation und Rekombination. Die dabei getrennten und gewonnenen Ladungsträger sind zusätzlich abzuleiten.

- Die Welle-Teilchen-Dualität ergibt sich bereits als Schlüsselbeziehung aus der Energiegleichsetzung $h \cdot \nu = m \cdot c^2$. Alles weitere zur Doppeläquivalenz in der Mikrowelt leitet sich daraus ab.

- Es wird vorgeschlagen, zur Erhöhung der Genauigkeit die wesentlich kleinere Energie-Masse-Äquivalenz-Einheit EME:
  ($1 EME \equiv 4,1356692 \cdot 10^{-15} eV/c^2 \equiv 7,3725556 \cdot 10^{-51}$ kg) in Ergänzung zur atomaren Masseeinheit $1mu = {}^1/_{12} \cdot m({}^{12}C)$ zu verwenden (Das wurde bereits auf der internationalen Tagung für Maße und Gewichte 2019 von der PTB Braunschweig vorgeschlagen und angenommen.)

Die Ergebnisse sind in sich WIDERSPRUCHSFREI. Sie basieren auf den anerkannten klassischen physikalischen Grundprinzipien des Planckschen Wirkungsquantums, der Energie-Masse-Äquivalenz und der Erhaltungssätze von Energie, Impuls, Drehimpuls sowie nunmehr auch der Erhaltung der Masse und Frequenz.

Mit den anerkannten Theorien, wie den Maxwellschen Gleichungen, der Relativitätstheorie (hier als der Sonderfall des abgeschlossenen energetischen Systems), der Bohrschen Theorie, der de Broglieschen Theorie, der Schrödinger-

Gleichung und den Diracschen Gleichungen ist dies verträglich bzw. führt zu identischen Ergebnissen.

16.3. Aus den Resultaten ergeben sich neue Begriffsschöpfungen

Dazu waren neue, bisher nicht vorhandene Begriffe notwendig, um die modellkonsequenten Sachverhalte zu bezeichnen:

Abrisskante, Äther-Polarisierung, Dipolbildung, Clusteraustausch-Effekt, elektronisches Zentrifugalpotenzial, Elementardipol (-masse m_{Dipol}), Energiedefizitverhältnis oder Energie-Defizitkonstante α, Energetisches Unsymmetrie-Verhältnis, Energie-Äquivalenz-Masse-Einheit (EME), Festgekoppeltes Kondensat-Cluster, Frequenz-Kausalität, Kondensatcluster-Radius r_0, Kondensatstrahlung, Ladungsabschirmung und Ladungsverbrauch, massive, ponderable, elektromagnetische Strahlung, Masse- und Frequenz-Erhaltungssatz, Polarisations-Kondensation, Oberflächenladungs-rotation, Schlüssel- oder Doppel-Äquivalenz, strahlungsloser Anteil bei der Rekombination und e-p-"Zerstrahlung", Zusatzionisationen bzw. Sekundär-ionisationen, bei der o.u.-Generierung "Zerschreddern" von elektromagnetischer Kondensatstrahlung und Zurückverwandeln in den Urzustand.

Die neuen Wortschöpfungen und kombinerten Begriffe finden sich kaum oder nicht in dem Zusammenhang in den Lexika.

16.4. Mögliche Konsequenzen für unser physikalisches Weltbild

Bisher nicht darin enthalten sind die nachstehenden möglichen Konsequenzen für unser gegenwärtiges physikalisches Weltbild. Diese sind zumeist als hypothetische Fragestellungen formuliert.

Die nachstehend aufgelisteten realen und möglichen Konsequenzen für unsere gegenwärtige Physik resultieren aus dem Text und zusammengefassten Aussagen.

Sie sollen Hinweise und Anregungen zugleich sein, um neue Denkansätze zu erhalten. Diese sollen, ohne Anspruch auf Vollständigkeit, auch dann angedeutet werden, wenn sie hypothetischen Charakter aufweisen. Es soll in diesem Falle nur angeregt werden, verschiedene bereits feststehende "Gewissheiten"auf den Prüfstand zu stellen.

Es ergeben sich nachstehende Folgerungsfragen (gereiht nach deren relativer Sicherheit in der Aussage und oft als Fragestellung), die z.T. nochmals gestellt sind, wenn unsere v.g. Aussagen nicht ganz sicher sind:

- Photonen werden in den Atomen nur ganzheitlich absorbiert. Licht "altert" folglich nicht und es dürfte auch auf dem bis zu Jahrmilliarden dauernden Weg zu uns kaum "verschleißen". Wenige Streuungen bringen kaum Frequenzminderung. Sonst würden die Sterne verschwommen und nicht so klar sichtbar sein.

- Extrem "erkaltete" Photonen können folglich nicht das Resultat von Streuungen sein. Bisher wurden hierzu kaum Zwischenstufen festgestellt. Der Kosmos ist mit einer spektral-kontinuierlichen Rotverschiebung beobachtbar (si. unten). Stattdessen existiert die weitgehend diskrete kosmische 2,7°K-Hintergrundstrahlung. Deshalb ist es − bezogen auf "erkaltete" Photonen − fragwürdig.

- Kosmische Kondensationsprozesse sind offenbar in stellaren Entwicklungsprozessen dominierend. Das dürften stufenweise, nach unterschiedlichen physikalischen Gesetzen ablaufende Vorgänge sein. Sie sind aber stets mit Materiekondensation und zunehmender -konzentration verbunden.

- Die generelle kosmologische Rotverschiebung wäre infolge der elektromagnetischen Strahlung in ihren Ursachen zu priorisieren bzw. verändert zu interpretieren:
  - Rotverschiebung stellt sich bereits beim Verlassen eines massereichen stellaren Körpers ein. Wie anders kann man die extreme Rotverschiebung bei Quasaren oder extrem massereichen Sternen deuten, deren Strahlungsemission, wie es beobachtet wurde, in relativ kurzen Zeiträumen wechselt? Deshalb können diese stellaren Körper nicht so groß und auch nicht so weit weg sein. Wenn zudem anerkannt ist, dass Licht extrem schwere und dichte stellare Objekte (schwarze Löcher) nicht mehr verlassen kann, dann muss es solche Grenzfälle geben?
  - Die Lichtablenkung im starken Schwerefeld von stellaren Körpern ist nicht das Ergebnis einer Raumkrümmung. Dies trägt ebenso zur Rotverschiebung des Lichts bei, aber, sondern wegen der ponderablen Masse der elektromagnetischen Strahlung.

- Die Rotverschiebung durch den Doppler-Effekt (= identisch mit Fluchtgeschwindigkeit) sollte erst nach den vorgenannten beiden Möglichkeiten in Betracht gezogen werden und käme nur dann als solcher infrage.

- Eine Blauverschiebung entfällt infolge der vorgenannten Fakten, es sei denn, die Lichtquelle befindet sich auf extremem Konfrontationskurs zum Beobachter.

• Auch das Proton muss über einen Clusterkörper verfügen. Dieser ist kleiner, wie die geringeren Beschleunigerverluste der Protonen im Ablenkungsbereich zeigen. Kleiner bedeutet dann aber, dass die positive Ladung (durch Quarks) anderweitig stärker gebunden sein muss – doch wie stark?

• Drittelladungen sind nie und nirgends nachgewiesen wurden. Durch die anderweitig gebundene positive Ladung im Proton ist das Elektron nicht festzuhalten. Es verbleibt nur eine größere (freie) Ladung des Protons, die aber kleiner als die nackte Ladung des Elektrons ist.

• Der K-Einfang (von der innersten Schale schwerer Atome), könnte – so wie es β-Zerfälle gibt – auch β-Synthesen bei größerem Drücken auf längerer Zeit geben.

• Wenn man weiter folgert, erhält die Frage, wie die Elementarteilchen ihre Masse erhalten, neue Ansätze. Sind die jetzt wahrscheinlich nachgewiesenen Higgs-Bosonen ursächlich? Oder ist es nur die (in unterschiedlichen Stufen) kondensierte Materie aus Massequanten? Beim Elektron dürfte das hinreichend nachgewiesen sein.

• Ebenso dürfte der in der Literatur geprägte Begriff "Explosionen im Nichts" und die Konstruktion zu der Erklärung der "temporären Verletzung des Energiesatzes" resultierend aus der Heisenbergschen Unschärferelation – wie andere Beispiele der Überstrapazierung der Unschärfe – nicht real sein?

Die z.Z. offenen kosmischen Fragen nach fehlender Masse und dunkler Energie löst die gering massebehaftete elektromagnetische Strahlung sicher nicht.

Ein neuer Denkansatz wäre die Raumenergie als Panenergie (der alte Begriff). Die Frage dazu wäre nach deren astronomischer Dichte? Gibt es Dichteschwankungen und Leerräume?

Die dunkle Energie weist deshalb auf die nicht kondensierte, allgegenwärtige Äthermasse hin, die das Nahwirkungsprinzip ermöglicht. Sind dies vielleicht auch die gesuchten Gravitonen mit Spin = 2 (Quadropole oder Oligopole)?

Auch die globalen Neutrinoemissionen, wenn sie nicht oder kaum wechselwirken, müssten sich im Laufe von milliarden Jahren erhebliche Mengen im Kosmos befinden. D.h. wenn sie nur gravitativ wirken, müssten sie sich kumulativ in den Himmelsköpern ansammeln und zu deren Massezunahme beitragen

Mit den möglichen Konsequenzen soll in erster Linie angedeutet werden, dass es künftig genügend Forschungsbedarf mit interessanten Themenstellungen gibt.

Bei aller Heuristik, sollten wir wieder zu Max Planck zurückkehren:

Die gesamte Physik des Elektromagnetismus, der elektromagnetischen Wellen und der elektromagnetischen Strahlung ist mit dem feinstofflichen Elementardipol, der Raumenergie und dem Ätherbezug von Grund auf umzugestalten.

Hier schließt sich der Kreis. Es sind fast die gleichen Worte, die er es bereits vor über 100 Jahren bei seiner Nobelpreisverleihung formuliert hatte.

Grundsätzliche Resultate und Erkenntnisse:

- Die Plancksche Entdeckung mit dessen Energiequantum h eröffnet das Tor zur Feinstofflichkeit.

- Sie ermöglichte die Bohrsche Atomtheorie und bildet die Basis für die Quantentheorie, aber auch noch viel mehr.

- Die elementare, feinstoffliche Raumenergie ist nur über h/c^2 erhältlich. Die Kausalit der Welle-Teichen-Dualität ergibt sich zwingend aus dem Elementardipol in Einzahl und n-facher Mehrzahl.

- Daraus repräsentiert sich das Elektron als einfaches mathematisch-physikalisches Mustermodell zur Gewinnung dessen Eigenenergie.

- Die Erhaltungssätze von Energie, Impuls und Drehimpuls bedingen auch einen Frequenz- und Masseerhaltungssatz.

- Zudem ist es ein Mustermodell der Universalität der Doppeläquivalenz. Die Energie-Masse- und Materiewellen-Äquivalenz fordert auch den Frequenzerhaltungssatz der Elementarteilchen, incl. der elektromagnetischen Strahlung. Es besteht hierzu kein prinzipieller Unterschied.

- Alle Streuvorgänge sind nach klassischen Prinzipien des Energie-, Impuls- und Drehimpuls-Erhaltes evident.

- Der Energie- und Massetransport, die Auflösung der Heisenbergschen Unschärfe u.a. mehr, sind das Ergebnis der feinstofflichen Relevanz.

- Es besteht eine Einheit der verschiedenen Formen von mechanischer, elektromagnetischer, thermischer und chemischer Energie.

- Die Plancksche Strahlungsgleichung zeigt den Paradigmenwechsel in eine andere Physik zwischen den Hertzschen Wellen und der Kondensat-Strahlung an.

- Da der Übergang fließend ist, erscheint es als kontinuierliches elektromagnetisches Spektrum, da die äußeren Elementardipole sehr schwach gebunden sind.

- Die Raumenergie / Äther bilden das elektronische Kondensat, das äußere elektromagnetische Feld und den neutralisierten Äther.

- Den Äther kennzeichnen drei Aggregatzustände:
  kondensiert-polarisiert-neutralisiert

- Der kondensierte Aggregatzustand bildet den elektronischen Cluster-körper. Das elektromagnetische Feld bildet sich um ein freies Elektron und um ein freies Proton sowie um alle Ladungsträger.

- Die Raumenergie ist das Resultat aus zusammengelagerten Elementar-dipolen als Oligopole, die sich gegenseitig als Ätheronen neutralisieren. Deren Kompensationsbindung ist sehr schwach, sodass jegliche äußere Energie-Einfluss diesen Zusammenhalt partiell und temporär aufhebt.

- Die freien Ladungsträger stehen in enger Wechselwirkung mit der Raumenergie/dem Äther. Durch deren ständige Anziehung und Abweisung der Elementardipole entsteht die immense Rotation.

- Eine Reihe neuer Erkenntnisse ergibt sich daraus: Das trifft infolge auf die Entstehung des Spins und Elementarmagnetismus zu.
  Deshalb existiert auch in der gesamten Mikrowelt keine Ruhemasse.

- Die Gestaltung von neuen Elektroenergie-Generierungen für eine zukünftige o.u.-Stromerzeugung ohne fossile Gewinnung ermöglicht.

- Wesentlich sind hierbei Sekundär- bzw. Zusatzionistionen in den Resonanz-Anordnungen

- Alle Ergebnisse basieren ausschließlich auf klassischer Rechnung und Theorie. Damit entfällt die Sonderrolle der Quntenphysik einschließlich der Quantenelektrodynamik (QED).

- Sie resultieren aus der gleichen Modellrechnung. Das schließt Zufalls-ergebnisse aus, da es durch den übergroßen experimentellen Fundus und Praxisdaten gestüzt wird. Ein nicht tragfähiges unreales Modell würde sich sofort falsifizieren.

- Nicht nur das widerspruchsfreie Elektron ist mit einigen Teilen des gegenwärtigen physikalischen Status schwer vereinbar.

- Unter Einbeziehung der feinstofflichen Ebene kann viel Unverstandenes einer transparent-plausiblen Lösung zugeführt werden.

Wie im Cover des Buches vermerkt,

erschließt sich erst bei Verständnis des Elektrons und der freien Ladungsträger die Funktion der Raumenergie hierzu.

Die Welt ist für unsere menschliche Vorstellung unvorstellbar groß, wie auch unvorstellbar klein. Das resuliert aus der feinstofflichen Ebene.

Bei der kosmischen Größe ist uns das eher bewusst, als bei der **Raumernergie.** Wobei es keineswegs neu ist, denn Max Planck hat die winzige körnige Elementarenergie entdeckt. Albert Einstein hat die Verbindung zu dessen materieller Masse gefunden und Arthur Holly Compton hat mit seinen Messungen zum Elektron dessen Frequenz ermittelt.

So wäre es nur ein kleiner Schritt, für die Synthese der über einhundert Jahre alten Erkenntnisse gewesen:

D.h. ein kleines und überaus flinkes Elektron besteht aus eine Einhundertdreiundzwanzig Trillionen materiellen Einzelteichen, den Elementardipolen.

$$123.558.996.481.729.7... = 1,235...\cdot 10^{20}$$

eine wahrhaft kosmische Zahl.

Das ist die feinstoffliche Anzahl der im einem freien Elektron kondensiert und polarisiert gebundenen Elementardipole mit einem Einzelgewicht von

$$7,3725556\cdot 10^{-51} \text{ kg einer unmessbar kleinen Masse.}$$

Ebenso wird das nicht kondensierte, äußere elektrische und magnetische Feld aus polarisierten Elementardipole gebildet. Deren Dichte nimmt nach außen ab und geht in neutralisierte und sich gegenseitig kompensierte Oligopole über.

Das insgesamt verkörpert die feinstoffliche Raumenergie

Das ist im Buch hinreichend von verschiedenen Seiten nachgewiesen.

Nun fragt man sich, warum hat das in den letzten 100 Jahren keiner gewusst oder aber nicht publiziert?

Es ergeben sich neue Fragen und mithin weiterer Forschungsbedarf, da der Blick hier mehr auf die Raumenergie und zur Elektroenergie-Erzeugung auf freie Ladungsträger fokussiert wurde.

17. Epilog

Lieber Leser, wenn Sie sich bis hierher durchgearbeitet haben – was für nicht ständig mit Physik Befasste nicht einfach ist – werden Sie fragen: Stimmt das alles?

Zugegeben, der Inhalt des Buches erscheint auch für den Fachleser provokant. Das ist aber weder Absicht oder gar Vorsatz der Autoren. Es stellt nur einige bereits feststehende Gewissheiten und Teile der gegenwärtigen Lehrmeinung infrage.

Die teils über unterschiedliche alternative Wege erhaltenen Ergebnisse stützen sich jedoch gegenseitig wie eine Kreuzwortanordnung. Wenn dem nicht so wäre, würde es sich schnell widerlegen lassen.

Die derzeit modernsten etablierten Theorien, wie z.B. die Quanten-Elektrodynamik (QED), sind sowohl viel komplizierter und unanschaulich-abstrakt als auch für den Laien schwer verständlich. Ganz zu schweigen von den Superstring- und Superbranes-Theorien. Aber nicht nur, dass die QED nicht stringent ist: Sie gibt auf die aufgelisteten Widersprüche – die der Fachwelt bekannt sind – keine oder nur unzureichende Antworten.

Das muss dem Uneingeweihten wie unverständliche Mythen erscheinen, vergleichbar mit dem eingangs zitierten historischen Beispiel der unverständlichen Epizykloiden der "Wandelsterne".

Selbst der kleine Schritt zur Synthese der bereits über einhundert Jahre alten Erkenntnisse ist überfällig. Das öffentlich zu vertreten bedarf Mut und kostet womöglich die eigene Reputation, da es feinstofflich messtechnisch nicht immer gestützt werden kann. Vieles ist in der physikalischen Wissenschaft noch unklar und sicher auch unverstanden, selbst wenn eine mathematische Beweisführung erfolgreich gelingt. Dass es danach mit den bisherigen experimentellen Resultaten übereinstimmt, ist dafür auch noch kein Beleg. Hier wäre gesunde Plausibilität ein drittes, unverzichtbares Standbein. Der belegte, bereits hohe Status technisch-wissenschaftlicher Anwendungen in historischer Zeit auf der Erde, zeigt, das wir durchaus noch Lern- und Forschungsbedarf haben.

Es soll anderseits nicht behauptet werden, dass alles, was Sie erfahren haben, auch nachhaltig Bestand haben wird. Das sollte der künftigen Entwicklung vorbehalten bleiben. Es wurde nur versucht, fundiert unterlegte Aussagen zu treffen. Dabei sollte Ihr gesunder Menschverstand selbst und nicht nur das Wissen aus dem Internet das eigene Denken und Urteilsvermögen bestimmen. Zugegeben, es ist bei vorhandenen und damit fest verankerten Auffassungen schwerer jemanden zu überzeugen, als einen, der unvoreingenommenen auch einmal einen AHA-Effekt erkennt.

Die Thematik um das Elektron ist durch einen riesigen experimentellen und Anwendungsfundus gekennzeichnet. Ein strengeres Falsifizierungsprüfkriterium ist deshalb schwer vorstellbar. Wolfgang Pauli brachte das schon früher einmal auf den Punkt:

"Entweder etwas ist richtig oder falsch oder gar nicht falsch."

Die hier vorgestellten feinstofflichen Modellvorstellungen sind viel einfacher – für die etablierte Physik vielleicht auch zu einfach. Aber Einfachheit und Plausibilität sollten sich im Bezug auf physikalische Realität nicht ausschließen. Wenn mehrere Theorien vorhanden sind, sollte man die Einfachste wählen.

Albert Einstein dazu:

"Man soll es so einfach, wie möglich machen – aber nicht einfacher."

Einfachheit Ästhetik und Schönheit[8] in der Theorie können auch darüber hinweg täuschen, dass es vielfach Überlagerungen in den naturgesetzlichen Prozessen gibt, die der Schönheit und Harmonie abträglich sind.

Die große Zahl an Problemstellungen der klassischen Physik und daraus alle abgeleiteten technischen Anwendungen kommen zu über 80 Prozent mit einfachen Berechnungsmethoden (wie lineare Differentialgleichungen, erste Ableitungen bzw. einfache Integrale) aus. Erst bei nichtlinearen Sachverhalten und Turbulenzen mit Überlagerungen wird es komplizierter. Da ist es besonders in der Mikrowelt mit ihrer Eigenschaftsverarmung einfacher (z.B. entfallen alle Winkelverhältnisse) und sogar oft überschaubarer.

Die Bohrsche Atomtheorie ist einfach und plausibel aufgebaut, wenn sie auch nicht alles erklärt. Aber es ist ein unvergessliches AHA-Erlebnis, das sich bei vielen, oft in der Jugendzeit eingeprägt hat. Warum sollte es unterhalb der atomaren Schwelle, in der Quantenwelt, abrupt anders sein? Es gibt die Welle-Teilchen-Dualität, aber diese gab es bereits beim Bohrschen Atommodell.

Wenn man sich in der heutigen Leistungsgesellschaft schnell, über mathematische Kniffe, profilieren möchte – Experimente sind oft langwieriger und teurer – dann kann man auch schnell entgleisen. Der akademische Universitätsbetrieb ist dagegen nicht immer gefeit. Die Assistenten, Doktoranden und Postdocs können sich der Meinung des Lehrstuhlinhabers meist nicht verschließen. So verbleibt oft nur ein begrenztes Feld für neue Themen. Am besten geeignet ist das mit einem Thema, das sich nicht einfach widerlegen, d.h. falsifizieren lässt. So hat Professor Walter-Fritz Müller in seinem Vorwort erkannt, dass die mechanistische Herangehensweise, basierend auf der betätigten, klassischen Physik, in die richtige Richtung führt. Das kann nun erweitert, bis in die kleinsten bekannten Dimensionen der feinstofflichen Ebene gelten. Entspricht es aber auch der Realität und nützt es dem physikalischen Erkenntnisfortschritt?

Insbesondere sind die mittlerweile zahlreichen Anwendungsbeispiele und Experimente zum Äther, zur autonomen Elektroenergieerzeugung und zur Antigravitation keine "Perpetua mobilia". Solche gibt es nicht und wird es auch künftig nicht geben – auch wenn zuweilen solche Meinungen "hochkochen". Nicht immer ist wohlmeinende Absicht dabei. Wichtig ist dabei sich auf die dazugehörige reale Physik zu konzentrieren, dann ist man auf dem richtigen Weg. Ein Fazit bleibt:

Wir müssen uns offenbar daran gewöhnen, dass die Welt für unser menschliches Empfinden gleichwohl unvorstellbar groß wie auch unvorstellbar klein ist.

Wenn unsere Überlegungen Ihr Interesse an der Physik geweckt haben, würden wir uns freuen. Noch besser wäre es, wenn sich mehr und junge Leute für eine plausible realitätsnahe Physik und Technik als Berufswunsch entscheiden. Deutschland braucht Sie, braucht Physiker und Ingenieure für den unverzichtbaren technischen Fortschritt, der unseren Lebensstandard erhalten soll.

Es muss vorallem auch an die staatliche Seite appelliert werden, dass nicht nur bekannte Erneuerbare Ergieprojekte zu fördern sind, sondern prioritär sollten innovative Raumenergie-Forschungen angeschoben und Lehrstühle dazu geschaffen werden. Die Billionen-Kosten für unsere Energiewende ins Verhältnis gesetzt, besteht hierzu eine erhebliche Schieflast. Wie soll eine Elektroenergie-Erzeugung zukunftsicher erfolgen? Solange CO_2-Reduzierungen ohne Innovationen probagiert werden, sind es nur inhaltsleere Lippenbekenntnisse. Vom "Himmel fällt" es nicht.

Dankenswerterweise haben beim Verfassen des Textes ebenso zur Seite gestanden:

Herr Prof. em. Dr. rer. nat. Walter Fritz Müller ✝

Herr Dr.-Ing. Walter Klingner

Herr Prof. Dr. med. Dr. rer. nat. em. Wolfgang Herrmann

Herr Prof. em. Dr. rer. nat. Herbert Höft

Erfolgsautor Herr Friedrich Strassegger

Zinnowitz, im Frühjahr 2021

18. Anhänge zur Beweisführung

Anhang 1: Grundgleichungen

1.) Die Bekannte Energie-Masse-Äquivalenz:

$$h \cdot v_C = E_e = m_e \cdot c^2 \qquad (1.1)$$

Die Gleichsetzung der Elektronenenergie als Planck-Einsteinsche Energie-**Doppeläquivalenz** ist nach Compton und Dirac legitim.

2.) Die Beziehung Compton-Wellenlänge und Clusterkörper-Kondensat-Radius:

$$r_o = h/(2\pi \cdot m_e \cdot c) = \bar{\lambda}_C \qquad (1.2)$$

λ_C = Comptonwellenlänge $\lambda_C/2\pi$

m_e = Elektronenmasse

v_C = Comptonfrequenz = c/λ_C

Der Clusterkörperradius resultiert aus der Compton-Wellenlänge

$$\bar{\lambda}_C = \lambda_C/2\pi = \textbf{Ladungsradius}$$

3.) Gemäß der bekannten Bohr-Sommerfeldschen Quantenbedingung gilt:[2]

$\hbar$ = h /2π die Plancksche Konstante

$$n \cdot h = \int p \cdot ds = \int p \cdot \varphi \, d\varphi = p \cdot \varphi \int d\varphi = 2\pi \cdot p_\varphi \, ;$$

p = Impuls

d.h.

$$p_\varphi = n \cdot h/2\pi = n \cdot \hbar, \qquad (1.3)$$

φ = Drehwinkel

p_φ = Drehimpulsquant

ds = Wegelement

4.) Ebenso ist die Beziehung $\lambda = h/m \cdot c$ und $v = m \cdot c^2/h$ sowie

$$\bar{\lambda} = \hbar/m \cdot c \text{ und } v = m \cdot c^2/\hbar, \qquad (1.4)$$

wobei jeweils $\bar{\lambda} = \lambda/2\pi$ und $\hbar = h/2\pi$

und ebenso $v = \omega/2\pi$ ist.

Die bekannten Kreisbeziehungen sind insofern für das weitere Verständnis als Rotation der Elementardipole bedeutsam, da vieles sich vereinfachend herauskürzt.

Anhang 2: Spin, als mechanischer Drehimpuls

Der Spin als realer mechanischer Drehimpuls und Beweis für den Radius r_o.
Unbestreitbar ist ferner die bekannte Energiebeziehung
(nach *Einstein* und *Compton*[2]

$$m_e \cdot c^2 = h \cdot v_c \, , \quad \text{als auch erweitert:} \quad 2\pi \cdot m_e c^2 = 2\pi \cdot h v_c \qquad (2.1)$$

Deshalb muss

$$r_0^2 = 2 \cdot L_e / m_e \cdot \omega_c = 2^{\hbar}/_2 \cdot {}^1/\, m_e \cdot \omega_c, \qquad da \quad m_e c^2 / \hbar = \omega_c,$$

(2.2)

$$r_0 = \pm\sqrt{\hbar^2 / m_e^2 c^2} = \pm\, h / 2\pi \cdot m_e c = \pm\lambda_c / 2\pi = \pm\lambda_c \quad \text{gelten.}$$

(2.3) ============

wenn $\hbar = h/2\pi$ und $\omega_c = 2\pi \cdot m_e c^2 / h$ ist:

$$L_e = m_e \cdot \omega_c \cdot \int_0^{r_0} r\, dr = m_e \cdot \omega_c \cdot \tfrac{1}{2}\, r_0^2 = \frac{m_e^2 c^2 \hbar^2}{\hbar \cdot m_e^2 c^2} = \hbar/2 = s_e.$$

=======

(2.4)

Der Faktor $m_e^2 c^2 / h$ kürzt sich heraus und der Faktor ½ verbleibt als Resultat.

Ein mit Masse ausgestatteter Körper im Bezug zur klassischen Mechanik ist

$$L = \Theta \cdot \omega = \tfrac{1}{2}\, m\, r^2 \omega, \qquad \text{wobei } \Theta = \tfrac{1}{2}\, m\, r^2 \text{ ist.}$$

(2.5)

Das steht der oben geschilderten Situation zum Spin und der gegenwärtig gültigen Lehrmeinung zunächst entgegen.

Im Unterschied dazu entsteht bei einem oder mehreren im Abstand (von der Rotationsachse) umlaufenden Massenpunkten (jeglicher Art) oder Rotation um einen gemeinsamen Schwerpunkt, das ½ für den Drehimpuls nicht.

Nennen wir die gleichsam umlaufenden beliebigen Massen $(n) \cdot m_i$, dann ergibt sich immer nur ein Drehimpuls oder Spin L_i oder s_i nur von $1 \cdot \hbar$, (wobei hier $(n) > 2$ sein muss, um eine Rotation um einen gemeinsamen Schwerpunkt zu erhalten!) Das soll andeutungsweise gezeigt werden:

$$L_i = \omega_i \cdot r_i^2 \cdot \Sigma(n) \cdot m_i / (n) = \omega_i \cdot r_i^2 \cdot \frac{(n) \cdot m_i}{(n)} = m_i \cdot \frac{m_i c^2 \hbar^2}{\hbar \cdot m_i^2 c^2} = 1\hbar = s_i$$

=======

(2.6)   (Auch hier kürzt sich alles bis auf $h/2\pi = \hbar$ heraus.)

Kausal ist immer eine Masse oder Teilmasse im Abstand (zur Rotationsachse), was $m_i \neq 0$ mit $i = 2$ oder mehreren Masseschwerpunkten voraussetzt $(s = \hbar = 1)$.

Anhang 3. Die kinetische Rotationsenergie

Damit ergibt sich die kinetische Energie des rotierenden Elektrons:

T_R = ½ $\Theta \omega_c^2$ (3.1) Θ = mechanisches Massen-Trägheitsmoment

T_R = ½ $\omega_c^2 m_e r_o^2 /2$ (3.2) Θ= $m_e r_o^2 /2$

T_R = ¼ $m_e^2 c^4 / \hbar^2 \cdot m_e \cdot \hbar^2 / m_e^2 c^2$ (3.3)

Damit erhält man

T_R = ¼·m_e c^2 (3.4) ein ¼ der Gesamt-Selbstenergie des Elektrons
============

Anhang 4: Das magnetische Moment über drei Wege

1.) Gemäß der klassischen Elektrodynamik /9/ ergibt sich das magnetische
Moment M_S einfach aus der Oberflächenladungsrotation als Kreisstrom:

M_S = $e \cdot \omega_c \int r dr$ = $e \cdot v_c$ $2\pi \cdot r^2 /2$ = $J \cdot S$ (4.1) J = Stromstärke
    (4.1)   S = umflossene Fläche
                                                                  = πr^2

J = $e \cdot (v_c)$, oder = $e \cdot (v_U)$ (4.2) v_U = Umfangsgeschwindigkeit
    (4.2)   = $2\pi \cdot r_o \cdot n \cdot s^{-1}$
                                                   = $2\pi \cdot h/(2\pi mc) \cdot mc^2/_h$

M_S = $v_c \cdot e \cdot (A;r)2\pi$ = $e \cdot v_c \cdot 2\pi \cdot r^2 /2$ (4.3) A = geladene Oberfläche $4\pi \cdot r^2$
    (4.3)   (mit gleichmäßiger Ladung)

2.) Das gleiche Resultat ergibt sich bei der Integration über eine rotationssymme-
trische Oberfläche. Die Radial-Komponente besitzt keinen Stromanteil infolge
der o.g. Ladungskompensation. Es verbleiben nur die ϕ-Komponente (Umlauf)
und die "Breitenkreise" (δ-Komponente):

dM_S = v_c e $\pi \cdot r^2 /4\pi$ r 2·ds   (4.4)

M_S = konst.·$\int cos\delta$ dδ r $\int$ dϕ (4.5)

$\int_{-\pi/2}^{\pi/2} r (\delta)$ dδ = r $\int cos \delta$ dδ = r [sin ($^\pi/2$) +sin ($^\pi/2$)] = 2r
    (4.6)

$$\int_0^{2\pi} r(\phi)\, d\phi = r \int d\phi = 2\pi r \qquad (4.7)$$

Dann ist gemäß (4.6), (4.7), (4.3) u. (4.8),

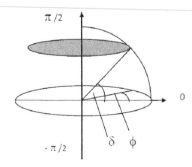

$$M_S = 2r \cdot 2\pi r \cdot e \cdot v_c \cdot \pi r^2 / 4\pi r^2. \qquad (4.9)$$

Daraus ergibt sich, wenn

$$r = r_o = \lambda_c/2\pi = \lambdabar_c = h/2\pi \cdot m_e \cdot c$$

$$M_S = e \cdot v_c \cdot \pi \cdot \left(\frac{h}{2\pi \cdot m_e \cdot c}\right)^2 \qquad (4.10),$$

sowie

$$v_c = m_e c^2/h \qquad (4.11)$$

$$M_S = e \cdot \pi \cdot \frac{m_e c^2}{h} \cdot \frac{h^2}{4\pi^2 m_e^2 c^2} \qquad (4.12)$$

und folglich erhält man, wenn $\hbar = h/2\pi$

$$M_S = \frac{e \cdot \hbar}{2 \cdot m_e} ; \qquad (4.13)$$

das gesuchte magnetische Moment **als ganzes** Bohrsches Magneton
=============================

3. Ebenso kann man als dritten Weg das gleiche Ergebnis über α-Verhältnisbetrachtungen erhalten:

Bohrscher Radius :
$$a_1 = \varepsilon_o h^2/\pi m_e e^2 = 1/\alpha \cdot {}^h/(2\pi \cdot m_e \cdot c) = \lambdabar_c/\alpha$$
$$(4.14)$$

Elektronenclusterradius
$$r_o = \lambda_c/2\pi = \lambdabar_c$$
$$(4.15)$$

Umlauffrequenz H-Atom: $v_H = m_e e^4/(4\varepsilon_o^2 h^3) = \alpha^2 \cdot m_e c^2/h = \alpha^2 v_c$
$$(4.16)$$

Comptonfrequenz :
$$v_c = m_e c^2/h$$
$$(4.17$$

Der Bohrsche Radius a_1 im Verhältnis zum Clusterradius r_o ergibt somit

$$\frac{a_1^2}{r_o^2} = \frac{\lambda_c^2/\alpha^2}{\lambda_c^2}$$

eine quadratische Darstellung, da der Radius quadratisch in das magnetische. Moment eingeht.

(4.18)

Das Verhältnis Umlauffrequenz H-Atom ν_H und Comptonfrequenz ν_c ergibt:

$$\frac{\nu_H}{\nu_c} = \frac{\alpha^2 \nu_c}{\nu_c}$$

(Im Grundzustand d. H-Atoms beträgt die eff. Umlaufgeschwindigkeit $\nu_H = c \cdot \alpha$).

(4.19)

Aus dieser Darstellung gemäß Grundgleichung (4.3)

$$M_s = e \cdot \pi \cdot \nu_c \cdot r^2 = e \cdot \pi \cdot \nu_c \cdot \lambda_c^2 \qquad \text{ist folgendes ablesbar:}$$

(4.20)

da,

$$M_S = \text{Konst.} \nu_c \lambda_c^2 \qquad \text{Konst.} = e \cdot \pi \qquad (4.21)$$

und

$$M_B = \text{Konst.} \ \alpha^2 \nu_c \cdot \lambda_c^2/\alpha^2 \qquad (4.22)$$

so dass sich

$$M_S = M_B \text{ ergibt.} \qquad (4.23)$$

======

Daraus erhält man – wie zuvor $M_S = e\hbar/2m_e$ – **ohne jegliche magneto-mechanische Anomalie.**

Anhang 5: Die magnetische Energie

Die magnetische Energie kann ebenfalls über zwei Wege erhalten werden.

Anhand der magnetischen Energie mittels des Bohrschen Magnetons bzw. des magnetischen Moments des Elektrons lässt sich die magnetische Energie W_m (hälftig zur elektrostatischen Energie des Elektrons) über zwei Wege beweisen:

1. Dies kann über das Flussquant $\Phi_q = \frac{1}{2} \cdot h/e$, das nur für **ein** Elektron maßgebend ist, als auch über das BohrscheMagnetonbzw.das magnetische Moment **eines** Elektrons erfolgen.

$$M_B \approx M_S = e \cdot \hbar/2 \cdot m_e = \frac{1}{2} \cdot \hbar \cdot e/m_e \qquad (5.1)$$

(Hier erkennt man auch das doppelt fehlinterpretierte ½ beim M_S= magnetisches Moment des Elektrons, das bereits aus dem Spin resultiert[1].)

Über das Flussquant multipliziert mit dem Kreisstrom (Bohr) bzw. der Oberflächen-Ladungsrotation des elektronischen Kondensats erhält man die magnetische Energie:

$$W_m = ½ \int B \cdot H \, dV = \mu_0 \cdot ½ \int H^2 dV, \quad (5.2) \quad \text{wenn man en Radius } \lambda_c \text{ einsetzt:}$$

$$W_m = ½ \cdot B \cdot H \, dV \qquad (5.3) \qquad B = \text{magn. Flussdichte}$$

$$W_m = ½ \cdot \Phi_q I_e \qquad (5.4) \qquad H = \text{magn. Feldstärke}$$

$$W_m = ½ \cdot h \cdot e \cdot m_e c^2/(2 \cdot e \cdot h) \qquad (5.5) \qquad \Phi_q = \text{Flussquant} = ½ \cdot h/e \quad 5$$

$$W_m = ¼ \cdot m_e c^2 \qquad (5.6) \qquad I_{e...} = \text{Kreisstrom des}$$

$$======== \qquad\qquad |e| = e \cdot \omega_c \cdot 2\pi = e \cdot m_e c^2/h$$

Das gleiche Resultat erhält man aus der Multiplikation des magnetischen Moments M_S mit der Magnetflussdichte B_q:

$$B_q = \Phi_q/dA = \Phi_q/\pi r_o^2 \qquad (5.6) \qquad M_B = \text{Bohrsches Magneton;}$$

$$W_m = ½ \cdot M_B \cdot B_q \qquad (5.7) \qquad |e| = \text{Elementarladung}$$

$$B_q dA = B_q \cdot \pi \cdot r_o^2 = B_q \cdot \pi \cdot \hbar^2/m_e^2 \cdot c^2 = \Phi_q \qquad (5.8) \qquad \text{(Kondensat-Konstante)}$$

$$W_m = ½ \cdot M_B \cdot \Phi_q/(\pi \cdot r_o^2) \qquad (5.9) \qquad M_B = e \cdot \hbar/2 \cdot m_e \approx M_S$$

$$W_m = ½ e \cdot \hbar/(2 \cdot m_e) \cdot m_e^2 \cdot c^2/(e \cdot \hbar) \quad (5.10) \qquad B_q = h/(2 \cdot e \cdot \pi \cdot r_o^2)$$

$$W_m = ¼ \, m_e c^2 \qquad (5.11) \qquad = \hbar/(4\pi \cdot e \cdot r_o^2) = m_e^2 \cdot c^2/ e \cdot \hbar$$

$$========$$

Anhang 6: __Die Elektronenabmessungen__

$$r_o = \lambda_c = \lambda/2\pi = 3,86159 \cdot 10^{-13} m ; \qquad (6.1)$$
$$============$$

oder $\qquad r_o = r_k \cdot \dfrac{2 \cdot \varepsilon_0 \cdot h \cdot c}{e^2} = r_k / \alpha = 3,86159 \cdot 10^{-13} \, m ; \qquad (6.2)$
$$\qquad\qquad\qquad\qquad\qquad ============$$

Im Vergleich: $r_K = \dfrac{e^2}{4\cdot\pi\cdot\varepsilon_0\cdot m_e c^2}$ (6.3)   *der klassische Elektronenradius von H. A. Lorentz (6.2) ist falsch.*

(Das Problem bei der Berechnung von Lorentz: Er setzt die volle Selbsternergie statt

$\alpha\cdot m_e c^2$ (1/137) im Nenner ein.)

Anhang 7: Die Elektron-Positron-"Zerstrahlung"

Im Frequenzbild ergibt sich die Energie

$E = h\cdot v = c/\lambda = m\cdot c^2/h$ (7.1)

$m_e\cdot v^2 \to c$

$2\cdot h v_b = 2\, h\cdot \dfrac{m_e\cdot v^2 \to c}{h}$ (7.2)

$2\cdot h v_c = 2\, h\cdot m_e\cdot c^2/h$ (7.3)

c	= Lichtgeschwindigkeit
v	= Geschwindigkeit (allg.)
m_e	= Masse des Elektron bzw. Positron
h	= Plancksches Wirkungsquantum
v	= Frequenz $= mc^2/h$
v_c	= Comptonfrequenz

Wenn v → c, dann wäre

$2\cdot h v_c = 2\cdot m_e c^2$ (7.2)

Diese Tatsache ist für den "Zerstrahlungsvorgang" von Elektron-Positron hinreichend bekannt. Danach ist die Kraftwirkung F und Energie W des "wechselwirkenden" Elektrons e und Positrons p für

$e^-\cdot p^+ = q^2$ (q als allgemeine Ladung):

(Auf die Vektorschreibweise $\vec{F} = q^2/4\pi\varepsilon_0 r^2\cdot \vec{r}/\vec{r}$ wird in der weiteren Rechnung verzichtet, da hierbei der Abstandsvektor = immer der Abstand der Ladungen ist.)

$F = \dfrac{q^2}{4\cdot\pi\cdot\varepsilon_0\cdot r^2}$; $W = -\,F\cdot dr$;   (7.3)

$W = W_{pot} = -\displaystyle\int \dfrac{q^2}{4\cdot\pi_0\cdot\varepsilon\cdot r^2}\, dr$;   (7.4)

F	= (Coulomb-)Kraft
W	= Energie (allgemein)
q	= allg. Ladung
r	= allg. Radius
ε_0	= Dielektrizitätskonst.
W_{pot}; U	= potenzielle Energie

Die potenzielle Energie ist nur ein Energieanteil. Für die Gesamtenergie ist eine Energiebilanzbetrachtung bei diesem Wechselwirkungs- bzw. Umwandlungsprozesses nach dem Energiesatz unerlässlich:

W_{pot}; U = potenzielle Energie

W_{kin}; T= kinetische Energie

$$W_{pot} + W_{kin} = U_{ges} + T_{ges} = \text{konst.} \qquad (7.5)$$

Diese Energie führt im "Paarvernichtungsfall" zu den $2\gamma_c$-Quanten

$$|2h\nu_c| = 1{,}022 \text{ MeV} = 2m_e c^2. \qquad (7.6)$$

Eine Anfangstranslationsenergie soll nicht vorhanden sein (extrem niederenergetisch), deshalb gilt:

$$T_{ges} = 2\,(T_R + W_m) = 2\,(\,\tfrac{1}{4}\,m_e c^2 + \tfrac{1}{4}\,m_e c^2) = 1\,m_e c^2 \qquad (7.7)$$

Wie bereits gemäß Kapitel 6 nachgewiesen, beträgt der kinetische Energieanteil jeweils $\tfrac{1}{4}\,m_e c^2$, d.h. zusammen= $2 \cdot (\tfrac{1}{2}\,m_e c^2)$.

Deshalb verbleibt hierbei nur noch die Hälfte, d.h. = $1\,m_e c^2$ für den potenziellen Energieanteil. Das Ergebnis der e-p-Wechselwirkung beträgt $|2h\nu_c| = 2m_e c^2$.

Bei der Ermittlung des verbleibenden potenziellen Energieanteiles der Selbstenergie des Elektrons und Positrons von $U_e = 1m_e c^2$ ist es notwendig, die dafür kausale "nackte" Ladung zu kennen. Die QED errechnet diese als $= \infty$ (Pol bzw. Divergenz).

Für die potenzielle Energie der Wechselwirkung kann nur eine größere nackte Ladung e_o ursächlich sein, da es keine weitere Energiequelle gibt. Wir ersetzen deshalb die allgemeine Ladung q durch e_o :

$$-\int \frac{e_o^2}{4 \cdot \pi_o \cdot \varepsilon \cdot r^2}\, dr + T_{ges.} = 2\,|h\nu_c|, \qquad \text{wobei}\quad e_o^2 = |e_o \cdot p_o^+|. \qquad (7.8)$$

Für den kinetischen Energieanteil von $T_{ges} = 1\,m_e c^2$ ergibt sich demnach:

$$-\int \frac{e_o^2}{4 \cdot \pi_o \cdot \varepsilon \cdot r_o^2}\, dr + 1\,m_e c^2 = 2\,|h\nu_c|, \qquad \text{wobei}\quad m_e c^2 = |h\nu_c| \qquad (7.9)$$

Anhang 8: Die nackte Ladung

Die betrachteten niederenergetischen e–p-Wechselwirkungspartner nähern sich nur unter dem Einfluss der eigenen Coulomb-Anziehung aus einer Entfernung, wo der Anziehungsbereich noch nicht wirksam ist, hier als ∞ bezeichnet. Die Integration nur des potenziellen Energieanteiles Ue über r der ergibt:

Integrationsgrenzen:

$$\int_{r_0}^{\infty} \frac{e_0^2}{4 \cdot \pi \cdot \varepsilon_0 \cdot r^2} \, dr = -\left| \frac{1}{\infty} - \frac{1}{r_0} \right| = 1 \, m_e c^2 \qquad (8.1)$$

$r = \infty; \; h\nu_c$ nicht vorh.

$r = r_0; \; h\nu_c$ ist erzeugt.

$r_0 = h/2\pi \cdot m_e \cdot c$

$$= 1 \, h\nu_c = 1 \, m_e c^2 = U_{ges} \qquad (8.2)$$

U_{ges} = pot. Energie = $1 \, m_e c^2$

(Das Minuszeichen hebt sich auf.)

Da wir bisher den Wechselwirkungsvorgang mit beiden Reaktionspartnern Elektron und Positron betrachtet hatten, muss für die Selbstenergie des Elektrons separat nur dessen Hälfte = ½ $m_e c^2$ als potenzieller Energieanteil gelten:

$$Ue = \frac{e_0^2}{4 \cdot \pi \cdot \varepsilon_0 \cdot r_0} \frac{1}{2} \, m_e c^2, \qquad (8.3)$$

$r_0 = \lambda_C / 2\pi$

$\lambda_C = h/2\pi m_e c$

Wenn der Radius, wie nachgewiesen, $r_0 = \lambda_C$ ist, dann muss es der potenzielle Selbstenergieanteil sein:

$$Ue = \frac{e_0^2}{2 \cdot \varepsilon_0 \cdot h \cdot c} \, m_e c^2 = \frac{1}{2} \cdot m_e c^2 \qquad (8.4)$$

U_e = pot. Energie einesElektrons

α_0 = ½ hier bezeichnet

als Strukturkonstante

e_0 = nackte Ladung

Der Faktor $e_0^2/2\varepsilon_0 hc$ sieht aus wie die Sommerfeldsche Feinstrukturkonstanteα, ist es aber (dem Betrag nach) nicht! Der Unterschied liegt in der nackten Ladung. Es besteht jedoch eine Wesenseinheit, aufgrund der Herkunft vom gleichen Coulombschen Gesetz. Um dem Rechnung zu tragen, soll dies als *Strukturkonstante* α_0 = ½ bezeichnet werden.

An dieser Stelle ist anzumerken, dass sich die (potenzielle) Energie einer Punktladung nach den klassischen Gesetzen der Elektrostatik ebenso aus deren Potenzial φ multipliziert mit der Punktladung Q (in unserem Fall = e_0) ergibt :

φ = Potenzial

$$U = \varphi \cdot Q = \varphi \cdot e_0 \qquad (8.5)$$

$Q = e_0$= nackte Ladung

Wenn $\varphi = q / 4 \cdot \pi \cdot \varepsilon_0 \cdot r$ ist, dann erhält man den potenziellen Energieanteil U_e bei $r_0 = h / 2\pi \, m_e \, c$ und e_0 mit gleichem Resultat wie bei der Elektron-Positron-Wechselwirkung:

$$U_e = \frac{q}{4 \cdot \pi \cdot \varepsilon_0 \cdot r} \cdot q = \frac{e_0^2}{2 \cdot \varepsilon_0 \cdot h \cdot c} \cdot \cdot m_e c^2 \qquad (8.6)$$

Damit ergibt sich die Größe der nackten Ladung zu

$$e_0 = \pm\sqrt{\varepsilon_0 \, h \, c} = \pm\, 13{,}262118 \cdot 10^{-19} [As] . \qquad (8.7)$$

Das unterschiedliche Vorzeichen entspricht der Ladung von Elektron oder Positron

$$\pm e_0 = |e_0| .$$

Die so gewonnene unabgeschirmte (nackte) Elementarladung $|e_0|$

$$|e_0| = e/\sqrt{2\alpha} = 8{,}27756\text{-fach} \qquad (8.8)$$

größer, als die bekannte (abgeschirmte) Elementarladung e.

Das Ergebnis bestätigt im Nachhinein die Einstein-Plancksche Vermutung [6) (siehe auch Kapitel 7), dass sich $e^2 \sim h \cdot c$ ergeben müsste, stattdessen ergab sich das "eigenartige" Verhältnis von $\approx 1/137$.

Anhang 9: Beweis zur nackten Ladung

In kleinen Bereichen verhält sich die Hertzsche Welle wie eine ebene elektromagnetische Welle:

$$\sqrt{\varepsilon_0} \; E_\vartheta = \sqrt{\mu_0} \; H_\varphi, \qquad (9.1)$$

d.h. es gilt für deren elektrische und magnetische Energiedichte:

$$\tfrac{1}{2} \cdot \varepsilon_0 \cdot E_\vartheta^2 = \tfrac{1}{2} \cdot \mu_0 \cdot H_\varphi^2 . \qquad (9.2)$$

Das heißt klar, die elektrische und magnetische Feldenergiedichte sind gleich groß:

$$H_\varphi / E_\vartheta = \sqrt{\mu_0/\varepsilon_0} = Z_0 \qquad (9.3)$$

$Z_0 \approx 376 \, \Omega$ ist der Feldwellenwiderstand des Vakuums bzw. des freien Raumes. Die Ausbreitung der elektromagnetischen Wellen ist mit einem Energietransport verbunden. Dieser ist nach dem Poyntingschen Satz $\vec{S} = [\vec{E} \times \vec{H}]$ der Energiestromdichte-Transport in radialer Richtung.

Was ist die Ursache für die elektronische Feld-Unsymmetrie?

Die nackte Ladung muss deshalb viel größer sein als die bekannte Elementarladung. Sie beträgt: $e_0 = \sqrt{e/2\alpha}$ oder $e_0 = \sqrt{\tfrac{1}{2} \cdot e/\alpha}$ (die andere Schreibweise siehe unten).

Damit erhält die Feinstrukturkonstante α sowohl als Abschirmungs-, Kondensat-, Energiedefizit- als auch neben der Kopplungskonstante$_{EM}$, eine neue weitreichende, komplexe Bedeutung.

Beweis für die elektromagnetische Symmetrie nach der nackten Elektronenladung: Gemäß Coulombschen Gesetz gilt: $E = e^2/(4\pi\cdot\varepsilon_0\cdot r_0)$, wenn $r_0 = h/(2\pi\cdot m_e c)$, und gem. Compton-WL $\lambda_C = \lambda_C/2\pi$, ergibt sich:

$$E = e^2\cdot 2\pi\cdot m_e\, c/(4\pi\cdot\varepsilon_0\cdot h) = e^2/(2\cdot\varepsilon_0\cdot h\cdot c) \qquad m_e c^2 = \alpha\cdot m_e c^2 \qquad (9.4)$$

α ist das abgeschirmte Eigenenergiedefizit $E_e = \alpha\cdot m_e c^2 = 1/137\cdot m_e c^2$ des Elektrons. Zur Ermittlung der (unabgeschirmten) nackten Ladung ist jedoch nur die halbe Gesamtenergie $E = m_e c^2/2$ (als potenzieller elektrostatischer Energieanteil) verantwortlich.

Der magnetische Eigenenergieanteil basiert hingegen auf der Oberflächenrotation der (nach wie vor abgeschirmten) Elementarladung und "umgeht" damit quasi die Abschirmung.

Daraus: $\qquad \alpha\cdot m_e c^2/2 = m_e c^2\cdot e^2/(\varepsilon_0\cdot h\cdot c) \qquad\qquad (9.5)$

$$e_0{}^2 = e^2/(c\cdot\varepsilon_0\cdot h),$$

ist für die nackte Elektronenladung, da $\qquad c = 1/\sqrt{\mu_0\cdot\varepsilon_0}$

$$e_0{}^2 = e^2/(h\cdot\sqrt{\varepsilon_0/\mu_0}),$$

d.h. daraus $\qquad h/e_0{}^2 = \sqrt{\mu_0/\varepsilon_0}$ ist bekanntlich $Z_0 \approx 376{,}7\,\Omega$,

Die K.v. Klitzing-Konstante ist $h/e^2 = 25812{,}8\,\Omega$, was nur der abgeschirmten Elementarladung entspricht.

Bei Einsetzen von e_0, ergibt sich (theoretisch) aus den Feldkonstanten der Feld-wellen-widerstand des Vakuums:

$$h/e_0{}^2 = \sqrt{\mu_0/\varepsilon_0} = Z_0 = 376{,}730313469585\ \Omega. \qquad (9.6)$$
===========

(Zur K .v. Klitzing-Konst. ist $h/e^2 = \sqrt{(\mu_0/\varepsilon_0)}/2\alpha = Z_0/2\alpha$, der Feldwellenwiderstand dividiert durch 2α.)

Es zeigt sich somit, dass der Widerstand der K. v. Klitzing-Konstante α-abhängig ist. Da die Elementarladung e des Elektrons eine abgeschirmte Kondensatkonstante ist, kann folglich keine elektromagnetische Symmetrie entstehen.

Anhang 10: Feldstärke am Clusterrand

10.1 Feldstärke am Clusterrand (klassisch)

Denn $\quad\quad E = e\,/4\pi\varepsilon_0 r_0^2 \quad\quad$ (10.1) $\quad\quad Q$ = Elementarladung e

$$= 1{,}602\cdot10^{-19}/12{,}56\cdot8{,}854\cdot10^{-12}\cdot(3{,}86\cdot10^{-13})^2$$

$$= 0{,}9668\cdot10^{10}\,kV/m$$

$E_{klass.} \approx 1{,}0\cdot10^{10}$ kV/m ist die Gesamtfeldstärke im Radius r_0

Trotz des vergrößerten Clusterkörperradius r_0 ist die klassisch ermittelte zu hohe Feldstärke **unreal**. Dies ist deshalb unrealistisch, da eine solch große Feldstärke **nicht** mit den anderen Befunden der Hochspannungstechnik korreliert. Wie nachfolgend auf feinstofflicher Basis gezeigt werden kann, ist diese hohe Feldstärke falsch.

10.2 Feldstärke am Clusterrand (feinstofflich)

Deshalb muss auf das feinstoffliche Modellbild zurückgegriffen werden. Hier bilden die Elementardipole eine unverrückbare äußere Grenzschicht am Clusterkörperrand, wie aus der Ermittlung des magnetischen Moments ersichtlich ist.

Dafür wurde die Beziehung $\quad \alpha = (m_{Dipol}/m_e)\cdot(e/e_{Dipol})$ abgeleitet.

Daraus $\quad\quad e_{Dipol} = (m_8/m_e)\cdot(e/\alpha)$ $\quad\quad$ (10.2)

$$= 7{,}3726\,10^{-51}\text{kg}\cdot1{,}602\cdot10^{-19}\,\text{As}\cdot137{,}036\,/\,9{,}1094\,10^{-31}\text{kg}$$

$$= \mathbf{1{,}776757\cdot10^{-37}\,As}$$

$$==============$$

Feldstärke zur Ablösung eines Elementardipols

Das ergibt $\quad E_{dipol} = e_8/4\pi\varepsilon_0 r_0^2 \quad\quad$ (10.3)

$$= 1{,}77676\cdot10^{-37}\text{As}\,/12{,}56\cdot8{,}854\cdot10^{-12}\cdot(3{,}86\cdot10^{-13})^2$$

$$= \mathbf{1{,}0728\,10^{-2}\,V/m}$$

$$============$$

Aus Bohrscher Gleichgewichtsbedingung am Clusterkörper-Rand:

$$\frac{e\cdot e_{Dipol}}{4\pi\cdot\varepsilon_0\cdot r_0^2} = m_{Dipol}\cdot r_0\cdot\omega_c^2 \quad\quad (10.4)$$

da, $\quad\quad\quad\quad = m_{Dipol}\cdot r_0^3\cdot c^2/r_0^2\omega_c$

$$= 2\pi\,m_e\,c^2/\,h = c/r_0$$

$$e_{Dipol} = \frac{4\pi \cdot \varepsilon_0 \cdot r_0^3 \cdot m_{Dipol} \cdot c^2}{e \cdot r_0^2} = \frac{m_{Dipol} \cdot c^2 \cdot 4\pi \cdot r_0 \cdot \varepsilon_0}{e} = \frac{m_{Dipol} \cdot 2 \cdot \varepsilon_0 \cdot h \cdot c}{e \cdot m_e} \quad (10.5)$$

$$e_{Dipol} = \frac{e \cdot m_{Dipol}}{\alpha \cdot m_e} = \frac{e \cdot m_{Dipol}}{e \cdot \nu_C} = \frac{2 \cdot \varepsilon_0 \cdot h \cdot c}{e} = \frac{2 \cdot \varepsilon_0 \cdot h \cdot \lambda_C}{e_{Dipol} \cdot m_e} \quad (10.6),$$

Zahlenrechnung:

$$e_{Dipol} = \frac{1,6021 \cdot 10^{-19} \cdot 7,37256 \cdot 10^{-51} \cdot 137,036}{9,109 \cdot 10^{-31}} \; [As] \qquad \begin{array}{l} \nu_C = \text{Comptonfrequenz} \qquad (10.7 \\[4pt] m_e = h/(c^2 \cdot s) \cdot \nu_C \end{array}$$

$$e_{Dipol} = 1,77694 \cdot 10^{-37} \; [As]$$

Feldstärke E_A, die zur Elementardipolkondensation führt: zum Vergleich (klassisch)

$$E_A = \frac{e_{Dipol}}{\varepsilon_0 \cdot r_{Dipol}^2} = \frac{1,77694 \cdot 10^{-37}}{8,8541 \cdot 10^{-12} \cdot (3,86 \cdot 10^{-13})^2} \quad (10.8) \qquad E_{Clusterk.} = \frac{e}{4\pi \cdot \varepsilon_0 \cdot r_0^2}$$

$$E_A = \frac{2 \cdot \varepsilon_0 \cdot h \cdot c}{e \cdot \nu_C \cdot \varepsilon_0 \cdot r_0^2} = \frac{8\pi^2 \cdot m_e c}{e} \quad (10.9),$$

denn $\nu_C \cdot \lambda_0^2 = hc/4\pi^2 m_e c$

$$E_A = 0,134583467 \, / 4\pi \; V/m$$

zum Vergleich Gesamtfeldstärke des elektron. Clusterkörpers:

$$E_A = 1,071524419 \cdot 10^{-2} \; V/m$$

$E_{Clusterk.} \approx 1,0 \cdot 10^{10} \; kV/m$

(gleiches Resultatsiehe oben)

Feldstärke am Clusterrand, die zur Abösung von Elementardipolen führt:
Ablöseenergie W_A eines Elementardipols:

$$W_A = \frac{e \cdot e_{Dipol}}{4\pi \cdot \varepsilon_0 \cdot r_0(e \cdot \nu_C \cdot sek)} = \frac{e \cdot (2 \cdot \varepsilon_0 \cdot h \cdot c)}{4\pi \cdot \varepsilon_0 \cdot r_0 e_{Dipol} \cdot m_e} \quad (10.10) \text{ weil, } \alpha = \frac{e \cdot m_{Dipol}}{e_{Dipol} \cdot m_e}$$

denn $\quad e_{dip} = 2 \cdot \varepsilon_0 \cdot h \cdot c \, / \, e \cdot \nu_C$

$$W_A = \frac{e \cdot 2\varepsilon_0 \cdot h \cdot c}{m_e c^2 \cdot h / 2\pi \cdot m_e c} = \frac{h^2 \cdot c^2}{e \cdot \nu_C \cdot sek \cdot 4\pi \cdot \varepsilon_0 \cdot \lambda_c} \qquad \text{auch} \quad \alpha = e^2 / 2\varepsilon_0 hc \quad (10.11)$$

$$da, \quad \nu_C \cdot \lambda_0 = c / 2\pi$$

$$W_A = \frac{h \cdot c \cdot 2\pi}{2\pi \cdot c} = h / sek \; [Ws] \qquad (10.12)$$

Zahlenrechnung:

$$W_A = \frac{e \cdot e_{Dipol}}{4\pi \cdot \varepsilon_0 \cdot r_0} = \frac{1{,}6021 \cdot 10^{-19} \cdot 1{,}77694 \cdot 10^{-37}}{4\pi \cdot 8{,}8541 \cdot 10^{-12} \cdot 0{,}8 \cdot 10^{-19} \cdot 3{,}86 \cdot 10^{-13}} \; [Ws] \quad (10.13)$$

$$W_A = 6{,}62584 \cdot 10^{-34} \; Ws \qquad \text{zum Vergleich:} \quad h = 6{,}6260755 \cdot 10^{-34} \; Ws^2$$

Die Ablösebedingung entspricht wiederum der kleinsten Energie gemäß h. Damit wird ebenso die Beziehung $\alpha = (m_{Dipol} / m_e) \cdot (e / e_{Dipol})$ bewiesen. Zudem zeigt sich die Kleinheit der feinstofflichen Welt.

Anhang 11. Radialer Ladungsverlauf

Wenn es eine nackte Ladung e_0 gibt, dann muss es auch innerhalb des Clusterkörper-Kondensats einen radialen Ladungsverlauf geben, der den Ladungsverbrauch repräsentiert.

Grundlage ist das Polarisationskondensations-Potenzial und Zentrifugalpotenzial.

Das ergibt sich wie folgt aus den bereits dargestellten potenziellen Energieanteilen:

$$U_e = U_P + V_Z + U_A \qquad (11.1)$$

Wie bereits in den Kapiteln 6 und 7 angemerkt, ist das Radiusverhältnis statt r/r_0 reziprok r_0/r eingesetzt, da der Radius $r = \hbar / m \, c$ massereziprok ist und die Konstanten $\hbar$ und c sich aufheben (siehe unten).

Nach dem Einsetzen der potenziellen Energieanteile:

$$\tfrac{1}{2} \cdot m_e c^2 = \frac{r_0}{r} \, exp \, (-r_0/r) \cdot m_e c^2 + \frac{L^2}{2 \, m_e \, r^2} + \frac{e^2}{2 \, \varepsilon_0 \, h \, c} \cdot m_e c^2 \qquad (11.2)$$

und dem Herauskürzen von $m_e c^2$ und mit $L^2 = (\hbar/2)^2$ ergibt sich

$$\tfrac{1}{2} = r_0^2 \cdot exp(-r_0/r) + (\hbar/2)^2 / 2 m_e^2 c^2 r^2 + e^2 / 2\varepsilon_0 hc. \qquad (11.3)$$

Nach dem Einsetzen von $e'^2(r)$ an Stelle von e^2 (zur Unterscheidung der variablen Ladung von der Elementarladung) erhält man:

$$\frac{e'^2(r)}{2\,\varepsilon_0\,h\,c} = \tfrac{1}{2} - r_0/\,r\,exp(-r_0/r) - \hbar^2/_8{\cdot}m_e^2c^2r^2\,, \qquad (11.4)$$

Nach $e'^2(r)$ aufgelöst und unter Berücksichtigung, dass $\hbar^2/\,m_e^2c^2 = r_0^2$ ist verbleibt,

$$e'^2(r) = 2\,\varepsilon_0\,h\,c\cdot[\tfrac{1}{2} - r_0/\,r\cdot exp(-r_0/r) - {}^1/_8{\cdot}\,r_0^2/\,r^2] \qquad (11.5).$$

Für $e'(r)$, d.h. dem Verlauf des *Ladungsverbrauchs* benutzt man besser statt des masserereziproken Radius

$r_0/r = \hbar\,/m_e\,c/m\,c/\hbar = m/m_e$ die Masse, da $\hbar$ und c konstant sind:

$$e'^2(m) = 2\,\varepsilon_0\,h\,c\cdot[\tfrac{1}{2} - m/m_e\cdot exp(-m/m_e) - {}^1/_8\cdot m^2/m_e^2] \qquad (11.6)$$

$$e'\,(m) = \pm\sqrt{2\varepsilon_0 h c}\cdot\{\tfrac{1}{2} - m/m_e[exp(-m/m_e) + {}^1/_8\;m/m_e]\} \qquad (11.7)$$

===================================

Anhang 12: Größenabschätzung des Kondensat-Clusterkörpers

Größenabschätzung des Elementardipols und des nackten Ladungsmonopols. Voraussetzung des nackten Elektrons bzw. Positrons ist dessen Monopol und der Elementar-Dipol. Das Clusterkörper-Modell kann auch als (Zylinder*-)Volumen des elektronischen Clusters dienen:

$V_0 = n_c{\cdot}V_{Dipol} = n_c{\cdot}\pi\cdot(2r_{\bullet})^3 \qquad (12.1)$ $\quad$ V_{Dipol} = Volumen d. Elementardipols

$\qquad\qquad\qquad\qquad\qquad\qquad\qquad\qquad$ n_c = Comptonfrequenz$\cdot$[s]

$r_{\bullet} = \sqrt[3]{V_0/\,2n_c} = \sqrt[3]{\pi\cdot\lambda_c^3/\,8\pi{\cdot}n_c} \qquad (12.2)$ $\quad$ $r_{\bullet}$ = ½ Elementardipol = Monopol

$\qquad\qquad\qquad\qquad\qquad\qquad\qquad\qquad$ λ_c = Comptonwellenlänge$/2\pi$

$r_{\bullet} = \lambda_c/2\cdot{}^1/\sqrt[3]{n_c} < 0{,}4\cdot10^{-19}\,m \quad (12.3)$ $\quad$ r_0 = Elektronenclusterradius

$\qquad\qquad ==========$ $\qquad\qquad\qquad\quad$ L_{Dipol} = Elementardipol- Abmessung

$L_{Dipol} = 2\cdot r_{\bullet} < 0{,}8\cdot10^{-19}\,m \quad (12.4)$

$\qquad\qquad ==========$

wobei $V_0{}^{*} = \pi{\cdot}r_0^3 = \pi{\cdot}\lambda_c^3 = \pi\cdot(3{,}86159\cdot10^{-13}m)^3 \quad (12.5)$

und $\quad {}^1/\sqrt[3]{n_c} = 2{,}0108\cdot10^{-7}\,m^3$ ist. $\qquad (12.6)$

Es wurde hierbei von einem Zylindervolumen ausgegangen, da das Drittel für die Kugelgeometrie bzw. ${}^2/_5$ für einen Kugel-Trägheitsmoment bisher hierzu nicht nachgewiesen wurde. Die Abweichung zum Kugelvolumen beträgt, statt $\lambda_c^3/6\pi^2$ für die Kugel, $\lambda_c^3/8\pi^2$ für einen Zylinder, d.h., das Volumen wäre nur ¾ und der Radius $^3\sqrt{¾} \approx 0{,}93$ des Kugelradius. Das ist in Betracht der 10er-Potenzen (und der Informationsverarmung oder auch Informationsvereinfachung) nicht sehr unterschiedlich.

Anhang 13: Die ponderable elektromagnetische Strahlung

Der bekannte Poynting-Vektor S geht aus den Maxwellschen Gleichungen hervor.

Er ist sozusagen mit den Maxwellschen Gleichungen identisch, die ja bekanntlich als Ausgangspunkt für die Welleninterpretation der elektromagnetischen Erscheinungen gelten.

Damit erhält man den Betrag und die Richtung des Energie-(dichte-)Transportes im elektromagnetischen Feld:

W = Energie, A = Fläche

$$S = E \times H \ [VA/m^2], \quad (13.1)$$

E = elektr. Feldstärke

wobei

H = magn. Feldstärke

$$_A\!\int S \ dA = dW / dt \ [VA/m^2s] \quad (13.2)\text{ist.}$$

Es ist dies eine Darstellung eines fortschreitenden (Wellen-) bzw. Spannungs-zustandes (E $\perp$ H), d.h. des Durchganges von Energie pro Zeiteinheit durch eine Fläche. Um einen Energietransport oder Energiefluss im Vakuum zu beschreiben, sollte anschaulicher:

$$S = D/\varepsilon_0 \times B/\mu_0 \quad (13.3)$$

D = dielektr. Verschiebung

B = magn. Flussdichte

ε_0 = Dielektrizitätskonst.

μ_0 = Permeabilitätskonst.

Daraus folgt gemäß (13.2):

$$\frac{1}{\varepsilon_0\mu_0} \ _A\!\int (\vec{D} \times \vec{B}) \ dA = dW / dt \quad (13.4)$$

Das kann auch als Energiefluss mit (rückwärtigem) Grenzübergang dargestellt $\Delta W / \Delta t \equiv h$ und damit als kleinste "körnige" Massestrukturgeschrieben werden. ($\varepsilon_0 \mu_0$ ergibt dann eine Division durch c^2):

$$\varepsilon_0 \cdot \mu_0 \cdot dW /dt = \varepsilon_0 \cdot \mu_0 \cdot \lim dW /dt = \varepsilon_0 \cdot \mu_0 \cdot h \cdot v /\Delta t = h \cdot v/c^2 \cdot \Delta t \quad \varepsilon_0 \cdot \mu_0 = 1/c^2 \quad (13.5)$$

$$dw/dt \rightarrow \Delta W / \Delta t \qquad\qquad v = n \cdot s^{-1}$$

und analog als "körniger" Massestrom bzw. Teilchenstrom **m**:

[Dimensionen]:

Dieser beträgt für beliebige $\Delta W = h \cdot \nu = (n) \cdot h / \tau$ [Vas]

(n) = <u>ganzzahlig</u>: $\Delta t = [s], \Delta x^2 = [cm^2]$

$$\tau = [s]$$

$$(\vec{D} \times \vec{B}) \, \Delta x^2 = h \, \nu / c^2 \Delta t = (n) \, h / \tau \, c^2 \Delta t = (n) \, m_8 / \Delta t \qquad (13.6)$$

$$= \Delta m / \Delta t = \overset{\bullet}{m} \qquad \overset{\bullet}{m} = dm/dt = \Delta m / \Delta t$$

oder als Masseteilchen interpretiert werden [Vas^3/m^{2}s] (gemäß 13.2):

$$(\vec{D} \times \vec{B}) \, \Delta x^2 \Delta t = (n) \, \varepsilon_0 \, \mu_0 \, h / \tau = (n) \cdot h / c^2 \tau = (n) \, m_8 = [VAs^3/m^2] \qquad (13.7)$$

Das ist dann die n-fache Elementardipolmasse.

Aus der v.g. Darstellung ist ersichtlich, dass die Maxwellschen Gleichungen durchaus nicht zwingend eine Welleninterpretation gekoppelt mit deren Masselosigkeit erfordern.

Ein anloger Zusammenhang lässt sich auch in der bekannten Planckschen Strahlungsgleichung für die spektrale Strahlungs-Energiedichte ρ_ν in der Dimension [J·s/m^3], d.h. Energie mal Zeit pro Volumeneinheit, darstellen:

$$\rho_\nu = \frac{8\pi}{c^3 \cdot e^{hc/kT} - 1} \cdot \frac{h \cdot \nu^3}{m^3} = \frac{[VAs^2]}{} \quad [J\,s\,/m^3] = \text{Energie } [s\,/m^3] \qquad (13.8)$$

Durch einfaches Erweitern mit $^1/c^2$ auf beiden Seiten der Gleichung ergibt sich entsprechend der Energie-Masse-Äquivalenz eine Massedichte mal Sekunde pro Volumeneinheit:

$$\rho_\nu/c^2 = \frac{8 \cdot \pi}{c^5 \cdot e^{hc/kT} - 1} \cdot \frac{h \cdot \nu^3}{m^5} \, [\frac{VA \cdot s^4}{m^5}] = [\frac{J \cdot s^2}{m^2} \cdot s\,/m^3] \quad [\text{das ist} = \text{Masse} \cdot s/m^3] \qquad (13.9)$$

Daraus wird dann gemäß der n-fachen Elementardipol-Masse $(n) m_8 = (n) \, h/c^2 \tau$ in der Dimension [Js^2·s/m^2] eine Massestromdichte:

$$= 8 \cdot \pi \cdot (n) \cdot m_{Dipol} \cdot \frac{1}{e^{hc/kT} - 1} \cdot s\,/m^3 \quad [\frac{J \cdot s^2}{m^2} \cdot s\,/m^3] \qquad (13.10)$$

Die quantenhaft "körnige" Energiestruktur sollte auch in konsequenter Anwendung der Energie-Masse-Äquivalenz in einer "körnigen" Massestruktur ihre Entsprechung finden. Daraus ist wiederum zu folgern: Neben den Erhaltungssätzen von Energie, Impuls und Drehimpuls muss dies auch für die Masse gelten.

Anhang 14: Ablösung vom elektronischen Clusterkörper

Für das Gleichgewicht gilt folglich $W_A - U_A = 0$. Wenn dieses Gleichgewicht durch irgendeine Energiezufuhr $\Delta h\nu_{abs}$ (als Absorptionsenergie) verändert wurde, dann ist,

$$\Delta h\nu_{abs} + W_A - U_A = W_A - \frac{e^2}{2\,\varepsilon_0\,h\,c}\cdot m_e c^2 + \Delta h\nu_x \qquad (14.1)$$

$$\Delta h\nu_{abs} = W_A - \alpha\cdot m_e c^2 + \Delta h\nu_x \qquad (14.2)$$

Da W_A und $\alpha\cdot m_e c^2$ dasselbe sind (α repräsentiert hierbei die Kopplungskonstante), ergibt sich:

$$\Delta h\nu_{abs} = 0 + \Delta h\nu_x \approx \Delta h\nu_{em} \qquad \text{(emittiertes Photon).} \qquad (14.2)$$

Das heißt, $\Delta h\nu_{abs}$ ist immer $\approx \Delta h\nu_{em}$, unabhängig von der Größe der absorbierten Energie. (Als kleinere Emissionsenergie) überträgt, so ergibt sich z.B. für die Gesamtbindungsenergie des Elektrons.

$$W_B = \tfrac{1}{2}U_e = \frac{e_o^2}{4\pi\,\varepsilon_0\,r_o} = \frac{e_o^2}{2\,\varepsilon_0\,h\,c}\cdot m_e c^2 = \tfrac{1}{2}\,n_c\cdot m_8 c^2. \qquad (14.3)$$

$e_o^2 = e^2/2\alpha$

$m_e = n_c\cdot m_8$

U_e = pot.Energie

n_C = Anzahl d. Ele mentardipole. e^-

Die Bindungsenergie W_B am elektronischen Clusterkörper ist hierbei immer gleich der aufzuwendenden Ablösearbeit A_A der Elementardipole bzw. eines Elementardipol-Kondensats (Photon) Δm vom Clusterkörper:

Δm = Kondensat-Teil-Masse (Photon)

$$A_A = W_B = \left| - P_B ds \right| = \Delta m\, v^2 \equiv \Delta m\cdot c^2 \qquad (14.4)$$

A_A = Ablösearbeit

P_B = Bindekraft

W_B = Bindungsenergie

v = allgemeine Geschwindigkt.

$$A_A = \Delta m_e\cdot c^2 = n\cdot m_8\cdot c^2 = n\cdot h/\tau = h\cdot\nu$$

$$(14.5)$$

Die Ablösung erscheint als kein integraler (newtonscher) Vorgang $\Delta m \cdot v \cdot dv = \Delta m \cdot v^2/2$, sondern als Abreißen einer Kondensat-Teilmasse vom elektronischen Cluster.

Analog dem Bohrschen Postulat (Quantelung der Umlaufbahnen)bzw. Gleichgewichtsbedingung auf der n-ten Bahn ($n\neq n$ als Anzahl der Elementardipole) wird dies abgeleitet:

wobei n = Bahnen im B. Modell

$$m_e \cdot r_a \cdot v_n = n \cdot \hbar \qquad (14.6)$$

r_a = Bohrscher Radius

$$m_e \cdot n \cdot h \cdot c \cdot \alpha /(2\pi \cdot m_e \cdot c \cdot \alpha) = n \cdot h /2\pi v_n$$

m_e = Elektronenmasse

= Geschwindigkeit im.1. Bohr. Radius = $\alpha \cdot c$

Nach dem Kürzen ergibt sich das Gleichgewicht $h = h$.

Gleiches gilt für den Bohrschen Ansatz Zentrifugalkraft = Coulombkraft

$$(Z) \cdot e^2 / 4\pi \cdot \varepsilon_0 \cdot r_a^2 = m_e \cdot r_n \cdot \omega_c^2 \qquad (14.7)$$

(Z) = Anz. d. Elektronen hier = 1

Das muss analog für das Clustermodell-Elektron gelten, wenn

$$m_e = m_{Dipol}, \quad r_a = r_0 = \hbar/m_e \cdot c \text{ und } v_n = c \text{ ist.}$$

Dies kann aber nur funktionieren, wenn m_8 tatsächlich eine Masse ist. (Wie im Bohrschen Ansatz das Elektron mit seiner unstreitigen Masse.)

Die Feldstärke E der Punktladung ist im Radius r_0 (am Clusterrand):

$$E = q / 4\pi \cdot \varepsilon_0 \cdot r_0^2 [V/m], \qquad (14.8)$$

q = allg. Ladung = e

Wenn die elektrische Kraft $F = E \cdot q$ ist,

e_8 = spez. Teilladung

dann ist analog dem Coulombschen Gesetz:

$$F = e \cdot e_{Dipol}/(4\pi \cdot \varepsilon_0 \cdot r_0^2). \qquad (14.9)$$

r_0 = Clusterradius = λ_c

Die Kraft, die auf einem an der Peripherie bzw. am Umfang des Clusters platzierten Elementardipol wirkt, hängt natürlich nicht von der gesamten Elementarladung e ab. Wenn die Ladung e gleichförmig und unverrückbar auf der Oberfläche verteilt ist, dann muss es (isolierte) Teilladungen geben.

Das Kräftegleichgewicht ergibt sich analog *Bohr* (wobei das Coulombsche Gesetz bis 10^{-17}m als gesichert nachgewiesen ist):

Für die Energie ist die Gleichgewichtsrechnung nur für einen Elementardipol im Anhang 13 ausgeführt.

$e \cdot e_{Dipol}/(4\pi \cdot \varepsilon_o \cdot r_o{}^2) = m_8 \cdot r_o \cdot \omega_c{}^2$ e_{Dipol}= spez. Teilladung

$e \cdot e_{Dipol}/(2 \cdot \varepsilon_o \cdot hc) \cdot m_e c^2 =$ (14.10)

$m_{Dipol} \cdot r_o{}^2 \cdot \omega_c{}^2 \cdot r_o{}^2 \cdot \omega_c{}^2 = \hbar^2/m_e{}^2 c^2 \cdot m_e{}^2 c^4/\hbar^2 = c^2$

Nach dem Kürzen von c^2 ist:

$e \cdot e_{Dipol}/(2 \cdot \varepsilon_o \cdot h\, c) \cdot m_e = m_{Dipol}.$ (14.11)

Daraus ergibt sich – als Kräftegleichgewicht, ohne den Umweg über die Abmessungen der Elementardipole – die notwendige Teilladung:

Folglich ist nach e_8 aufgelöst:

$e_{Dipol} = m_{Dipol} \cdot 2 \cdot \varepsilon_o \cdot hc\, /\, e \cdot m_e (14.10)\alpha = e^2/\, 2\varepsilon_o hc = 1/137{,}036$

                                (14.12)

(Zahlenwerte nach Codata:)

$e_{Dipol} = m_8 \cdot e\, /\, \alpha \cdot m_e = 1{,}7767678 \cdot 10^{-37}$ As

                                (14.13)

D.h., das Kräftegleichgewicht besteht bei

$m_{Dipol} = e_{Dipol} \cdot m_e \cdot \alpha\, /\, e = 7.3718212 \cdot 10^{-51}$ kg

Das ist zwar geringfügig größer als   (14.14)

$7.3718212 \cdot 10^{-51}$ kg $\geq 7.3712556 \cdot 10^{-51}$ kg

d.h., es besteht eine Differenz von $0{,}0005665 \cdot 10^{-51}$ kg $= 1/1765 \cdot 10^{-51}$ kg.

Dies entspricht fast dem reziproken Zahlenwert des Energieüberschusses. Aus Gleichung(12.5) ergibt sich ein Produkt der reziproken Verhältnisse.

$$\alpha = \frac{m_{Dipol}}{m_e} \cdot \frac{e}{e_{Dipol}} \qquad (14.15)$$

$$========$$

sowie auch als Probe: $\alpha = h/(m_e \cdot c^2 \cdot s)\, e \cdot \alpha \cdot m_e \cdot c^2 \cdot s/h \cdot e$,

wenn, $m_8 = h/c^2 \cdot s$ ist. $\alpha = \alpha$ (14.16)

Anhang 15: **Kritik am relativistischen Ansatz**

1. Elementardipole und die relativistische Unbestimmtheit:

$$m = \frac{m_0}{\sqrt{1 - v^2/c^2}}, \text{ wenn } m_0 = 0 \text{ und } v \to c \text{ ist } m = 0/0 \to \text{ unbestimmt.} \quad (15.1)$$

Wenn aber gemäß Modellvorstellung, $m_0 = m_8 = 4{,}1356692 \cdot 10^{-15}$ eV/c², d.h. sehr klein, aber $\neq 0$ ist, dann würde dies zu einem unendlichen Ergebnis führen:

$$m = \frac{(n) \cdot m_8}{\sqrt{1 - v^2/c^2}}, \text{ bei } v \to c \text{ wäre konsequent } m = m_8/0 \to \infty. \quad (15.2)$$

Andererseits ist modellgemäß $c = \sqrt{h/m_8\tau} = \pm 2{,}9979 \cdot 10^8$ m/s und wäre sonst bei $m_{Dipol} = 0$, gleichfalls $\Rightarrow \infty$. Das eine schließt das andere aus.

2. Das (abgeschlossene) Gesamtsystem Elektron + Beschleuniger betrachtet, ergibt:

$U_e = $ potenzielle Energie des e⁻

$T_0 = $ kinetische Anfangs- bzw. Einschussenergie

$$U_e + T_0 + (W_B - \Delta W_W/\eta) = \text{konst.} \quad \eta = \text{Wirkungsgrad } (\Delta W_E = \eta W_B)$$
$$(15.3) \quad\quad\quad W_B = \text{investierte Beschleunigerenergie}$$

Für das Elektron separat betrachtet gilt im energetisch offenen Umfeld:

$$U_e + T_0 + \Delta W_W \neq \text{konst.;} \quad \Delta W_W = \text{Energie- bzw. Massezuwachs der}$$
$$(15.4) \quad\quad\quad \text{beschleunigten Elementarteilchen}$$

D.h., das Elektron gewinnt Fremdenergie und damit – gemäß der Energie-Masse-Äquivalenz – zusätzliche (Fremd-)Masse.

Die zu erwartende relativistische Massenzunahme – in Abhängigkeit von dessen (Translations-) Geschwindigkeit – wäre nach der *speziellen Relativitätstheorie* bei der Ausgangsmasse $m_e = m_0$:

$$m = m_e / \sqrt{1 - v^2/c^2} = m_0/\sqrt{1 - \beta^2} \quad\quad \beta = v/c$$
$$(15.5)$$

Im Falle des Elektrons im Grundzustand des H-Atoms ist eine (effektive) Elektronengeschwindigkeit[6]

v_H = $\alpha \cdot c$ = $c/137$ vorhanden. Nach der *speziellen Relativitätstheorie* gemäß der bekannten Näherung als abgebrochene Potenz-Reihenentwicklung von

$(1 - v^2/c^2)^{-\frac{1}{2}}$ = $1 + \frac{1}{2} v^2/c^2 + \ldots$ ergibt sich,

$$m = m_0/\sqrt{1 - \beta^2} \approx m_0 \cdot (1 + \alpha^2/2 + \ldots), \quad m > m_0, \quad (15.6)$$

was wiederum aus β^2 = $v_H{}^2/c^2$ = $\alpha^2 \cdot c^2/c^2$ = α^2 resultiert.

In der Realität [7] ist die Masse jedoch:

$$m = m_0 (1 - \alpha^2/2) \qquad m < m_0, \qquad (15.7)$$
================

d.h. genau um $2\alpha^2/2$ = α^2 zu klein.

Anhang 16: Energiebilanz im H-Atom

Als Vergleichsrechnung sollen die Verhältnisse im Bohrschen Atommodell dargestellt werden:

$$-\frac{1}{2} \int \frac{e^2}{4 \cdot \pi_0 \cdot \varepsilon \cdot r^2} dr + \frac{1}{2} m_e \cdot \int v \, dv = h \cdot v_H,$$
(16.1)

v_H = Frequenz bei Rekombination i.d. Grundzust. des H-Atoms

Als Anfangsbedingungen sind zu setzen: Bei r = ∞ ist $v = 0$ und $h \cdot v_H$ ist noch nicht entstanden. Bei $r = a_1$ ist $v = c \cdot \alpha$ und $h \cdot v_H$ ist entstanden.

Daraus ergibt sich in Anlehnung an (10.1) der potenzielle Energieanteil U_H zu:

$$U_H = -\frac{1}{2} \int \frac{e^2}{2 \cdot \varepsilon_0 \cdot h \cdot c} m_e \cdot (\alpha \cdot c^2) = \frac{1}{4} \alpha^2 \cdot m_e c^2$$
(16.2)

$\alpha \cdot c$ = Effektivgeschwindigkeit des e im Grundzustand des Atoms.

a_1 = Bohrscher Radius im Grundzustand = r_0/α = λ_C/α

Der kinetische Energieanteil beträgt dann ebenfalls:

$$T_H = \frac{1}{2} m_e \cdot \int v \, dv = \frac{1}{2} m_e v^2/2 = \frac{1}{4} \alpha^2 \cdot m_e c^2 \qquad v^2 = (c \, \alpha)^2$$
(16.3)

und die Gesamt-Wechselwirkungsenergie als Rekombinationsenergie (als Photon) abgestrahlt, ist dann

$E_H = U_H + T_H = \alpha^2/2 \cdot m_e c^2.$ \hfill (16.4)

Das Energieresultat entspricht somit gleich der Rydberg-Konstante $R_\infty \cdot hc$, wenn,

$R_\infty \cdot hc = m_e c^2 \alpha^2/_{2h} \cdot h$ \hfill (16.5)

$R_\infty \cdot hc = \frac{1}{2} m_e c^2 \cdot \alpha^2 = h\nu_H$ ist. \hfill (16.6)

========================

Bei den Verhältnissen im Atom ist – im Unterschied zum Elektron separat – dreierlei ersichtlich:

1. Im H-Atom wird z.B. die energetische Situation vorrangig durch die Elementarladung bestimmt. Die maximale Wechselwirkungsenergie Elektron-Proton bei der Rekombination in den Grundzustand beträgt:

$$E_H = \alpha^2/2 \cdot mc^2 = R_\infty \cdot hc = h\nu_H. \qquad (16.7)$$

Sie ist deshalb im Vergleich zur Selbstenergie sehr klein.

2. Diese $\alpha^2/2$–Abhängigkeit ergibt sich hier ebenso aus der Energiebilanz im Atom (als abgeschlossenes energetisches System). Der Geschwindigkeitsfaktor $(c \cdot \alpha)^2/2 = v^2/2$ resultiert dabei sowohl aus der Geschwindigkeitsintegration und damit der Quadrierung und Halbierung des kinetischen Energieanteiles, als auch aus dem potenziellen Energieanteil von jeweils $\frac{1}{4} mc^2 \alpha^2$.

3. Die aus der empirischen *Balmer-Formel* und exakt in der Bohrschen Theorie abgeleitete Beziehung[2]

$$\Delta E = - R_\infty \cdot hc(1/n^2 - 1/m^2) \qquad (16.8)$$

ist gemäß Punkt 1. verändert geschrieben:

$$\Delta E = - \alpha^2 (1/k^2 - 1/m^2) \cdot m_e c^2/2 \qquad (16.9)$$

(Für das n^2 wird – um Verwechslungen mit dem $h \cdot n$ zu vermeiden – k^2 benutzt!) Damit kann man die *Balmer*-Faktoren oder Quotienten k und m als $(\alpha/m)^2 - (\alpha/k)^2$ und somit als ganzzahlige quadratische Verhältniszahlen von α und damit von $m_e c^2$ bezeichnen.

Anhang 17: <u>Verträglichkeit mit der Schrödinger-Gleichung</u>

Allgemeine Form der Schrödinger-Gleichung: wobei, E = Gesamtenergie,

$$\frac{d^2\psi}{dx^2} + \frac{2m_e}{\hbar^2}[E - U(x)] = 0 \qquad (17.1)$$

U(x) = potenzielle Energie,

$\hbar$ = Plancksche Konstante ist

Die Schrödinger-Gleichung gliedert sich in den zeitabhängigen Teil – auch bezeichnet als "monochromatischer" Faktorund den Ortsvektorteil:

Die **Ganzzahligkeit** wird

$$\exp\{\pm i\omega t\} = \exp\{\pm iWt/_\hbar\} \qquad (17.2)$$

hierbei modellgemäß:

$$= \exp\{\pm(2\pi i\, n)\} = 1, \qquad (17.3)$$

$W = h\cdot n/\tau$

k = Wellenzahlvektor = $2\pi/\lambda_C$

und den als Ortsvektorteil bezeichneten Faktor **x** = Ortsvektor = λ_c

$$\exp\{\pm ikx\} = \exp\{\pm i\lambda_c 2\pi/\lambda_c\} \qquad (17.4)$$

$\cos(2\pi n) \pm i\sin(2\pi n) = 1$

$$\exp\{\pm(2\pi i\, n)\} = \exp\{\pm 2\pi i\} = 1, \qquad (17.5)$$

erhalten,

wobei die quantenmechanische Energie [12)]

$$h\nu_c = \frac{h^2 k^2}{8\pi^2 m} + U_{pot}(r) = \frac{p^2}{2m} + U_{pot}(r), \qquad (17.6)$$

modellgemäß mit dem bekannten klassischen Energiesatz identisch ist.

Anhang 18: <u>Kondensationsfeldstärke</u>

Aus Kap. 6.3. ist das Problem der Kondensationsfeldstärke E ersichtlich.

$E = q/4\pi\varepsilon_0 r^2$ Das allein reicht nicht, um die Kondensationsgrenze zu ermitteln.

Hier ist zusätzlich die Fliehkraft infolge der Rotation mit c zu überlagern (wie bereits im 3. Artikel unter Zentrifugalpotenzial er-läutert).

Welche Ladung ist nun zugrunde zu legen? Das neue Alpha-Verhältnis, das als

Ausgangsgleichung verwendet werden soll:

1. $e_{dipol} = m_{Dipol} \cdot e / \alpha \cdot m_e$ (18.1)

$E \quad = e_{Dipol}/4\pi\varepsilon_0 r^2 = e_{dipol} \cdot \alpha \cdot m_e c^2/e^2 \cdot r_0$ (18.2)

$E \quad = m_{Dipol} \cdot e / \alpha \cdot m_e \cdot 4\pi\varepsilon_0 r_0^2$ (18.3)

$E \quad = m_{Dipol} \cdot e^2 / \alpha \cdot m_e \cdot e \cdot 4\pi\varepsilon_0 r_0^2$ (18.4)

$E \quad = m_{Dipol} \cdot \alpha \cdot m_e \cdot c^2 / \alpha \cdot m_e \cdot e \cdot r_0$ (18.5)

$E \quad = m_{Dipol} \cdot c^2 / e \cdot r_0 [\, VAs^3/m^2 \cdot m^2/s^2 \cdot 1/As \cdot m] = [\, V/m] \text{ o.k.}$ (18.6)

$E \quad = 7{,}3726 \cdot 10^{-51} \cdot 8{,}989 \cdot 10^{16} / 1{,}602 \cdot 10^{-19} \, 3{,}86 \cdot 10^{-13} = 4{,}136 \cdot 10^{-15} / 1{,}602 \cdot 10^{-19} \cdot 3{,}86 \cdot 10^{-13}$

$\underline{E \quad = 1{,}0715 \cdot 10^{-2} \, V/m}$ alternativ $4{,}136 \cdot 10^{-15} eV/3{,}86 \cdot 10^{-13} = 6{,}6885 \cdot 10^{15} \, V/m = \underline{1{,}0715 \, V/m}$

2. Die Feldstärke, die gemäß Punktladung im Abstand des Clusterkörper-Radius:

$E \quad = e / 4\pi\varepsilon_0 r_0^2$ (18.7)

$E \quad = \alpha \cdot m_e \cdot c^2 / e \cdot r_0 =$ alternativ $= \alpha \cdot V/r_0$ e kürzt sich raus.   (18.8)

$E \quad = 9{,}109 \cdot 10^{-31} \cdot 8{,}987 \cdot 10^{16} / 137{,}036 \cdot 1{,}602 \cdot 10^{-19} \cdot 3{,}86 \cdot 10^{-13} \, m_e \cdot c^2 = e \cdot V_e$ (18.9)

$E \quad = 0{,}511 \cdot 10^6 \cdot 1{,}602 \cdot 10^{-19} = \,)$ (18.10)

$E \quad = 81{,}866 \cdot 10^{-15} / 8{,}4739 \cdot 10^{-30}$ statt $m_e c^2 = 0{.}511 \cdot 10^6 \cdot 1{,}602 \cdot 10^{-19} = 0{,}8186 \cdot 10^{-13} =$ dsgl.

$\underline{E = 9{,}6605 \cdot 10^{15} \, V/m}$ alternativ $= \alpha \cdot V_e / r_0 = 0{,}511 \cdot 10^6 / 137 \cdot 3{,}86 \cdot 10^{-13} = \underline{9{,}6605 \cdot 10^{15} \, V/m}$

Umrechnung in eV: **Energie** $= m_e \cdot c^2 = e \cdot V_e = h \cdot v_c$ (18.11)

$h \cdot v = e \cdot V = h \cdot 1 v /(e \, V) = 6{,}626 \cdot 10^{-34} \cdot 1 / 1{,}602 \cdot 10^{-19} = 4{,}136 \cdot 10^{-15} eV$

Probe zu 2.:

$0{,}511 \cdot 10^6 \cdot 1{,}602 \cdot 10^{-19} / 8{,}4739 \cdot 10^{-30} = 8{,}1862 \cdot 10^{-14} / 8{,}4739 \cdot 10^{-30} = 9{,}6605 \cdot 10^{14} Vm$ o.k.

Auf den Umfang $= \lambda_c$ verteilt:

$= 9{,}6605 \cdot 10^{14} / 2{,}4263 \cdot 10^{-12} = 3{,}9816 \cdot 10^2 \, V/m$

Vergleich der Energieformen:

$m_e \cdot c^2 = e \cdot V_e = h \cdot v_c$

$9{,}109 \cdot 10^{-31} \cdot 8{,}987 \cdot 10^{16} = 0{,}511 \cdot 10^6 \cdot 1{,}602 \cdot 10^{-19} = 6{,}26 \cdot 10^{-34} \cdot 1{,}23 \cdot 10^{20}$

$8{,}186 \cdot 10^{-14} = 8{,}186 \cdot 10^{-14} = 8{,}186 \cdot 10^{-14}$ o.k.

Anhang 19: <u>Hochtemperatur-Supraleitung nach Röser</u>

Die von Röser angegebene Gleichung vereinfacht sich zu:

wobei, $(2x)^2$ = die KristallstrukturGeometrie

m_e = die Elektronenmasse

$$(2x)^2 \cdot n^{-2/3} \cdot 2m_e \cdot \pi \, k \, T_c = h^2,$$

(19.1)

n = Zahl der supraleit. Ebenen

k = Boltzmann-Konst. und

T_c = die HTSL-Sprungtemp.

Der Autor vermutet, dass ein quantenmechanischer Effekt kombiniert mit der Kristallstruktur für die Supraleitung sorgt. "Die Kristallstruktur wirkt als Resonator für die Materiewellen und stimuliert einen kohärenten Phasenübergang zum supraleitenden Zustand." Diese Vermutung kann hiermit bestätigt werden, wenn man die o.g. Gleichung umstellt.

Wenn $k \cdot T_c = h \cdot v_{Tc} = h \cdot c/\lambda_{Tc}$ ist, wobei (19.2)

$v_{Tc} = c/\lambda_T$ sei und $h/m_e \, c$

Comptonwellenlänge λ_c

$$(2x)^2 \, n^{-2/3} \, 2\pi \, h \cdot c/\lambda_{Tc} = h^2/m_e,$$ (19.2)

λ_{Tc} = Wellenlänge.

d. HTSL- Sprungtemp

d. h. es ist

λ_c = Comptonwellenlänge

$\overline{\lambda}_c$ = Comptonwellenlänge $/2\pi$

$$(2x)^2 \cdot n^{-2/3-} = \lambda_{Tc} \cdot \overline{\lambda}_c, \quad da, \quad \overline{\lambda}_c = h/2\pi m_e c = r \qquad \text{der benutzte Radius ist.}$$

(19.3)

Es vereinfacht sich sogar zu:

$$(2x)^2 \cdot n^{-2/3} \cdot \text{Konst.} = \lambda_{Tc} \cdot \quad (\text{Konstante} = 1/\overline{\lambda}_c)$$

(19.4)

Die von Röser angegebene Gleichung vereinfacht sich zu:

$$(2x)^2 \cdot n^{-2/3} \cdot \text{Konst.} = \lambda_{Tc} \qquad (19.5)$$

Konstante = $1/\overline{\lambda}_c$.

==================

So ist die Supraleitfähigkeit nur von der Geometrie der Molekül- bzw. Kristallstruktur abhängig.

Anhang 20: Auflösung der korpuskularen Unschärfe

Mit dem Massequantum h/c^2 bzw. $m_8 = h/(c^2 \cdot sek)$ gemäß den Modellgleichungen sowie

$$\Delta x / \tau \equiv c \text{ und } \tau \equiv \Delta t, \quad \text{und} \quad n \text{ ganzzahlig}, \quad (20.1)$$

löst sich die Unschärfe korpuskular auf:

Die Ortsunschärfe und die Energieunschärfe auch nach

$$\Delta p_x \cdot \Delta x \geq h \quad (20.2) \text{ und Umformung } \Delta E \cdot \Delta t \geq h \quad (20.3).$$

Wenn man den linken Teil der Ungleichungen je als Elementardipol, Photon oder γ-Quant entsprechend der Modellvorstellung gemäß der v.g. Beziehung (10.2) als Δ - Anteile schreibt:

$$\text{Energie } \Delta E = (n) \cdot {}^h/_\tau \; ; \quad (20.4)$$

$$\text{Impuls } \Delta p_x = {}^{\Delta E}/_c = (n) \cdot {}^h/_{(c \cdot \tau)} \quad \text{oder} \quad (20.5)$$

$$\text{Masse } (n) \cdot m_8 = (n) \cdot {}^h/_{(c^2 \tau)} \quad (20.6)$$

$$\text{und } \Delta x /_\tau \equiv c \quad \text{(bei } \tau \equiv t \text{ [s])} \text{ interpretiert}, \quad (20.7)$$

dann wird gemäß (20.8): und (20.9):

$$n \, {}^h/_{(c \cdot \tau)} \cdot \Delta x > h \qquad n \, {}^h/_\tau \cdot \Delta t > h,$$

wenn modellgemäß die Gleichungen (**Anhang 10.2 feinstofflich**) gelten, sowie

$$\Delta x / \tau \equiv c \text{ und } \tau \equiv \Delta t, \text{ und } n \text{ ganzzahlig ist},$$

d.h. $\underline{\underline{n \cdot h \geq h}}$ (20.10) $\underline{\underline{n \cdot h \geq h}}$ wenn n ganzzahlig ≥ 1

Anhang 21: <u>Kosten der Energiewende</u> grafische Darstellung gem.[1c]

In den Kosten (aufgestellt bereits 2009) sind z.B. noch nicht enthalten: die Kosten für Redispatch und Engpassmanagement[1b]. Hier sind in den letzten Jahren die Kosten erheblich gestiegen.

Es muss bemerkt werden, dass ein Großteil der Kosten für die Errichtung von erneuerbaren Energieerzeugungsanlagen von privaten bzw. kommunalen Investoren getragen werden.

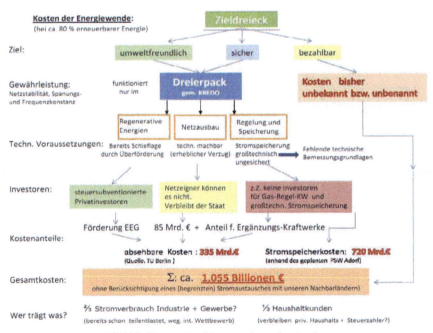

Bild 67: Kostenstruktur zur Energiewende

19. Zusammenstellung der verwendeten Formelzeichen

A_A = Ablösearbeit der Elementardipole vom Elektron
a_1 = 1. Bohrscher Radius des H-Atoms
α = Sommerfeldsche Feinstrukturkonstante
α_0 = abgewandelte Sommerfeldsche Feinstrukturkonstante = ½
b = Beschleunigung
c = Lichtgeschwindigkeit
Δ = Differenz
δ = Winkelbezeichnung in Kugelkoordinaten
E_E = Energiezuwachs = Massezuwachs d. beschleunigtenTeilchen
e = Elementarladung
e_0 = nackte Elementarladung
e^- = Bezeichnung für das Elektron
e^+ = Bezeichnung für das Positron
$e'(r)$ = allgemeine radiusabhängige Ladung
E = Energie (allg.)
E_B = investierte Beschleunigungsenergie (Dipolenergie)
E_C = Comptonenergie
E_{e_0} = Energie der unabgeschirmten Elementarladung
E_P = Dipolbindungsenergie
E_S = Energie zur Elektron-Positron-Separierung
ε_0 = Dielektrizitätskonstante des Vakuums
F = Kraft (allg.)
F_A = Kraft der (abgeschirmten) Elementarladung
F_{e_0} = Kraft der unabgeschirmten Elementarladung
ϕ_q = magnetisches Flussquant
ϕ = Winkelbezeichnung in Kugelkoordinaten
g_e = spezifisches Gewicht des elektronischen Clusters
γ = Gammaquant, Photon allgemein
γ_C = Compton-Gammaquant
h = Plancksches Wirkungsquantum
$\hbar$ = Plancksche Konstante $h/2\pi$
I_e = Strom im Sinne des Elektrons e (As)
K = Integrationskonstante
L = Drehimpuls
l = quantenmechanisches Drehimpulsmoment
L_{e_0} = Längenausdehnung des halben Elementardipols
L_{Dipol} = Längenausdehnung des Elementardipols
$\lim$ = Grenzwertbetrachtung

λ	=	Wellenlänge (allg.)
λ_C	=	Comptonwellenlänge
$\bar{\lambda}_C$	=	Comptonwellenlänge λ_C /2π
m	=	Masse (allg.)
m_0	=	Ruhemasse i.S. der Relativitätstheorie
m_e	=	Masse des Elektrons
m_{Dipol}	=	Masse des Elementardipols
M	=	magnetisches Moment (allg.)
M_B	=	Bohrsches Magneton
M_S	=	magnetisches Spinmoment
μ_0	=	Permeabilitätskonstante des Vakuums
n	=	Anzahl i.S. Anzahl der Elementardipole
n_c	=	Anzahl der Compton-Elementardipole
ν	=	Frequenz (allg.)
ν_B	=	de Broglie-Frequenz
ν_C	=	Comptonfrequenz
ν_H	=	Umlauffrequenz des Elektrons im H-Atom
ν_0	=	Grundfrequenz des Quantenoszillators
ν_8	=	(scheinbare) Frequenz des Elementardipols
p	=	Impuls
P_B	=	Bindekraft der Elementardipole am elektronischen Clusterkörper
p^+	=	Bezeichnung für Positron
r	=	Radius (allg.)
r_0	=	Clusterradius des Elektrons
$r_.$	=	Radius des Ladungsmonopols
S	=	(umflossene) Fläche
s_e	=	Spin, Spinquantenzahl des Elektrons
s^{-1}	=	1/Sekunde
s_8	=	Spin, Spinquantenzahl des Elementardipols
Σ	=	Summenzeichen
T	=	kinetische Energie (allg.)
T_K	=	kinetische Energie (Energiesatz)
T_{trans}	=	Translationsenergie
T_R	=	Rotationsenergie
τ	=	Definitionszeit 1s (i. Zusammenhang mit h)
U	=	potenzielle Energie
U_e	=	potenzieller Energieanteil v. Elektron bzw. Positron
U_A	=	potenzielle Energie der Elementarladung (nach außen wirkend)
U_P	=	Energie der Polarisationskondensation
v	=	Geschwindigkeit (allg.)
V_0	=	Volumen des FEC

$V_{..}$	=	Volumen des Elementardipols
V_z	=	Zentralpotenzial-Energie
W	=	Energie allg. (Energiesatz)
W_m	=	magnetische Energie
ω	=	Kreisfrequenz allgemein
ω_c	=	Compton-Kreisfrequenz

20. Literaturquellen-Nachweis

Das Quellen-Verzeichnis weist weitgehend nur Sekundärquellen auf. Das resultiert, dass authentische Primär-Publikationen nicht oder nur schwer zugänglich sind. Dennoch dürfte bei dieser Thematik der Wissensstand als gesichert gelten, wenn dies in Lehrbüchern und Lexika längst seinen Eingang gefunden hat.

[1a]   https://dokudrom.wordpress.com/2020/10/26/die-welt-staunt-ueber-den-   deutschen-energie-zauber /abgerufen am 05.11.2020,

[1b]   https://www.bdew.de/media/documents/2020Q3 Bericht Redispatch   GOQPsvY.pdf abgerufen am 19.03.2021

[1c]   https://www.Kein Kohlekraftwerk-Lubmin.de (falsche Rehmenbedingungen, Gesetze…) abgerufen am 22.03. 2021

[1d]   https://www.bmwi.de/Redaktion/DE/Downloads/Stellungnahmen/Stellungnahmen-Gruenbuch/ Privatperson/141130-horst-t.pdf?   blob=publicationFile&v=1 abgerufen am 18.03.2021

[2]   Schpolskij, E.W. "Atomphysik" Teil I, VEB Deutscher Verlag der Wissenschaften Berlin 1972

[3]   Lee Smolin: "The trouble with physics", Verlag Hougton Mifflin Co., 2006

[4]   Deutsches Elektronensynchrotron (DESY) Hamburg, Informationsmaterial 1992, Jahrbuch 1995 und Informationsmaterial 2003

[5]   Landau, L.D. und Lifschitz, E.M. "Relativistische Quantentheorie" Bd. IVb, Akademieverlag Berlin 1974

[6]   Rompe, R. und Treder, H.J. "Quantenpostulate, Atommodell und Messprozess zum 100. Geburtstag von Niels Bohr",Wissenschaft und Fortschritt 35 (1985) 9

[7]   Bearden, Tom: "Energy from vakuum, Concepts and Principles" Verl. Chemiere press, 2. Aufl. 2004

[8]   Hossenfelder, Sabine; "Das hässliche Universum", S. Fischer-Verlag 2017

[9]   Ponomarjow, Leonid. Welle oder Teilchen, Verlag MIR, Moskau 1974

[10]   Rydnik, W. I. , "Vom Äther zum Feld", Verlag MIR Moskau1976; VEB Fachbuchverlag Leipzig 1979

[11]   Schpolskij, E.W. "Atomnaja Fisika", Elektronnaja obolacka atoma i atomnos C II, Staatsverlag Moskau-Leningrad 1972

[12]   Klanner, R. "Das Innenleben des Protons", SdW, März 2001

[13]   Kunze, M. "Vermutungen zur Berechenbarkeit der Sommerfeldschen Feinstrukturkonstante", SYNERGIE, SYNTROPIE… Verlag im Wissenschaftsz. Leipzig

[14]   Mierdel, G. und Wagner, S. "Aufgaben zur Theoretischen Elektrotechnik" VEB

Verlag Technik Berlin 1961

15) Stöcker, H., Taschenbuch der Physik, Verlag Harry Deutsch, 2. Aufl. 1994

16) Spiering, Christian: "Auf der Suche nach der Urkraft", BSB Teubner Verlagsgesellschaft Leipzig 1986

17) Thieme, Horst: Artikelreihe; "20 Widersprüche zum Elektron", NET-Journal (2015) H 3/4, 9/10; (2016) 1/2 und 7/8; (2017) H 1/2, 7/8, 11/12; (2018) H 1/2 und 3/4; (2019) H 3/4 und 5/6. und "Das entzauberte Elektron", ESCH-Verlag 2012

18 Brockhaus abc Physik, VEB Verlag Leipzig, 1973

19) Genz, H.: Explosionen im Nichts, Bild der Wissenschaft 12/96

20) J. C. Bernauer und R. Pohl, "Das Proton-Paradoxon", www. SdW, April 2014

21) Bild der Wissenschaft 3/14

22) Paul la Violette: "Verschlusssache Antigravitationsantrieb", Kopp-Verlag 2010

23) Jürgensen, Joh.: "Die lukrativen Lügen der Wissenschaft", Argo-Verlag 2009

24) Sallhofer, Redarose: Hier irrte Einstein, Universitas 1997

25) Paul, H. Das heutige Bild vom Photon – Einsteins Hypothese aus der Sicht des Experiments, Wissenschaft und Fortschritt 29 (1979)

26) Lubinski, u.a., Physikalische Themen zur Quantentheorie; Wissenschaft und Fortschritt 35 (1985) 9, Spektrum der Wissenschaft März 1996

27) Zeilinger, Anton, "Einsteins Schleier", die neue Welt der Quantenphysik, Verlag C.H. Beck, München, 2004

28) Röser, Hans-Peter: Auf der Zielgeraden, bdw 8/2009

29) Bloch, J., Hänsch, W., Esslinger, T. Wenn Materie Quantenwellen schlägt, SdW, Juli 2000

30) Walborn, S. P., Terra Cunha, M.O., Padua, S. und Monken, C.H.: "Quanten-radierer, SdW. Feb. 2002

31) Puthoff, Harold und Pantell, Richard: "Fundamentals of quantumelektronics" Hardcover 10/1969

32) Hecht. Andreas. "Der Hendershot-Konverter" Tesla Book-Company 1994

33) Marconi, Giulio: "Nikola Teslas Elektromagnetische Pyramide", Magazin Plus

Kosmos Erde Mensch 2006/4

34) Brachmann, Hans-Jürgen:"Untersuchungen an parametrischen Systemen", NET-Journal H. 1/2 2020

35) Ecklin, John W., aus Adolf und Inge Schneider: "Der Quantum Energy-Generator" Jupiter-Verlag 2014

36) Herda, Wolfgang: Vortrag NET-Kongress, NET-Journal, H.7/8 2015

37) Schneider, Adolf und Inge: "Die Heureka-Maschine", Jupiter-Verlag 2017

38) Neuere Patentschriften:
- von Meschelnikow, Andrej: Patentschrift "Methode und Ausführung einer elektrischen Erzeugung über ein ferromagntisches Feld" RST/Ru 2006/ 000440 v.22.08.2006;
Imris, Pavel, Gebrauchsmuster-Schrift "Elektrischer Generator" DE 102018 007 240 A1 v. 02.04.2020

39) Schneider, I. u. A.: "GFE-Prozess..." NET-Journal, Jg. 24, H.9/10

40) Kanarev, Philipp: "Energetischer Balance-Prozess der Synthese des Sauer-und Wasserstoff-Moleküls", Elektron. Bibliothek, Wissenschaft u. Technik M-T.ru

41) Egely, György: "Verbotene Erfindungen", Kopp-Verlag

42) CODATA Recommended values of the fundamental constants 2014

43) Meyl, Konstantin: "Der Skalarwellenkrieg", INDEL GmbH Verlagsabteilung

44) Farell, Joseph: "Die Bruderschaft der Glocke" Mosquito-Verlag, 2009

45) Hauk, Rolf-Günter und Thieme Horst: "Die Glocke – eine antigravitative o.u.- Maschine" NET-Journal Heft 05/19.

46) Sitchin, Zecharia; "Als es auf der Erde noch Riesen gab", Kopp-Verlag 2010

47) Sudhoff, Heinke: "Adams Ahnen" Universitas 2013

48) Deistung, Klaus: "Hat Nibiru (Planet X) Zeit?", Magazin Plus Kosmos Erde Mensch, Nr.233, 2006/4

49a) Russ. Video:"Mythos Neuschwabenland", Wissenschaftliche Sendung von RTR Planeta https://www.youtube.com/watch?v=UjTQamK9ABk (abgerufen am 25.06.2020)

49b) Len Kasten: Secret Journeyto Planet Serpio und Beiträge in NEXUS Nr 65 u. 66, 2016, Mosquito-Verlag

50) Schlichting, H. und Ucke, Ch. "Der einfachste Elektromotor der Welt", Verlag Physik unserer Zeit 2004

51) Kluge, H.J. und Tesch, S.: "Geladene Einzelhaft- Nobelpreis für Physik1989" Wissenschaft und Fortschritt 40 (1989)

52) Gerald H. Pollack: "Wasser mehr als H_2O" VAK-Verlag 2014 (in Deutsch)

53) https://www.google.com/search?q=sabu-scheibe&client=firefox- bd&tbm=isch&source= iu&ictx=1&fir=jnC9IXC75lekv252ChhI6TU7zb2cUM%252CM%&vet=1&usg=AI4=X&ved= 2ahUKEwilyPPkTiTWaosbwvsIK5Cp2Q6qtcCyl1mg_&sao9_DsAhWH26QK0HZgtDMQQ_16-BAgOEAk#imgrc=jnC9IXC75lekvM ,
abgerufen am 14.10.2020

54) Klitzke, Axel: "Die Kosmische Ordnung der Schöpfung", European University-Press/ Ibera-Verlag, Wien

55) Schneider, Adolf: Vortrag in Genf, 2016:
http://www.borderlands.de/Links/WCEC031116.pdf , abgerufen 18.01.2021

56) Schneider, Adolf und Inge: "Auf dem Weg in das Raumenergie-Zeitalter", Jupiter-Verlag 2020

21. Stichwortverzeichnis

22. Bilderverzeichnis

23. Abbildungsnachweise

Bild 1: Freigabe Jupiter-Verlag NET-Journal,

Bild 25: Schpolski u.a.: Plancksche Strahlungsgleichung (Eigendarstellung)

Bild 30: Schpolski u.a.: Atomorbitale (Eigendarstellung)

Bild 42: und Bild 43: Cerkurkow, Freigabe Jupiter-Verlag NET-Journal (Eigenveröff. und -darstellung)

Bild 45: und Bild 46: Freigabe Jupiter-Verlag (Eigenveröff. und -darstellung)

Bild 47: Freigabe Jupiter-Verlag NET-Journal,

Bild 48: Eigennachbau nach Schlichting/Uke

Bild 49: Tesla-Automobil, Freigabe Jupiter-Verlag NET-Journal,

Bild 50 und Bild 51: Freigabe H.J. Brachmann,

Bild 52: Ecklin-Generator, Freigabe Jupiter-Verlag NET-Journal,

Bild 53: Freigabe H.J. Brachmann,

Bild 54: Verbesserte Eigenkonstruktion nach Mechelnikow,

Bild 56 und Bild 57: Freigabe Jupiter-Verlag, Vortrag A. Scheider 2016 in Genf

Bild 58: Freigabe HJ. Brachmann,

Bild 59: Freigabe Dr. Klingner,

Bild 61 und 62: Freigabe Jupiter-Verlag (Eigenveröff. und -darstellung),

Bild 62: Freigegebene Sabu-Scheibe[53] des Ägyptischen Museums, Public Domain, https://www.publicdomainpictures.net/de/view-image.php?image=276296&picture=scheibe-von-sabu, abgerufen am 26.10.2020.

Bild 64: nach Sitchin "Als es auf der Erde noch Riesen gab"(Eigendarstellung).

24. Über die Autoren:

Gemäß dem Eingangs-Zitat von Goethe,

"Dass ich erkenne, was die Welt im Innersten zusammenhält".
(J.W. Goethe, Faust. Der Tragödie erster Teil 1808)

Den Dingen auf den Grund zu gehen, zum Kern einer Sache vorzudringen ist das Leitmotiv jeglichen Erkenntnisprozesses".

Das war stets Leitmotiv unseres Berufslebens und hat nun auch unser Buch geprägt.

Dr. Ing. Angela Thieme, geboren 1951, hat am Moskauer Energetischen Institut Kernenergie und Wärmephysik studiert und auch dort promoviert.

Ihr Berufsweg führte sie zunächst in das Kernkraftwerk Lubmin. Nach der Wiedervereinigung war sie bei einem großen Energieversorger in Hamburg tätig. Als Projektleiter auch speziell für Grundlagen der Kernenergie, kamen besonders ihre Fachkompetenz und Erfahrungen für die Kernkraftwerke zum Tragen.

Dipl. Ing. Horst Thieme, geboren 1939, hat an der TU Dresden studiert und Diplome sowohl für Elektrotechnik als auch für Kernenergie erworben. Sein Berufsweg führte ihn vom Entwicklungsingenieur großer elektrischer Maschinen bei Bergmann-Borsig Berlin zum Haupttechnologen und Logistiker des größten Investitionsvorhabens der DDR, dem Kernkraftwerk Lubmin.
Jeder kannte die Mangelwirtschaft der DDR, da waren Innovationen gefragt, um so ein Großprojekt erfolgreich zu gestalten.

Nach der Wiedervereinigung war er in der hessischen Atomaufsicht tätig. Seine Berufserfahrung gestattete ihn, "hinter die Kulissen zu schauen". Die Sicherheit kennt keinen Rabatt.

Viele Dinge zu entwirren und zum Kern der Sache vorzudringen, war häufig im Berufsleben beider Eheleute notwendig und prägte unser realitätsbezogenes Denken. Die wechselnden Aufgaben im Beruf erzeugten immer neue Herausforderungen, die beide zu meistern hatten. Das ist anstrengend, aber führt zu frischer Unvoreingenommenheit und Objektivität.

Das Hobby des Ehemannes – die Elementarteilchenphysik – führte zunächst zu dem Buch "DAS ENTZAUBERTE ELEKTRON". Das physikalisch widersprüchliche Elektron erinnerte ihn oft an komplizierten Sachverhalte und Situationen im Beruf.

Ehefrau Angela stand ihm dabei nicht nur als gute und sachverständige Ratgeberin stets zur Seite.

Wie die Literaturquellen zeigen, kommen insbesondere auch russische Autoren zu Wort. Jene findet man weniger im englischsprachigen Raum. Dadurch gewann sie auch Freude an der Thematik.

Besonders die z.Z. wenig fundiert ausgerufene Energiewende regte ihren Widerspruch als gestandene langjährige Fachwissenschaftlerin in der Elektroenergieversorgung an.

Da unser beider Berufsleben in der Energiewirtschaft, insbesondere in der Kernenergie, erfolgte, sind wir sehr wohl zu einem Gesamtüberblick und Urteil befugt. Die gegenwärtige Elektroenergieerzeugung kann nicht zukunftsfähig sein und bleiben.

Nachdem "DAS ENTZAUBERTE ELEKTRON" vergriffen war, sollte – mit ihr als Co-Autorin – darauf aufbauend eine Neuauflage mit dem Zukunftstitel einer perspektivisch neuen Elektroenergieerzeugung und -versorgung geschaffen werden.

Leider stehen gegenwärtig zahlreiche Widerstände dagegen, die nicht immer auf unser Fortschritts-Wohl fokussiert sind. Staatliche Förderung und Forderung dieser neuen und unerschöpflichen Energie wären wünschenswert.

Dass dies erfolgreich gelingen kann, ist der Wunsch beider Eheleute.